电梯结构与传动

主　编　王晋陶
副主编　王小东　吴永乐　王章俊

北京理工大学出版社
BEIJING INSTITUTE OF TECHNOLOGY PRESS

图书在版编目（CIP）数据

电梯结构与传动 / 王晋陶主编. -- 北京：
北京理工大学出版社，2025. 3.
ISBN 978-7-5763-5233-7

Ⅰ. TU857

中国国家版本馆 CIP 数据核字第 2025AJ4000 号

责任编辑：王培凝 　　**文案编辑：**李海燕
责任校对：周瑞红 　　**责任印制：**施胜娟

出版发行 / 北京理工大学出版社有限责任公司
社　　址 / 北京市丰台区四合庄路 6 号
邮　　编 / 100070
电　　话 / (010) 68914026（教材售后服务热线）
　　　　　　(010) 63726648（课件资源服务热线）
网　　址 / http://www.bitpress.com.cn

版 印 次 / 2025 年 3 月第 1 版第 1 次印刷
印　　刷 / 三河市天利华印刷装订有限公司
开　　本 / 787 mm×1092 mm　1/16
印　　张 / 13
字　　数 / 300 千字
定　　价 / 60.00 元

前言
Preface

尊敬的读者：

您好！首先，感谢您选择本书作为学习电梯工程技术的辅助教材。本书旨在为职业院校电梯工程技术专业学生提供一本系统、实用的电梯结构组成与传动原理方面的学习资料。

随着我国经济的快速发展，城市化进程不断加快，高层建筑如雨后春笋般崛起。电梯作为高层建筑的重要运输交通工具，其安全性、舒适性、可靠性越来越受到人们的关注。在这样的背景下，电梯行业迎来了前所未有的发展机遇，同时也对电梯工程技术人才提出了更高的要求。

本书针对职业院校电梯工程技术专业学生的实际需求，从电梯结构与传动的角度出发，系统介绍了电梯的各个组成部分及其工作原理。电梯基础章节主要介绍电梯的发展历程、分类、主要性能指标等基础知识。电梯传动原理深入剖析电梯传动的原理、类型及发展趋势。曳引系统、轿厢与门系统、导向与重量平衡系统、电气控制系统、安全保护系统详细讲解垂直电梯各子系统的组成与原理，自动扶梯及自动人行道讲解扶梯和人行道的组成结构及工作原理。

本书由贵州电子科技职业学院王晋陶担任主编，贵州电子科技职业学院王小东、吴永乐、王章俊担任副主编。本书的编写工作由四位编者共同完成，根据各自的专业背景和擅长领域进行了分工协作，以确保内容的准确性和专业性，王小东编写模块一和模块七，吴永乐编写模块二和模块九，王章俊编写模块三和模块八，王晋陶编写模块四、模块五、模块六。

本书针对性强，紧密围绕职业院校电梯工程技术专业学生的培养目标，注重理论与实践相结合。内容体系完整，全面覆盖电梯工程技术领域的关键知识点。语言通俗易懂，便于读者理解和掌握。书本实用性强，结合实际工程案例或者国家标准和法规，培养学生解决实际问题的能力。

我们希望，通过学习本书，读者能够掌握电梯结构与传动的相关知识，为今后从事电梯设计、安装、调试、维护等工作奠定坚实的基础。在使用本书的过程中，如有任何疑问或建议，敬请广大读者不吝赐教。同时本书部分内容整理自网络资源，如有侵权，请及时与作者联系，我们将尽快予以处理。

最后，衷心祝愿您在电梯工程技术专业的学习道路上不断进步，为我国电梯事业的发展贡献自己的力量！

编　者

Contents 目录

模块一

认识电梯

学习导论

随着城市化进程的不断加快，城市中高层建筑数量及高度不断增加，电梯作为最重要的垂直交通工具，已成为人们日常工作和生活中不可或缺的一部分。

问题与思考

1. 我们在生活中的哪些场所能看到电梯？
2. 我们在历史剧中看到过哪些类似电梯功能的工具？
3. 生活中常见的电梯品牌有哪些？

学习目标

知识目标
1. 了解电梯的历史与发展；
2. 了解我国电梯的发展史；
3. 了解电梯的未来发展趋势。

能力目标
1. 会描述我国电梯发展史；
2. 会描述电梯未来发展趋势。

素养目标
1. 养成逻辑思维、综合分析、概括表达、终身学习等能力；

2. 培养学生崇尚科学、追求真理的精神，锐意进取的品质，独立思考的学习习惯；

3. 通过学习和体验，使学生树立正确的世界观、人生观、价值观。

1.1 电梯的历史与发展

电梯历史与发展

　　垂直运行的电梯、倾斜方向运行的自动扶梯以及倾斜或水平方向运行的自动人行道，这些统称为电梯。因为有了电梯，摩天大楼才能够高耸，现代城市才能够崛起。据不完全统计，截至 2022 年，全球正在使用的电梯大约有 2 100 万台。电梯已经成为现代生活中被广泛使用的运输工具，而人们对电梯安全性、高效性和舒适性的持续追求，也在不断促使电梯技术大步向前发展。

1.1.1 电梯发展史

　　人类对于垂直运输货物的需求与人类文明的历史同样悠久。根据专家的估计，在 4 000 多年前，古埃及人在建造超过 100 m 高的金字塔时，就已经运用了初级的升降系统来搬运物品至高处。这套系统的核心原理是：承载平台通过绳子与固定的卷筒装置相连，中间设有改变绳子运动方向的支撑点，依靠人力转动卷筒，使绳子在卷筒上缠绕，随着承载平台与卷筒之间绳子长度的缩短，从而实现将物料提升到指定位置。这可以看作是一个物体下降时，其承载平台上升的过程。这一原理至今仍被沿用。

　　大约在公元前 1 100 年，我国周朝时期便有了用于提水的辘轳。辘轳是一种利用轮轴原理制成的井上汲水装置，由辘轳头、支架、井绳和水斗等组成。在井上方竖立木制井架，安装可摇转的手柄轴，轴上绕有绳索，一端系有水桶。辘轳作为民间取水工具，在北方地区尤为盛行。

　　在 1852 年，美国纽约的机械工程师奥的斯的雇主要求他打造一台货运升降机以运输公司产品。为了确保升降机的安全，奥的斯发明了一种新型装置。他在导轨上固定了带有锯齿的铁条，并在轿厢顶部安装了一个弹簧片，与机械联动装置和制动棘爪相连。当曳引绳断裂时，弹簧片恢复原状，触发机械联动装置，制动棘爪随即切入锯齿状铁条，阻止电梯下坠。这样，世界上第一台"安全升降机"诞生了。奥的斯的这一发明极大地改变了升降工具的使用历史，使乘坐升降梯变得安全，升降梯因此在全球范围内得到了广泛应用。奥的斯和他设计的电梯如图 1-1 所示。

　　纵观全球电梯的发展轨迹，我们可以看到，人们为了适应不断变化的环境、生活和工作条件，以及为了提升劳动效率，不断推进电梯技术的深度改进和创新，以持续满足人们对更美好物质生活的追求。

　　从宏观角度来划分，世界电梯的发展可以归纳为三个关键阶段。

1. 第一阶段：动力与曳引技术的确立

　　在 1857 年 3 月，纽约 E. V. Haughwout 的 5 层法国瓷器与玻璃器皿专卖店安装了全球首台客运升降机，该升降机由店内蒸汽机提供动力，能够承载 500 kg，速度大约为 0.2 m/s。

　　1889 年 12 月，奥的斯公司在纽约的第玛瑞斯特大楼成功安装了首台直流电动机驱动的

图 1-1 奥的斯和他设计的电梯

电力升降机，这也是世界上第一台真正意义上的电梯，它通过蜗轮减速器和卷筒上的绳索来升降轿厢。

1900 年，交流感应电动机开始用于驱动电梯，标志着电梯动力源的革新。

1903 年，槽轮式（即曳引式）驱动电梯问世，为现代电梯的长行程和高速度安全性打下了基础。从此，曳引驱动成为电梯驱动技术的主流。曳引驱动技术大幅缩小了传动机构的体积，显著提升了电梯曳引机设计的通用性和安全性，以及驱动系统和零部件的通用性。电动机的工作力矩仅与轿厢自重和载荷的差值相关，大幅节约了驱动能源，使曳引式传动成为现代电梯高效能源利用和广泛应用的传动系统。

2. 第二阶段：电气控制与驱动技术的不断进步

随着对电梯便捷性和速度要求的提高，电气控制与驱动技术得到了迅猛发展。1892 年，美国奥的斯公司率先使用按钮操作装置，替代了传统的轿厢内拉绳操作方式，开启了操作方式现代化的新篇章。1902 年，瑞士迅达公司推出了全球首台按钮式自动电梯，大幅提升了电梯的运输能力和安全性，实现了全自动化控制。1915 年，奥的斯公司研发了自动平层微动装置，首次应用于美国海军舰队的电梯。1924 年，奥的斯公司在纽约的标准石油公司新楼安装了首台信号控制电梯，这是一种高度自动化的有司机电梯。1931 年，奥的斯公司在纽约安装了世界上第一台双层轿厢电梯，这种电梯增加了载重量，节省了井道空间，提高了运输效率。1946 年，奥的斯公司设计了群控电梯，1949 年首批此类电梯在纽约联合国大厦投入使用。1976 年 7 月，日本富士达公司推出了速度达到 10.00 m/s 的直流无齿轮曳引电梯。1977 年，日本三菱电机公司开发了可控硅-伦纳德控制的无齿轮曳引电梯。1979 年，奥的斯公司推出了基于微处理器的电梯控制系统 Elevonic 101，标志着电梯电气控制技术进入了一个新的发展阶段。1980 年，奥的斯公司发布了 Otis Plan 计算机程序，协助建筑师为新建筑或改造项目选择最佳的电梯配置。1983 年，奥的斯公司推出了 OTISLINE，这是一个全天候的计算机化维修服务系统。同年，三菱电机公司开发了世界上第一台变压变频驱动电梯。

3. 第三阶段：持续的创新在节约化、智能化和个性化方面的突破

在 1988 年 2 月，富士达公司利用模糊逻辑和人工智能技术开发了"FLEX8800"系列电梯群控管理系统，并将其商业化。同年，奥的斯公司推出了 REM 系统，这是一个能够远程监控电梯性能的计算机诊断工具。1989 年，奥的斯公司在日本推出了采用无机房线性电机驱动的电梯。1990 年，三菱电机公司首次将变频驱动技术应用于液压电梯。1992 年 12 月，奥的斯公司在日本成田机场附近安装了一套人员穿梭运输系统，其轿厢悬浮于气垫之上，实现了平稳且无声的高速运行，速度可达 9.00 m/s。1994 年 10 月 29 日，韩国《东亚日报》报道了韩国问世的一种单向循环运行的电梯，这种电梯设计旨在提高建筑空间的使用效率，轿厢自带驱动装置，并可通过计算机控制系统实现多轿厢的上下运行。1995 年，三菱电机公司推出了 MEL ART 全彩色图形喷漆技术，用于电梯部件的喷涂。

1996 年 3 月，芬兰通力电梯公司推出了创新设计的无机房电梯 MonoSpace，采用 Eco-Disk 扁平型永久磁铁电机驱动。电机安装在井道顶部侧面的导轨上，通过钢丝绳传动。同年，奥的斯公司推出了 Odyssey 垂直与水平运输的复合系统，该系统使用直线电机驱动，并在一个井道内设置多台轿厢，通过计算机导航系统控制轿厢在轨道网络中交换运行路线，有效节省了井道空间，并解决了超高层建筑中电梯钢丝绳和电缆过重的问题。这一系统特别适用于具有共同底楼的多塔高层建筑群中的穿梭直驶电梯。1997 年 4 月，迅达电梯公司在德国慕尼黑展示了无须机房、曳引绳和承载井道的 Mobile 无机房电梯。2000 年，奥的斯公司推出了 Gen2 无机房电梯，采用扁平的钢丝绳加固胶带牵引轿厢，该胶带外面包裹着聚氨酯材料，具有良好柔性。无齿轮曳引机设计细长，便于安装在井道顶部侧面的钢梁上。同年5 月，迅达电梯公司发布了 Eurolift 无机房电梯，使用高强度无钢丝绳芯的合成纤维曳引绳 Schindler Aramid，由永磁电机无齿轮曳引机驱动，每根曳引绳由约 30 万股细纤维构成，比传统钢丝绳轻 4 倍，并内置石墨纤维导体以监控曳引绳的磨损情况。

2003 年 2 月，奥的斯公司发布了配备 Guarded 踏板设计的 NextStep 自动扶梯，梯级踏板和围裙板形成了一个协调运行的单一模块，采用了更安全的新技术，为自动扶梯技术带来了又一次革新。2016 年，在中国上海中心大厦安装的"火箭"电梯以 20.5 m/s 的速度创下了世界纪录，仅需 55 s 即可从 1 楼到达 118 楼。电梯的构成包括滑轮、轿厢、钢丝绳、配重、电动机、安全装置和信号操纵系统等。

1.1.2 自动扶梯发展史

电动扶梯（Escalator），亦称自动扶梯，或自动行人电梯、扶手电梯、电扶梯，是带有循环运行阶梯的一类扶梯，是用于向上或向下倾斜运送乘客的固定电力驱动设备。自动扶梯如图 1-2 所示。

1859 年，美国发明家内森·爱米斯创造了一种名为"旋转式梯级扶梯"的装置并获得了专利。这种扶梯的设计使乘客沿着正三角形的一边上升至顶点，然后像杂技表演一样快速下降，但由于其过于惊险，这一扶梯设计最终未能实际应用。

1891 年，美国科尼岛码头安装了一台引起轰动的自动扶梯，当时被称为"倾斜升降机"，由纽约企业家杰西·雷诺设计和制造。这种扶梯利用输送带原理，通过一条分节的斜坡以 20°至 30°的角度移动，乘客站在倾斜的节片上，无须抬脚即可上下移动。

1898 年，查尔斯·希伯格收购了乔介·惠勒和杰西·雷诺的自动扶梯专利，并对其进

图 1-2　自动扶梯

行了改进。1899 年 7 月 9 日，希伯格与奥的斯公司合作制造了世界上第一台阶梯式自动扶梯，这也是世界上第一台真正的自动扶梯。

1900 年，查尔斯·希伯格将拉丁词 "Scala"（梯级）与在美国广泛使用的 "Elevator" 结合，创造了 "Escalator" 这一词汇，并将其注册为商标，这便是自动扶梯名称的由来。1910 年，希伯格将这一商标卖给了奥的斯公司，直到 1950 年，奥的斯公司一直拥有这一商标。1950 年后，根据商标保护法的规定，"Escalator" 失去了其专有名称权，成为自动扶梯的通用称呼。

1920 年，奥的斯公司将杰西·雷诺的倾斜板条式扶梯和希伯格的梯阶式扶梯的优点结合起来，重新设计了自动扶梯，大幅提升了其性能。1922 年，奥的斯公司制造了世界上第一台现代化自动扶梯，采用了水平楔槽式梯级与梳齿板的设计，这一设计后来被其他自动扶梯制造商广泛采用。1985 年，日本三菱电机公司研发了曲线运行的螺旋形自动扶梯，并投入生产，这种扶梯节省空间且具有艺术装饰效果，如图 1-3 所示。

图 1-3　螺旋形自动扶梯

在 1991 年，三菱电机公司研发了一种大提升高度的自动扶梯，该扶梯具有中间的水平段，以减少乘客对高度的恐惧，并能更好地与建筑的楼梯结构相协调。1993 年，《日立评论》报道称，日本日立制作所开发了一种能搭载大型轮椅的自动扶梯，其相邻的梯级可以联动形成轮椅平台。到了 20 世纪 90 年代末，富士达公司开发了变速式自动人行道，即自动人行道在不同速度段运行，乘客从低速段进入，经过高速平稳运行段，然后进入低速段离开，这提高了乘客使用自动人行道时的安全性，并缩短了长行程的乘梯时间。

2000 年 4 月，美国 *ElevatorWorld* 杂志报道，德国汉堡的蒂森自动扶梯工厂制造了全彩色的自动扶梯梯级，这些梯级由玻璃纤维材料制成，有蓝色、绿色、红色、灰色和黑色等颜色。彩色梯级为建筑师提供了更多设计创意。2002 年 4 月 17 日至 20 日，三菱电机公司在第 5 届中国国际电梯展览会上展出了倾斜段高速运行的自动扶梯模型，其可铰接伸缩的驱动齿条结构在运行时能够改变梯级的间隔，从而调整速度。倾斜段的速度是出入口水平段速度的 1.5 倍，这既缩短了乘客的乘梯时间，也提高了乘梯的安全性和平稳性。2003 年 2 月，奥的斯公司推出了新型的 NextStep 自动扶梯，采用 Guarded 踏板设计，将梯级踏板和围裙板整合成一个协调运行的模块，并采用了其他提高自动扶梯安全性的新技术，从而再次推动了自动扶梯技术的进步。

1.2　我国电梯发展史

我国电梯发展史

中国的电梯产业始于 1900 年，从最初的起步、模仿和跟随，逐步向自主创新的方向迈进。随着我国经济的稳步增长，电梯的产量和保有量都保持了快速增长的势头，如图 1-4 所示。截至 2022 年年底，中国电梯的保有量达到了 964.46 万台，无论是保有量、年产量还是年增长量，都位居全球首位。中国的电梯产量占全球总产量的 50% 以上，这使我国成为全球最大的电梯生产与消费市场。我国电梯行业的发展可以大致分为三个阶段。

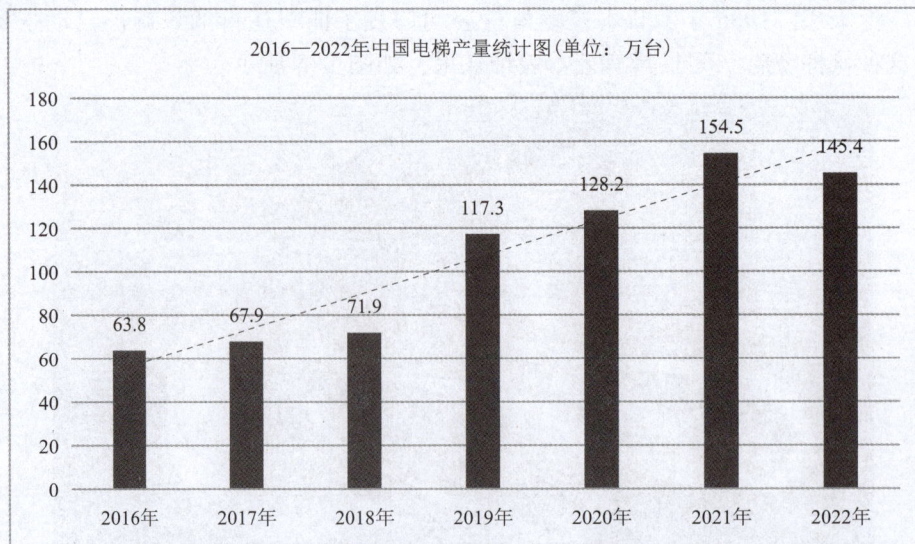

2016—2022年中国电梯产量统计图(单位：万台)

2016年	2017年	2018年	2019年	2020年	2021年	2022年
63.8	67.9	71.9	117.3	128.2	154.5	145.4

图 1-4　中国电梯产量及保有量增长图

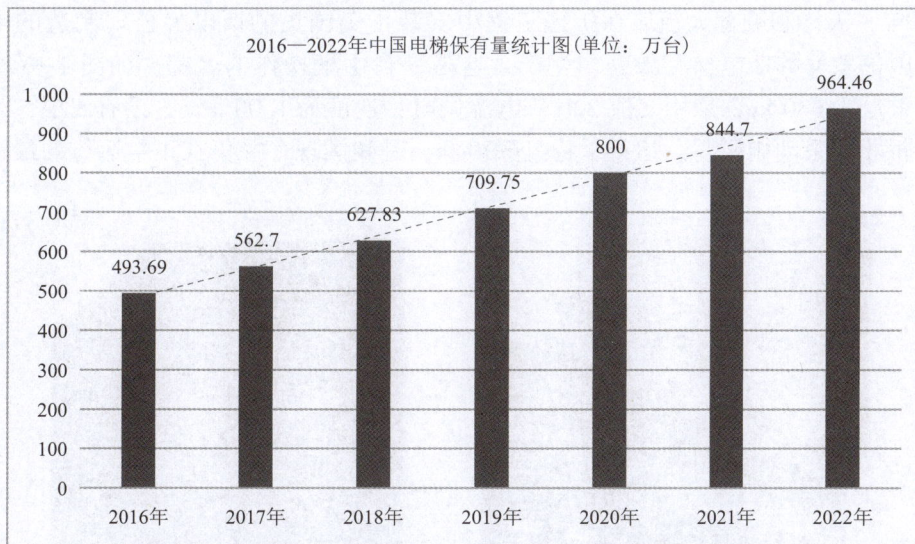

图 1-4 中国电梯产量及保有量增长图（续）

1. 第一阶段：进口电梯的销售、安装、维护和应用阶段（1900—1949 年）

在 1900 年，美国奥的斯电梯公司通过其代理商 Tullock & Co. 在中国签订了首份电梯合同，为上海提供两台电梯，这标志着中国电梯历史的开端。1901 年，上海南京路 11 号的福利公司大楼安装了一台由奥的斯电梯公司提供的方便舒适的水压驱动电梯，这是中国的第一部电梯。1902 年，上海外滩的华俄道胜银行（现在的中国外汇交易中心）也安装了奥的斯电梯公司的电梯。1903 年，在哈尔滨的一座银行大厦（现在的黄金宾馆）安装了一台人力驱动的升降机，经过多次改造，它最终变成了曳引式电梯。这台 6 层 6 站的电梯拥有木质轿厢，额定载重量为 400 kg，使用圆形钢管导轨，没有限速器，配备了由 6 mm 绳缆触发的安全钳，如图 1-5 所示。

图 1-5 哈尔滨黄金宾馆安装的电梯

1924 年，天津利顺德大饭店在扩建工程中安装了美国奥的斯电梯公司制造的电梯，曳引机由英国伦敦奥的斯电梯有限公司生产。这是一台手柄操作的客梯，如图 1-6 所示。它的额定载重量为 630 kg，采用交流 220 V 电源供电，速度为 1.00 m/s，设有 5 层 5 站。电梯配备木质轿厢和手动栅栏门，运行平稳且噪声低，是我国现存并仍在正常运行的最古老的电梯之一。

图 1-6 天津利顺德大饭店安装的奥的斯电梯

1927 年，新成立的上海市工务局营造处工业机电股开始负责全市电梯（升降机）的登记、审查和颁发执照的工作。审查的内容包括电梯制造厂家、安装时间、额定载重量、升降速度、升降高度、操作方式、安全装置、井道结构以及验收单位等。1947 年，上海市工务局针对大楼电梯管理中出现的问题，提出并实施了电梯保养工程师制度。1948 年 2 月，上海市工务局针对部分电梯保养不当、部件安全性能差、电梯超期服役等问题，制定了加强电梯定期检验的规定，并提出了相应的更新和保养要求。同年 11 月，工务局通知各电梯使用单位，要求填写年度报告，并实施了年检制度。对于检查中发现问题的电梯，由其管理厂商负责修理后再报工务局复核，合格后换发使用证。

截至 1949 年，上海主要有华恺记电梯水电铁工厂等五家电梯工程公司营业，主要从事电梯的修理和保养业务。在天津，则有天津（私营）从庆生电机厂从事电梯的修理和保养业务。据不完全统计，当时上海各大楼共安装了进口电梯约 1 100 部，其中美国生产的最多，超过 500 部；其次是瑞士生产的，约 100 部，还有英国、日本、意大利、法国、德国、丹麦等国的产品。其中丹麦生产的一部交流双速电梯额定载重量为 8 t，是上海解放前最大的额定载重量的电梯。

2. 第二阶段：自主独立，艰难研发，生产与使用阶段（1950—1979 年）

1951 年冬季，中央领导提出在北京天安门安装一台由中国自己制造的电梯，并将此任务交给了天津（私营）从庆生电机厂。1952 年年初，天津从庆生电机厂成功完成了第一台由中国工程技术人员自主设计制造的电梯，并在天安门城楼上安装并运行。这台电梯的载重量为 1 000 kg，速度为 0.70 m/s，采用交流单速和手动控制。

1952 年，上海交通大学开设了起重运输机械制造专业，并特别开设了电梯课程。1954 年，该专业开始招收研究生，电梯技术成为研究方向之一。

1959 年 9 月，公私合营上海电梯厂为北京人民大会堂等大型工程制造并安装了 81 台电梯和 4 台自动扶梯。这 4 台双人自动扶梯是中国自行设计和制造的第一批自动扶梯，由公私合营上海电梯厂与上海交通大学共同研制成功，安装在北京火车站。

1979 年 11 月，由郗小森等人翻译的《电梯》一书由中国建筑工业出版社出版，该书由日本木村武雄等人所著。这是中国早期的电梯专业书籍之一。

截至 1979 年，全国安装使用的电梯数量约为 1 万台。这些电梯主要是速度不超过 1.00 m/s 的直流电梯和交流双速电梯。国内电梯生产企业仅有 10 余家。

3. 第三阶段：引入外资，成立合资企业，行业快速发展阶段（1980 年至今）

随着中国改革开放的不断深入，国内企业逐步引进国外先进的电梯技术、制造工艺以及科学管理理念，同时成立中外合资企业，中国电梯行业取得了巨大的发展。

1980 年 7 月 4 日，由中国建筑机械总公司、瑞士迅达股份有限公司、香港怡和迅达（远东）股份有限公司三方共同合资组建了中国迅达电梯有限公司，成为改革开放以来机械行业的首家合资企业，包括上海电梯厂和北京电梯厂。1982 年 4 月，由天津市电梯厂、天津直流电机厂、天津蜗轮减速机厂组建成立天津市电梯公司。同年 9 月，该公司电梯试验塔竣工，塔高 114.7 m，具有 5 个试验井道，这是中国最早建立的电梯试验塔。1984 年 12 月，天津市电梯公司、中国国际信托投资公司与美国奥的斯电梯公司合资组建的天津奥的斯电梯有限公司正式成立。此后，全球知名电梯企业都相继在中国建立了合资或独资企业，中国电梯行业迎来了引进外资的热潮。外资品牌的进入为中国电梯行业带来了先进的技术标准、管理理念以及经营模式等，为我国电梯行业的快速国际化奠定了良好的基础。

1985 年，中国正式加入国际标准化组织"电梯、自动扶梯和自动人行道技术委员会（ISO/TC 178）"，成为该组织成员国。1987 年 1 月，上海三菱电梯有限公司成立，由上海机电股份有限公司和日本三菱电机株式会社等四方合资组成。同年，国家标准 GB 7588—1987《电梯制造与安装安全规范》发布，该标准等同于欧洲标准 EN81-1《电梯制造与安装安全规范》（1985 年 12 月修订版），该标准的发布对我国电梯制造与安装质量的保障具有十分重要的意义。

1989年2月，国家电梯质量监督检验中心正式组建。经过几年的发展，中心采用先进方法进行电梯的型式试验并签发证书，目的是保障在国内使用的电梯的安全性能。

1990年1月16日，由中国质量管理协会用户委员会等单位组织的全国首次国产电梯质量用户评价结果新闻发布会在北京市召开。会议发布了产品质量较好的企业和服务质量较好的企业的名单。评价范围是全国28个省、市、自治区1986年以来安装使用的国产电梯，1 150家用户参与了评价。

1990年7月，由天津奥的斯电梯有限公司余存杰高级工程师编写的《英汉汉英电梯专业词典》由天津人民出版社出版。词典收集了2 700多个电梯行业常用单词和词条。

1992年7月，国家技术监督局批准成立全国电梯标准化技术委员会。8月，建设部标准定额司在天津市召开全国电梯标准化技术委员会成立大会。

1994年10月，亚洲第1高、世界第3高的上海东方明珠电视塔落成，塔高468 m。该塔配置自动扶梯20余部，其中装有中国第一台双层轿厢电梯，中国第一台圆形轿厢三导轨观光电梯（额定载重量4 000 kg）和两台7.00 m/s的高速电梯。

截至2022年年底，我国在用电梯数量达964.46万台，是全球电梯保有量最大的市场，占全球总量的43%。电梯安装维保服务企业约13 453家，电梯年产量110万台，约占世界产量的三分之二。经过行业十几年的快速发展，我国电梯在技术研制、科学教育、行业管理和政府监察等各方面均积累了丰富的经验。

1.3　电梯未来发展趋势

未来电梯的发展趋势

（1）超高速电梯与多维运动电梯的飞速发展

随着城市化的不断发展，随之而来的人口数量的激增与可利用土地面积间的矛盾进一步凸显，办公、生活等建筑朝着高度更高、覆盖面更广、配套更齐全的趋势发展，超高速电梯将持续作为重点研究方向，一方面追求运行速度提升，另一方面安全性、舒适性及节能环保性也逐渐成为人们研究的热点。多维运动电梯垂直与水平方向多维运行的主要动力是直线电动机，多维运动电梯安全性、舒适性和便捷性成为人们考虑更多的因素。

（2）电梯群控系统智能化、绿色电梯逐渐普及

随着计算机技术、通信技术与控制技术的飞速发展，未来的电梯智能群控系统将逐渐朝着更加人工智能化的方向发展，电梯的自学能力将不断提升，能够主动适应交通的不确定性、控制目标的多样化、非线性表现等更加复杂的工况。

随着全球环保意识的提高，电梯行业正致力于研发和推广绿色节能电梯，以满足市场对电梯环保产品的需求。这不仅有助于减少能源消耗和环境污染，也为企业提供了新的市场机遇。通过不断改进电梯产品设计，如采用合成纤维曳引钢带等无润滑油污染曳引方式，使用无环境污染的原材料（尤其是装潢材料），采用电动机再生发电能量回馈技术等，使电梯全方位实现低能耗、低噪声、无漏油、无电污染、兼容性强、寿命长，真正成为绿色电梯。

（3）蓝牙技术广泛应用、救生电梯逐渐成熟

通过蓝牙技术实现电梯短距离的无线通信，进而解决以往规划不合理导致的电梯线路纵横交错、繁杂凌乱的问题，不仅缩短了安装工期，减少了安装工作量，而且改善了电梯运行

中的负载平衡、信号干扰等，大大降低了电梯运行故障率，节约了电梯安装维护费用，提高了电梯的可靠性。

随着层门与召唤盒耐火技术、井道监测及传感器等技术的不断发展，超高层建筑火灾快速救生电梯系统逐渐成熟，一旦发生火灾，快速救生电梯系统将发挥其作用，进行人员疏散将成为可能。

（4）梯联网技术成熟并应用、实现按需维保

梯联网技术通过微处理器对电梯相关运行数据进行分级整理、综合分析，并借助大数据及云平台等强大的计算能力与数据存储、处理能力，以及专家系统中整梯厂家、维保企业、高校和研究所等技术支持，对电梯健康指标实时监控及预警、疑难故障专家会诊等，实现电梯日常管理、故障报警、质量评估等，同时根据电梯排查的隐患实现按需维保，节约了电梯维护费用，保障了电梯的安全运行。

（5）个性化定制需求逐渐凸显

随着人们生活水平的提高和审美观念的多样化，对电梯的外观设计、功能配置等方面提出了更高要求。电梯企业需要根据客户需求进行定制化设计，以满足市场的个性化需求。

↻ 模块总结

本模块主要讲述了国内外电梯的历史与发展以及电梯未来发展趋势。通过本模块的学习，学生可以更好地掌握国内外电梯的起源、发展以及发展方向。

↻ 课后习题

一、填空题

1. _____年_____月，查尔斯·希伯格与奥的斯公司携手制造出第一台阶梯式自动扶梯，这是世界第一台真正的自动扶梯。

2. 截至 2022 年年底，中国电梯保有量达 964.46 万台，电梯产量占全球总产量的_____以上，我国已成为全球最大的电梯生产和消费市场。

二、单项选择题

1. 电梯进入我国，服务我国人民已有（　　）历史。

A. 100 余年　　　　B. 150 多年　　　　C. 近 200 年　　　　D. 超过 200 多年

2. 世界上第一台自动扶梯的发明者是（　　）。

A. 杰西·雷诺　　　B. 奥的斯　　　　C. 乔治·韦勒　　　D. 西伯格

三、判断题

1. 现代电梯工业诞生于 1854 年。　　　　　　　　　　　　　　　　　　（　　）

2. 我国改革开放以来机械行业的首家合资企业是天津奥的斯电梯有限公司。（　　）

3. 1990 年，我国正式加入国际标准化组织"电梯、自动扶梯和自动人行道技术委员会（ISO/TC 178）"。　　　　　　　　　　　　　　　　　　　　　　　　　　（　　）

模 块 二

电梯基础知识

学习导论

生活中，电梯的种类繁多，结构各异。电梯的主要性能指标有哪些？电梯一般有哪些种类？电梯型号如何表示？

学习目标

知识目标
1. 了解电梯定义、结构、分类；
2. 了解电梯性能要求。

技能目标
1. 熟悉电梯的部件及功能；
2. 熟悉电梯型号编制。

素养目标
1. 提高学生创新意识；
2. 提高学生独立思考能力。

电梯原理动画

2.1　电梯的基本结构

电梯的基本结构

2.1.1　电梯定义

根据国家标准 GB/T 7024—2008《电梯、自动扶梯、自动人行道术语》规定的电梯定义：电梯，Lift，Elevator，服务于规定楼层的固定式升降设备。它具有一个轿厢，运行在至少两列垂直或倾斜角小于15°的刚性导轨之间。轿厢尺寸与结构型式便于乘客出入或装卸货物。

《特种设备安全监察条例》中电梯是指动力驱动，利用沿刚性导轨运行的箱体或者沿固定线路运行的梯级（踏步、进行升降或者平行运送人、货物的机电设备，包括载人（货）电梯、自动扶梯、自动人行道等。

2.1.2　电梯空间

电梯从空间位置可划分成四个部分：依附建筑物的机房与井道、运载乘客或货物的空间——轿厢、乘客或货物出入轿厢的地点——层站，即机房、井道、轿厢、层站四个空间。

2.1.3　电梯基本结构

如果从电梯各部分的功能区分，可分为曳引系统、轿厢系统、门系统、导向系统、重量平衡系统、电气系统和安全保护系统等七个系统。电梯结构图如图2-1所示。

2.2　电梯各系统介绍

电梯各系统的主要部件及功能如表2-1所示。

表2-1　电梯各系统的主要部件及功能

序号	系统	主要部件	功能
1	曳引系统	曳引机、钢丝绳、导向轮等	电梯运行驱动
2	轿厢系统	轿厢架、轿厢体	载客或载物的部件
3	门系统	轿厢门、联动机构、门锁等	乘客或货物的进出口，运行时关闭，到站时开门
4	导向系统	轿厢/对重导轨、导轨支架等	轿厢/对重作上、下运动
	重量平衡系统	对重和重量补偿装置等	相对平衡轿厢重量以及补偿高层电梯中曳引绳长度的影响
5	电气系统	配电箱、控制柜、操纵装置、选层器等	操作和控制
6	安全保护系统	限速器、安全钳、缓冲器等	超速保护、行程终端保护等

2.2.1　曳引系统

轿厢运行主要由电梯曳引系统驱动。曳引电动机是曳引系统的主要部件，加上减速箱、电磁制动器、曳引轮等组成曳引系统。曳引系统如图2-2所示。

电动机轴与蜗杆轴的连接处安装电磁制动器，其作用是使电梯轿厢停靠准确，电梯停止时不会因为轿厢和对重差重而产生滑移。

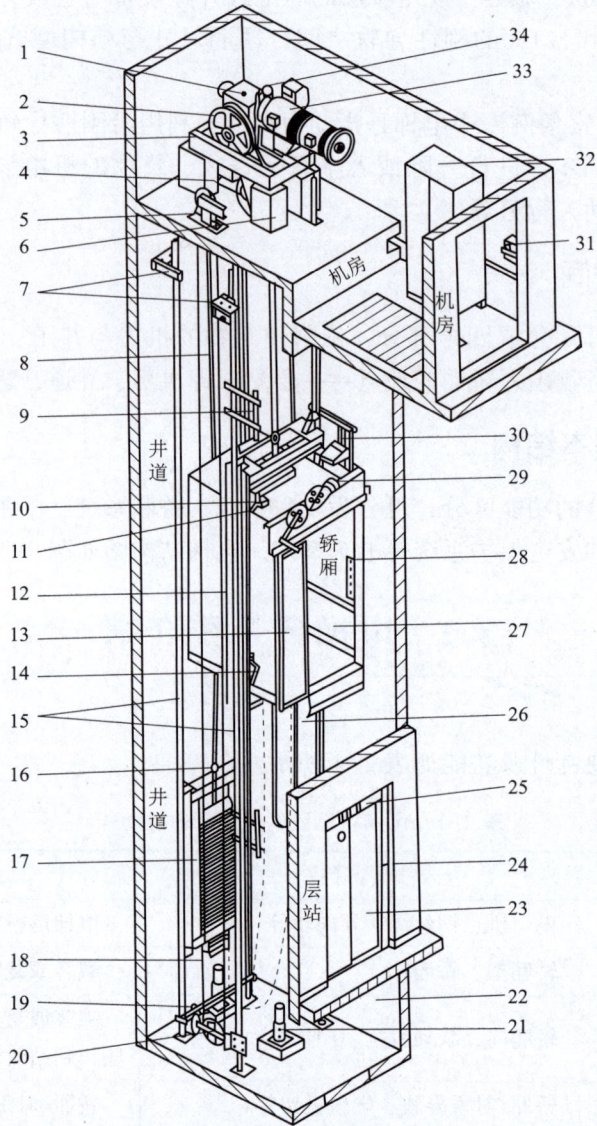

图 2-1　电梯结构图

1—减速箱；2—曳引机；3—曳引机底座；4—导向轮；5—限速器；6—机座；7—导轨支架；
8—曳引钢丝绳；9—开关碰铁；10—终端开关；11—导靴；12—轿架；13—轿门；14—安全钳；15—导轨；
16—绳头组合；17—对重；18—补偿链；19—补偿链导轮；20—张紧装置；21—缓冲器；22—底座；
23—层门；24—呼梯盒；25—层楼指示；26—随行电缆；27—轿壁；28—操纵箱；29—开门机；
30—井道传感器；31—电源开关；32—控制柜；33—曳引电机；34—制动器

2.2.2　轿厢系统

电梯的轿厢是用于乘载乘客或其他载荷的箱形装置，主要包括轿厢架、轿厢体。

轿厢架即包含上梁、下梁、立柱等固定、支撑轿厢的框架；轿厢体是载人/物的空间部分，由轿厢底、轿厢壁、轿厢顶和轿厢门等组成。

图2-2 曳引系统图

1—曳引电动机；2—电磁制动器；3—曳引轮；4—减速器；5—导向轮；6—曳引钢丝绳

2.2.3 称重/超载装置

检测轿厢内载荷值由称重装置完成，超载装置本质是过载提醒的安全装置。

2.2.4 门系统

轿厢门、层门、开关门机构及自动门锁装置等组成整体的门系统，轿厢门在轿厢上，层门安装在井道与层站的出入口处。电梯门的基本结构如图2-3所示。

层门：设置在层站入口的门。

轿厢门：也称为轿门，设置在轿厢入口的门。

自动开/关门机构：在电梯轿厢平层时，驱动电梯的轿厢门和层门开启或关闭的装置，安装在轿厢顶。

门锁装置：在轿厢门与层门关闭后锁紧，同时控制回路开始运行，轿厢方可运行的机电联锁安全装置。

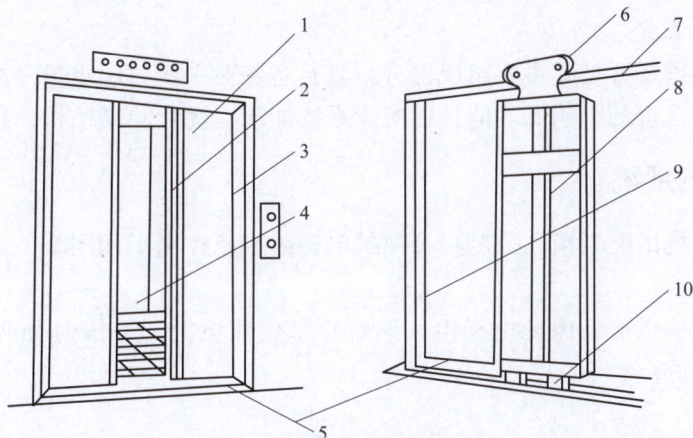

图2-3 电梯门的基本结构

1—层门；2—轿厢门；3—门套；4—轿厢；5—门地坎；6—门滑轮；
7—层门导轨支架；8—门扇；9—层门门框；10—门滑块

2.2.5 导向和重量平衡系统

（1）导向系统

导轨、导靴、导轨支架组成导向系统，作用对象为轿厢和对重。

导轨支架：固定在井道壁上，主要用于支撑导轨。

导轨：导轨是供轿厢和对重运行的导向部件。因 T 型导轨具有刚性强、可靠性高、安全等特点，实际中常用 T 型导轨。导轨分为实心导轨、空心导轨。前者是机加工导轨，用于对重导向或提供导向；后者是经冷轧折弯成空腹 T 型的导轨，若对重侧未安装限速装置，一般采用空心导轨。

导靴：根据用途不同，分为滑动和滚动导靴，设置在轿厢和对重装置上。前者是靴衬在导轨上滑动，使轿厢和对重（平衡重）装置沿导轨运行；后者是滚轮在导轨上滚动，使轿厢和对重装置沿导轨运行的导向装置。导轨及导靴如图 2-4 所示。

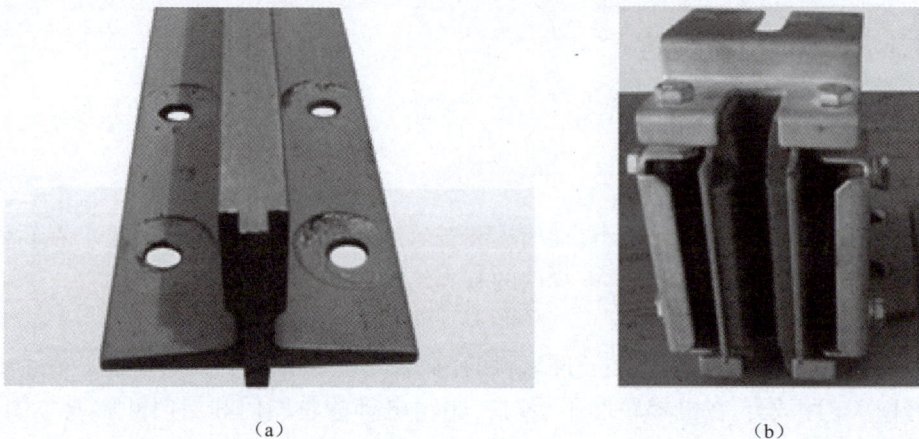

（a）　　　　　　　　　　　　　　　　　　（b）

图 2-4　导轨及导靴
（a）T 型导轨；（b）导靴

（2）重量平衡系统

对重、重量补偿装置是其重要组成部分，其具备相对平衡轿厢重量及补偿高层电梯中曳引绳及随行电缆等自重的影响等功能，以减少系统能耗，优化驱动结构，提高输送效率。

2.2.6 电气系统

电梯的电气系统由配电箱、控制柜及保护电器组成。控制柜如图 2-5 所示。

（1）配电箱

一般设置在电梯机房，保证电梯电气系统正常使用电源，检修时务必上锁，保障用电安全。

（2）控制柜

安装在机房里，电梯的自动控制和电气保护主要由控制系统实现。

电梯的电气系统还包括安装在电梯各部位的安全开关和电器等，以及由此构成的各部分电路。

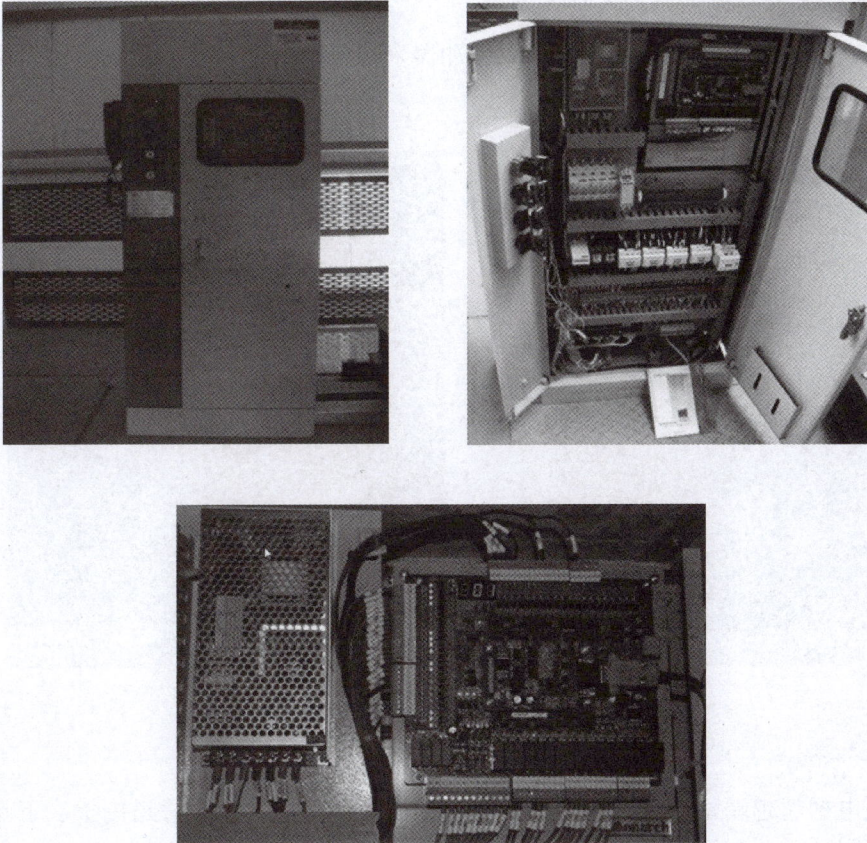

图 2-5　控制柜

2.2.7　安全保护系统

安全保护系统分为机械、电气两类，主要有限速器、安全钳、缓冲器和端站开关等。

（1）限速器与安全钳

当电梯运行速度大于额定速度时，限速器会切断安全回路，或驱动安全钳或超速保护装置工作，使电梯减速直到停止，通常安装在电梯机房或隔音层的地面；限速器工作时，使轿厢或对重停止，并夹紧导轨的装置称为安全钳。限速器及安全钳如图 2-6 所示。

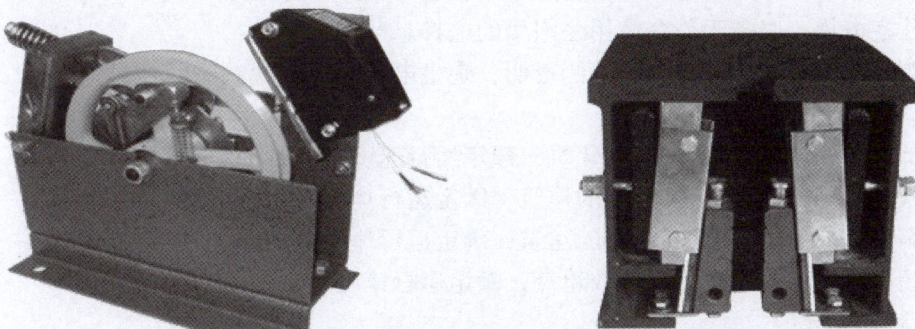

图 2-6　限速器及安全钳

（2）缓冲器

为防止电梯下行冲底损坏，通常采用缓冲器来减缓冲击力。缓冲器安装在轿厢和对重的正下方。缓冲器如图 2-7 所示。

图 2-7　缓冲器

（3）端站开关

为防止电梯超越端站，常设置端站开关，起保护作用。其包含井道内上、下端站的强迫缓速开关、限位开关和极限开关。

2.3　电梯的分类

电梯分类

按用途分：

1）乘客电梯：运送乘客的电梯。

2）载货电梯：主要用于运送货物，允许有人员伴随。

3）客货电梯：以运送乘客为主，非集中货物也可使用的电梯。

4）病床电梯：即医用电梯，运送病床/病人及医疗设备。

5）住宅电梯：服务于公众使用住宅楼的电梯。

6）观光电梯：井道、轿厢壁一侧透明，乘坐电梯时，可观看轿厢外景物。

按速度分：

1）低速电梯：用于 10 层以下建筑，额定运行速度（$v \leqslant 1$ m/s）。

2）快速电梯：用于 10 层以上的建筑，额定运行速度（$1 < v \leqslant 2$ m/s）。

3）高速电梯：用于 16 层以上的建筑，额定运行速度（$2 < v \leqslant 5$ m/s）。

4）超高速电梯：用于超高层的建筑，额定运行速度（$v > 5$ m/s）。

按控制方式分：

1）信号控制电梯（XH）：具备自动开门、自动定向、自动平层、指令与层站召唤登记的自动控制较高的电梯控制方式。

2）集选控制电梯（JX）：以信号控制为基础，增加呼梯信号，分析后有选择的应答的无司机、单台全自动控制运行电梯。

3）并联控制电梯（BL）：把两台（有时为三台）均具集选控制功能的电梯，通过并联其控制电路，使电梯进行高效率运行的电梯。

4）按钮控制电梯（AN）：由按钮发出指令，控制电梯运行。

按驱动方式分：

1）直流电动机驱动电梯（Z）：简称直流电梯，电梯用直流电动机拖动。

2）交流电动机驱动电梯（J）：简称交流电梯，电梯用交流电动机拖动。

3）液压驱动电梯（Y）：简称液压电梯，指依靠液压系统驱动轿厢做上、下运行的电梯。

4）齿轮齿条电梯：指采用电动机-齿轮传动机构，利用齿轮在齿条上的爬行来拖动轿厢运行的电梯。

5）直线电机驱动电梯：电梯用直线电机驱动。

按有无机房分：

1）有机房电梯

有机房电梯可按照机房的位置和构造形式进行分类，包括：机房设置在井道顶部并遵循标准建造的电梯；机房位于井道顶部，其面积与井道相等、净高度不超过 2300 毫米的小型机房电梯；机房位于井道底部的电梯。

2）无机房电梯

无机房电梯的分类依据是曳引机的安装位置，具体分为：曳引机安装在电梯上端站轿厢导轨上的类型；曳引机安装在上端站对重导轨上的类型；曳引机固定在上端站楼顶板下方的承重梁上的类型；以及曳引机位于井道底坑内的类型。

2.4　电梯的主要参数

电梯的主要参数

（1）额定载重

额定载重是电梯的主参数之一，指保证电梯安全、正常运行的允许载重量，是电梯设计所规定的轿厢载重量，单位为 kg。具体有 400 kg、630 kg、800 kg、1 000 kg、1 250 kg、1 600 kg、2 000 kg、2 500 kg。

（2）额定速度

额定速度是保证电梯安全、正常运行及舒适性的允许轿厢运行速度，电梯设计规定的轿厢运行速度，单位为 m/s。具体有 0.63 m/s、1.06 m/s、1.60 m/s、1.75 m/s、2.50 m/s、4.00 m/s。

2.5　电梯的性能要求

电梯的性能要求和指标

可靠性、安全性是电梯制造、安装、维保和使用情况的重要指标。前者一定程度上代表了电梯先进技术，可靠性与故障率呈相反关系，即高可靠性对应低故障率，可靠性低对应高故障率，同时电梯可靠性与制造质量、安装维护、日常管理等息息相关；后者是电梯运行的重要保障，因此为确保安全，对于电梯重要部件系统，机械设计时选择较大安全系数、多重保护及容错检测功能是必不可少的。

乘客电梯常用舒适性来作为评价指标，其与电梯运行、噪声、加速度及轿厢装饰等紧密相关，且电梯运行时如果出现加减速不平衡等情况，会降低电梯舒适性。但对于电梯来说，由于额定速度是定值，加速度（减速度）过小就会增加加速（减速）的时间，从而使电梯运行效率降低，因此为得到更好的舒适感同时又兼顾电梯运行效率，就必须限制加速度的最大值与最小值，精调加速度变化率的设定范围。

2.6　电梯的型号编制方法

电梯型号的编制方法

我国电梯的型号由三部分组成，即类、组、型+主参数+控制方式组成，用相关字母、符号及数字表征电梯基本参数。

类、组、型和改型代号作为第一部分（无改型时可忽略改型代号，用小写字母表示，置于类、组、型代号的右下方），用大写拼音字母表示；主参数代号作为第二部分，分别代表其额定载重量（左上方）、额定速度（右下方），阿拉伯数字且中间用斜线分开表示；控制方式代号作为第三部分，用大写汉语拼音字母且各部分间用短线分开表示。

具体电梯型号如图 2-8 所示。

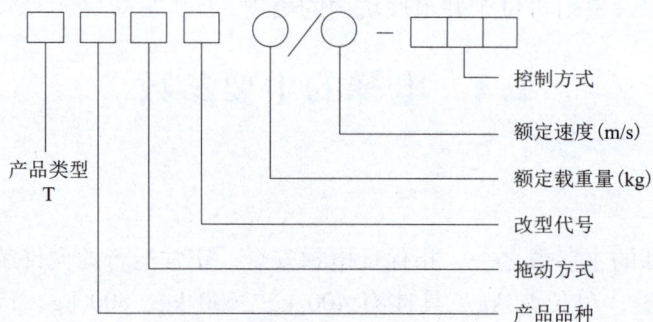

图 2-8　电梯型号

说明：

1）第一部分第一个方格代表产品类型，常用"T"（即"梯"字首字母），表示电梯、液压梯等"梯"产品。

2）第一部分第二个方格代表产品品种，即电梯的用途。

3）第一部分第三个方格代表拖动方式，即 J——交流，Z——直流，Y——液压。

4）第一部分第四个方格代表为改型代号，以小写字母表示，没有改型时通常省略。

电梯产品品种代号如表 2-2 所示。

表 2-2　电梯产品品种代号

产品类型	代表汉字	汉语拼音	采用代号
载客电梯	客	KE	K
载货电梯	货	HUO	H
客货（两用）电梯	两	LIANG	L
病床电梯	病	BING	B
住宅电梯	住	ZHU	Z
杂物电梯	物	WU	W
船用电梯	船	CHUAN	C
观光电梯	观	GUANG	G
非商用汽车电梯	汽	QI	Q

5）第二部分第一个圆圈代表额定载重量，单位为 kg。

6）第二部分第二个圆圈代表额定速度，单位为 m/s。

7）第三部分代表控制方式，详见表 2-3。

表 2-3　电梯产品控制方式代号

控制方式	代表汉字	采用代号
手柄开关控制、自动门	手、自	SZ
手柄开关控制、手动门	手、手	SS
按钮控制、自动门	按、自	AZ
按钮控制、手动门	按、手	AS
信号控制	信号	XH
集选控制	集选	JX
并联控制	并联	BL
梯群控制	群控	QK
微机控制	微机	+＊W

注：若电梯采用微机控制时，用+＊W 表示，JXW 代表微机的集选控制方式。

型号编制示例如下：

1）TKJ1000/1.6-JX。第一部分为 TKJ：T——电梯、K——乘客、J——交流；第二部分 1000/1.6，1000——额定载重量为 1 000 kg，1.6——额定速度为 1.6 m/s；第三部分 JX，JX——集选控制。

2）TKZ1600/2.5-JXW。第一部分 TKZ，T——电梯、K——乘客、Z——直流；第二部分 1600/2.5，1600——额定载重量 1600 kg、2.5——额定速度 2.5 m/s；第三部分 JXW，JXW——微机集选控制。

改革开放以来，众多国外电梯制造厂家的产品以合资或独资制造等方式涌入国内。有以电梯生产厂家（公司）及生产产品序号编制的，如 TOEC-90；有以英文字头代表电梯的种类、以产品类型序号区分的，如三菱电梯 CPS-ll；有以英文字头代表产品种类、配以数字表征电梯参数的，如广日电梯 YP-15-CO90。

2.7 电梯常用名词

电梯常用名词术语

1）平层准确度：轿厢到站停靠后，轿厢与平面地坎垂直偏差值。

2）检修速度：检修运行速度。

3）电梯提升高度：底层、顶层端站垂直距离。

4）机房：安装曳引机及其附属设备。

5）辅助机房：位于机房楼板与井道之间，滑轮、限速器等可安装在内。

6）层站：各楼层出入地点。

7）基站：无指令时停靠的层站，一般位于大厅。

8）底层/顶层端站：最低/高的轿厢停靠站。

9）井道：轿厢和对重装置或（和）液压缸柱塞运动的空间。

10）底坑：底层端站地板以下的井道部分。

11）开门宽度：轿厢门和层门完全开启的净宽。

12）电梯司机：经过专门训练、有合格操作证的授权操纵电梯的人员。

13）电梯曳引绳曳引比：悬吊轿厢的钢丝绳根数与曳引轮单侧的钢丝绳根数之比。

14）独立操作：轿厢升降依靠钥匙完成操作。

15）踏板：扶梯上的移动部件，供乘客站立。

16）手扶带：扶梯两侧供乘客抓握的连续带状结构。

17）梳齿板：位于扶梯入口和出口处，与踏板上的齿条相配合，防止乘客踏板与地面之间的间隙夹伤。

19）主驱动链：连接驱动装置和踏板的链条，传递动力。

19）梯级链：驱动踏板运动的链条。

20）入口和出口端部：扶梯的上下两端，乘客进出扶梯的区域。

21）紧急停止按钮：用于在紧急情况下停止扶梯的按钮。

22）倾斜角：扶梯踏板的倾斜角度。

23）速度控制器：用于监控和调节扶梯运行速度的装置。

24）检修盖板：用于检修人员访问扶梯内部部件的盖板。

25）自动人行道踏板：自动人行道上的移动平板，供行人站立。

26）橡胶履带：自动人行道上使用的橡胶传送带。

27）扶手栏杆：自动人行道两侧的扶手，用于乘客抓握和分隔行人与旁道。

28）驱动装置：扶梯的动力源，包括电机、减速机、链条等。

29）链条张紧装置：用于保持驱动链条适当张力的装置。

30）梯级滚轮：踏板下方，用于在导轨上滚动的轮子。

模块总结

本模块主要讲述电梯基本结构（空间：机房、井道、轿厢、层站；功能：曳引系统、轿厢系统、门系统、导向和重量平衡系统、电气系统和安全保护系统）、电梯分类（用途、速度、控制方式、驱动方式）、电梯主要参数（载重、速度）及电梯型号编制方法。

课后习题

1. 电梯曳引系统的作用是_____、_____。

2. 电梯导向系统分别作用于轿厢和对重，由_____、_____和_____组成。

3. 导靴按用途可以分为_____和_____导靴。

4. 简述电梯分类的类别。

5. 简述组成电梯的八个系统及其作用。

6. 简述 TKJ1000/1.6-JX 的含义。

模块三

电梯传动原理

学习导论

学习电梯的传动原理有助于学生更好地理解电梯的工作方式，让学生了解电梯有哪些传动方式，主流的电梯传动方式有哪些，对于学生后续学习电梯的控制具有重要意义。

学习目标

知识目标
1. 了解电梯传动方式的类型；
2. 了解各种电梯传动方式的特点；
3. 熟悉曳引电梯的工作原理。

技能目标
1. 能够描述各类电梯的传动原理；
2. 能够计算曳引电梯的悬挂比。

素养目标
1. 培养学生一定的职业素养；
2. 培养学生的安全意识。

3.1 强制驱动

强制驱动

强制驱动电梯（Positive Drive Lift）指的是用链或钢丝绳悬吊的非摩擦方

式驱动的电梯。强制驱动电梯是在传统卷扬机的基础上发展起来的电梯，目前已基本淘汰。

图 3-1 所示是强制驱动电梯结构示意图，其工作原理：利用电力使主机转动释放钢丝绳，强制提拉轿厢，使轿厢运行。利用了古代水井打水的原理，水桶在水井里，通过人力转动辘轳，辘轳拉动绳子使水桶上升，从而达到目的。

优点：

1）结构简单，成本低；

2）井道利用率比较高；

3）早期井道要求低。

缺点：

1）缺少对重，安全系数低；

2）功耗大（曳引驱动的 3~4 倍），噪声大；

3）钢丝绳易磨损、损耗大；

4）长期收放钢丝绳产生不平层问题，故障率高，不适用于高楼层。

图 3-1　强制驱动电梯结构示意图

3.2　齿轮齿条传动

齿轮齿条传动

齿轮齿条电梯是指采用电动机——齿轮齿条传动机构，利用齿轮在齿条上的爬行来拖动轿厢运行的电梯。通常齿条固定在架构上，齿轮装于电梯的轿厢上，一般用在建筑工程中，也称施工升降梯，如图 3-2 所示。

广州军区礼堂大厦工地实景
Guangzhou Military Region Hall

深圳英达大厦工地实景
Construction site of Yingda Building, Shenzhen

图 3-2　施工升降梯

图 3-3 所示为施工升降梯结构示意图。该升降梯的结构特性表现为：通过传动装置带动齿轮，齿轮与齿条相咬合，从而使吊笼能够沿着导轨支架上的齿条进行上下移动；导轨支架通常由单个标准节段拼接而成，其横截面形状分为矩形和三角形两种类型。导轨支架通常通过附墙架与建筑物连接，具有较高的刚性，而导轨支架的加节和升高操作大多依赖其自身的辅助系统完成。

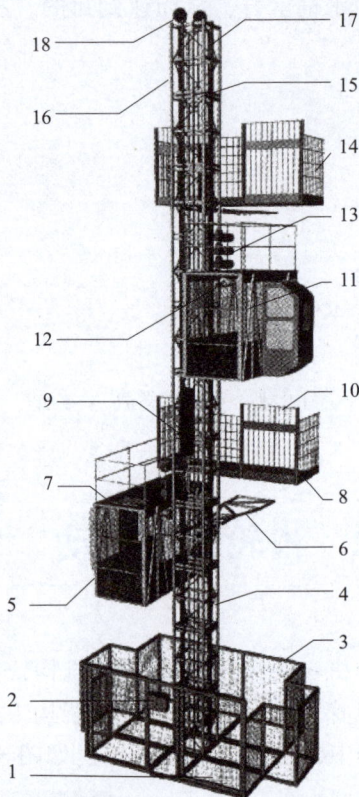

图 3-3　施工升降梯结构示意图

1—地面防护围栏门；2—开关箱；3—地面防护围栏；4—导轨支架标准节；5—吊笼门；6—附墙架；
7—紧急逃离门；8—层站；9—对重；10—层门；11—吊笼；12—防坠安全器；13—传动系统；
14—层站栏杆；15—对重导轨；16—导轨；17—齿条；18—天轮

3.2.1　齿轮齿条传动原理

齿轮齿条机构是齿轮齿条驱动电梯（施工升降机）的基本组成部分，是齿轮齿条驱动电梯的主要动力传动方式。齿轮齿条机构如图 3-4 所示。

齿条是一种特殊的齿轮，其齿排列在一条连续的条状结构上。根据齿的排列方式，齿条可分为直齿和斜齿两种，它们分别与直齿和斜齿的圆柱齿轮配合使用；齿条的齿形是直线，可以看作是分度圆直径无限大的圆柱齿轮。

齿轮与齿条共同构成了一个传动系统，该系统由齿轮和齿条组成，能够将旋转运动转换为直线运动。在传动过程中，齿轮的齿与齿条的齿槽相互啮合，以完成动力的传递。

齿轮齿条传动系统有多种变体，每种都有其独特的运作机制。比如，有直齿轮齿条传

图 3-4　齿轮齿条机构

动、斜齿轮齿条传动、蜗杆齿轮齿条传动等。这些不同种类的齿轮齿条传动适用于多种不同的应用环境，例如机床的传动系统、汽车变速箱的传动等。

3.2.2　齿轮齿条传动的特点

齿轮齿条传动系统具备显著的运动特性：其线速度可高达 300 m/s，传输功率可达到 105 kW，齿轮的直径范围可以从不足 1 mm 至超过 150 m，是现代机械领域中应用极为广泛的一种传动方式。

齿轮齿条传动的优势主要包括：能够传递强大的动力，使用寿命长，运行稳定，且具有高可靠性；能够确保固定的传动比，并能实现两轴间任意夹角的动力传递。

其缺点包括：制造和安装的精度要求较高，导致成本增加；不适合用于长距离的动力传递。

齿轮齿条传动的电梯多用于建筑施工现场，但目前很多已经被钢丝绳式升降机和混合式升降机所取代。

3.3　链条链轮传动

链条链轮传动

3.3.1　链条链轮传动工作原理

链条升降机是一种常见的垂直运输设备，其工作原理主要是通过电动机驱动链条轮转动，使链条沿着导轨上下运动，从而实现物料或货物的垂直升降。其主要运用了链传动的原理。

链传动结构示意图如图 3-5 所示，属于具有挠性件的啮合运动，主要由主动链轮、从动链轮、链条和固定链轮机架组成。

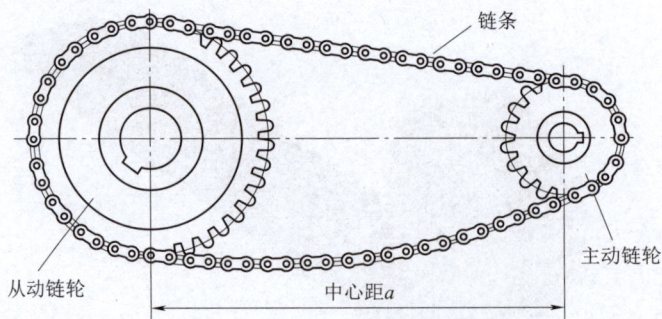

图 3-5 链传动结构示意图

3.3.2 链传动升降机的结构及特点

图 3-6 所示为链传动升降机结构示意图，链传动升降机的主要组成部分包括电动机、链条轮、链条、导轨、平台等。其中，电动机是驱动整个设备运作的核心部件，通常采用直流或交流电动机；链条轮是将电能转化为机械能的重要组成部分，通常由铸铁或钢制成，并通过螺栓或焊接固定在电动机轴上；链条则是连接平台和链条轮的载荷传递部件，一般由高强度合金钢制成；导轨则是支撑和引导链条运行的结构体，通常由钢材或铝材制成。

当电动机启动时，它会通过传递装置将转矩传递给链条轮。此时，链条轮开始转动，并带着连接在其上的链条一起运行。由于导轨在垂直方向上设置了固定点和滑块支撑点，在运行过程中可以确保整个设备垂直升降。当链条轮转动时，链条也会随之运动，并将带动平台升降。

图 3-6 链传动升降机结构示意图

在链传动升降机的使用过程中，需要注意以下几点：

1）电动机的选型应根据实际载荷和升降高度进行合理选择，以确保设备的安全和稳定性；

2）链条和导轨的质量和安装质量都会直接影响设备的使用寿命和安全性能，因此应注意检查和维护；

3）在使用过程中，应遵守操作规程，确保操作人员的安全，并及时清理设备周围杂物，以避免事故发生。

总之，链传动升降机是一种重要的垂直运输设备，在工业生产、仓储物流等领域得到广泛应用。了解其工作原理和使用方法对于提高设备效率、保障人员安全具有重要意义。

链传动升降机的主要优点是能够实现较远距离的传动，可以保证平均传动比准确，对环境要求不高等。主要缺点是不能保证瞬时传动比，工作时有噪声，传动平稳性较差。

3.4　液压传动

液压传动

3.4.1　液压传动概述

液压传动是一种历史悠久的动力传输方式。最初的液压电梯使用水作为传动介质，依靠公用管道中极高的水压推动缸体内的柱塞，从而提升轿厢，而下降则是通过泄流阀来实现的。然而，由于水压的不稳定和管道锈蚀等问题难以克服，后来改用油作为介质来驱动柱塞进行直线运动。液压电梯在承载大重量，尤其是 5 t 以上的负荷时，能够提供较高的机械效率和较低的能耗，因此在短行程、重载荷的应用场景中，其使用优势尤为突出。此外，液压电梯无须在建筑物顶部安装机房，从而减少了井道的竖向空间需求，有效地节约了建筑空间。因此，液压电梯在特定场合的应用具有其独特的优势和不可替代性。目前，液压电梯被广泛应用于停车场、工厂和低层建筑中。在负载大、速度慢、行程短的场合，选择液压电梯比曳引电梯更为经济实用。

3.4.2　液压电梯基本原理

1. 液压电梯的构成

液压电梯的核心组成部分包括液压泵站、液压油缸、柱塞、滑轮与钢丝绳组合、轿厢、导轨、各种阀门组合以及控制系统等。

2. 液压电梯的运作机制

液压电梯的运作基于液压传动的原理和特性，通过调节油泵向液压缸输送的油量来控制电梯的运行速度，以及通过改变液压缸内油液的流动方向来操纵轿厢的上升与下降。当电梯上升时，液压泵站提供必要的动力压差，由泵站上的阀门组合控制油液的流量，液压油推动液压缸内的柱塞以提升轿厢，完成电梯的上升动作；当电梯下降时，通过开启阀门组合，利用轿厢自身重量（包括乘客或货物的重量）产生的压差，使液压油回流至油箱，从而实现电梯的下降运动。电梯下降的速度由控制系统通过调节阀门组合中液压油的流量来控制。

3.4.3　液压电梯的特点及结构型式

1. 液压电梯的特点

液压电梯与传统的曳引电梯相比，具有以下显著特点：

1）建筑结构优势显著。液压电梯不需要在井道顶部设置机房，而是通常在井道下方的侧面设立下置式机房，这种机房结构相对于上置机房来说要求较低，也不会对建筑物的外观造成影响。

2）技术性能优势众多。液压电梯安全性高、可靠性好、结构简单，其运行速度失控、冲顶、蹲底和困人等故障的发生频率远低于曳引驱动式电梯。

3）节能效果显著。液压电梯在下行时主要依靠轿厢的重量来驱动，液压系统仅起到阻尼和调控作用，这一特点在大载重量的货梯中尤为突出。因此，液压电梯特别适合在低层建筑、顶部无法设置机房的场景以及需要承载大重量负荷的场合使用。

2. 液压电梯的基本结构与类型

液压电梯是机械、电子、液压技术的集成产品，由多个相对独立但又相互联系配合的系统组成。

1）泵站系统：由电机、油泵、油箱及附属元件构成。

2）液压系统：由集成阀块（组）、止回阀、限速切断阀和油缸等组成。

①集成阀块（组）：包括流量控制阀、单向阀、安全阀、溢流阀等。

②止回阀：球阀类型，用于停机后锁定系统。

③限速切断阀：安装在油缸上，在油管破裂时迅速切断油路，防止柱塞和载荷下落，也被称为"破裂阀"。

④油缸：也称为液压缸，是将液压系统输出的压力能转化为机械能，推动柱塞带动轿厢运动的执行机构。

3）导向系统：与曳引电梯类似，限制轿厢的活动范围，承受偏载和安全钳动作的载荷。对于间接顶升的液压电梯，带滑轮的柱塞顶部也应有导轨导向。

4）轿厢：结构与曳引电梯相似，但侧面顶升的液压电梯的轿厢架结构因受力情况不同而有所差异。

5）门系统：与曳引电梯的门系统相同。

液压电梯根据顶升方式的不同，分为直接顶升式和间接顶升式两种。直接顶升式液压电梯的特点是柱塞直接与轿厢连接，柱塞的运动速度与轿厢的运行速度一致，柱塞与轿厢的连接可以在轿厢底部中间，也可以在侧面，如图3-7所示是直接顶升式液压电梯结构示意图。

间接顶升式液压电梯的结构特点在于，柱塞通过滑轮和钢丝绳来牵引轿厢，这种设计充分利用了液压顶升力大的特性，使其传动比被设定为1∶2，这意味着柱塞上升1 m，轿厢上升2 m，这不仅提升了电梯的运行速度，还缩短了油缸的行程。间接顶升式液压电梯至少使用两根提升钢丝绳，一端固定在油缸或其他固定结构上，另一端绕过柱塞顶部的滑轮，并固定在轿厢的底部。柱塞顶部的滑轮由导轨引导，以确保其运动方向的准确性。

3.4.4 液压电梯液压系统主要部件

液压电梯的液压系统由五个主要部分构成：动力单元、执行单元、控制单元、辅助单元以及传动介质。

1. 动力单元

液压电梯的动力单元是液压泵站，其功能是将电机的机械能转换为液压油的压力能，从而为整个液压系统提供动力。液压泵站通常包括潜油电机、控制阀组、螺杆泵、消声器以及油箱。

（1）潜油电机

液压泵站通常采用三相鼠笼式浸油电机，这种电机直接与螺杆泵相连，并完全浸没在液压油中。它的结构简单、体积小、重量轻、性能可靠，且具有绝缘等级F。

（2）控制阀组

控制阀组由截止阀、单向阀、方向阀（包括上行方向阀和下行方向阀）、溢流阀、手动泵、手动操作应急下降阀、压力表、最大压力限制开关以及最小压力限制开关等组成。这些阀门通过电子反馈机制进行调控，确保电梯在油温和压力变化时能够保持平稳的运行。手动

柱塞

机房

液压系统油厢

管道

底坑

轿厢缓冲器

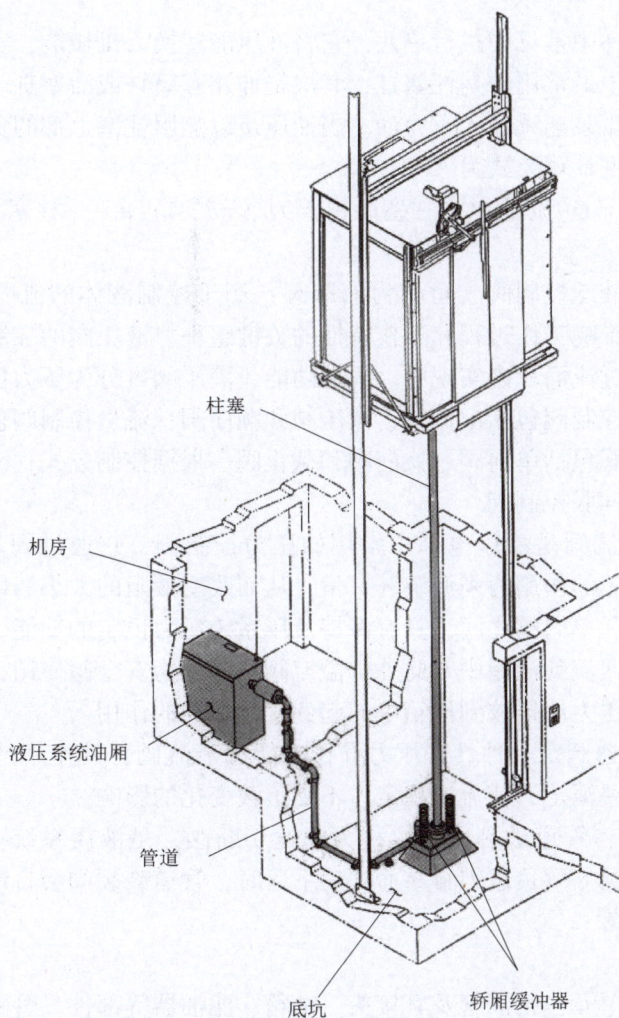

图 3-7　直接顶升式液压电梯结构示意图

操作应急下降阀在电源失效时允许手动操作，使轿厢下移至平层位置，以便疏散乘客。手动泵在紧急情况下提供人力驱动，使轿厢能够上升。

（3）螺杆泵

螺杆泵是液压电梯中常用的液压泵，它通过旋转螺杆来输送液体，是一种轴向流动的容积式元件。常用的螺杆泵类型为三螺杆泵，其壳体内有三根轴线平行的螺杆，每根螺杆都有与之啮合的凹螺杆，形成的啮合线将螺旋槽分割成多个密封的容腔。当主动螺杆（凸螺杆）带动从动螺杆（凹螺杆）旋转时，这些密封的容腔带动液体沿轴向移动。

（4）消声器

消声器用于吸收压力脉动和减小压力冲击，它是螺杆泵与控制阀之间的连接部件。

（5）油箱

油箱的作用是储存油液，确保液压系统有足够的工作油液供应。此外，油箱还有散热、排除油液中的空气以及使油液中的污物沉淀的功能。

2. 执行单元

液压缸是液压电梯中常见的执行单元，它将液压能转换为机械能，实现直线往复运动或摆动运动。液压电梯中最常用的是柱塞缸，其次是伸缩套筒缸或活塞缸。柱塞缸的工作原理是在缸筒固定时，液压泵连续输入压力油。当油压足以克服柱塞上部的负载时，柱塞开始运动。柱塞缸的运行速度计算公式为

$$V(速度) = Q(流量)/A(柱塞面积) = Q/(\pi d^2/4)\ (d——柱塞直径)。$$

3. 控制单元

在液压系统中，液压控制阀（也称为液压阀）用于控制液体的流向、压力的高低以及流量的大小，是直接影响工作过程和工作特性的关键组件。液压阀的控制是通过改变阀内通道的关系或调整阀口过流面积来实现的。根据功能，液压阀可分为压力控制阀、流量控制阀和方向控制阀。压力控制阀包括溢流阀、减压阀和顺序阀；流量控制阀包括节流阀、调速阀和分流阀；方向控制阀包括单向阀、换向阀和截止阀。根据控制方式，液压阀可分为开关控制阀、比例控制阀和伺服控制阀。

（1）溢流阀：溢流阀是液压电梯中常用的压力控制阀，它通过阀芯受力平衡的原理，利用液流和弹簧对阀芯的作用力来调节开口量，从而改变液阻的大小，以控制液流压力。溢流阀通常安装在泵站和单向阀之间，具有保持液压系统压力恒定的功能。当压力超过设定值时，溢流阀会使油液回流到油箱中。此外，溢流阀也可作为安全阀使用，在系统压力异常升高时，阀口开启以将压力油排放到油箱中，起到安全保护的作用。

（2）调速阀：调速阀是一种具有压力补偿功能的节流阀，其作用是调节节流口的过流面积，保持节流口压差恒定，使流速稳定，不受负载变化的影响。

（3）管道破裂阀：管道破裂阀，也称为限速切断阀，是液压系统中的重要安全装置。在油管破裂或其他情况导致负载因自重而加速下落时，管道破裂阀会自动切断油路，防止油液泄漏并阻止负载下落。

4. 辅助单元

液压电梯的辅助单元包括油管及管接头、油箱、滤油器等部件。管路是液压系统中用于连接液压元件的各种油管的总称，管接头用于连接油管和元件。为了保证液压系统的可靠性，管路和接头需要具备足够的强度和良好的密封性能，其压力损失应尽可能小，且拆装方便。尽管油管、管接头、油箱和滤油器是辅助元件，但它们在液压系统中往往是不可或缺的。

5. 传动介质

传动介质在液压系统中用于传递能量，没有它，就不构成液压传动。液压传动所使用的油液主要包括石油型液压油、水基液压液和合成液压液。石油型液压油是通过炼制石油并添加适当添加剂制成的，具有优良的润滑性和化学稳定性，不易变质，是迄今为止液压传动中最广泛使用的介质，通常被称为液压油。

3.4.5 液压电梯的工作条件和技术要求

《电梯制造与安装安全规范》GB/T 7588.1—2020是基于中国国家标准化委员会对欧洲标准EN81—2：1998《电梯制造与安装安全规范　第2部分：液压电梯》的修改而制定的。该标准规定了永久安装的液压电梯在制造和安装过程中应遵循的安全规定，适用于轿厢由液

压缸支撑或由钢丝绳或链条悬挂，并与垂直面倾斜度不超过 15°的导轨进行运动，用于将乘客或货物运送至指定层站，且额定速度不超过 1 m/s 的液压电梯。

尽管液压电梯在驱动方式上具有特殊性，但其门系统、轿厢等其他组成部分仍需遵循垂直曳引式电梯的安全性能设计要求。

3.5 曳引式传动

曳引式传动

曳引传动是现代电梯广泛采用的一种运行方式，运用曳引方式传动的电梯即为曳引电梯，曳引电梯依靠的是主机驱动轮与曳引钢丝绳之间的摩擦力来进行工作。曳引电梯的曳引状态，不仅决定了电梯运行的安全性、舒适性、运行效率等，而且也可能产生平层不准确、溜梯、轿厢意外移动等问题。

电梯曳引传动包括传动力、力矩、曳引力以及曳引电动机、制动器、联轴器、减速器、曳引轮、曳引绳（钢带）等内容，构成的系统为曳引系统。

曳引系统的功能是输出与传递动力，驱动或者抑制电梯轿厢运行。

曳引系统主要由曳引机、曳引钢丝绳、导向轮和反绳轮等组成。曳引绳可靠性高，安全可靠；曳引绳长度不受限，提升高度大；可应用高速电动机，系统结构紧凑。

3.5.1 曳引式传动原理

曳引电梯运行时，电梯通过曳引力实现运动。曳引电动机与减速器（或者无减速器）、制动器等组成曳引机，曳引钢丝绳通过曳引轮，一端连接轿厢，另一端连接对重（平衡重），并压紧在曳引轮绳槽内，如图 3-8 所示。电动机一转动就带动曳引轮转动，驱动钢丝绳，拖动轿厢和对重在井道中沿导轨上、下往复运行。

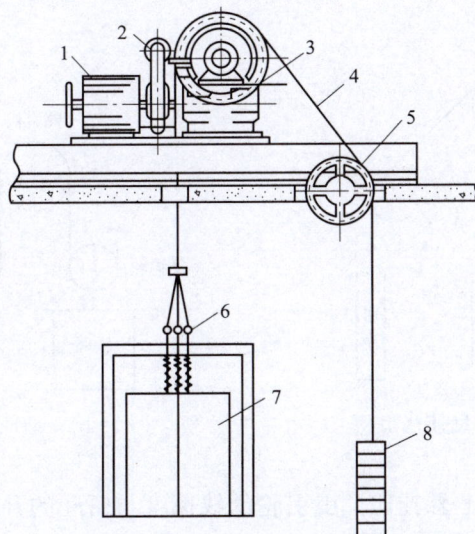

图 3-8 曳引原理

1—电动机；2—制动器；3—曳引轮；4—曳引绳；

5—导向轮；6—绳头组合；7—轿厢；8—对重装置

3.5.2　曳引式传动特点

1. 曳引电梯的优点

1）速度快：相对于液压电梯，曳引电梯运行速度更快，更适合高层建筑使用。

2）精准度高：曳引电梯在垂直移动时精准度更高，更加平稳。

3）耐用性强：曳引电梯使用寿命更长，维修成本也相对更低。

4）适用范围广：曳引电梯在大型商场、办公楼、医院等地均有应用。

2. 曳引电梯的缺点

1）噪声大：曳引电梯在运动时会产生噪声，有一定影响。

2）电能消耗高：曳引电梯的电能消耗相较于其他传动方式更多。

3）安装与维修成本高：曳引电梯的安装与维修需要更多的人力与物力投入。

3.5.3　悬挂比

悬挂比是指电梯运行时，曳引轮的线速度与轿厢升降速度之比。根据电梯的使用要求和建筑物的具体情况等，电梯的悬挂比是多样的，通常有 $1:1$、$2:1$、$3:1$ 等。

悬挂比 $1:1$（见图 3-9）。悬挂比为 $1:1$ 时，$v_1 = v_2$，$P_1 = P_2$。其中，v_1 为曳引绳线速度（m/s）；v_2 为轿厢升降速度（m/s）；P_1 为轿厢侧曳引绳载荷力（N）；P_2 为轿厢总重量（N）。由曳引绳直接拖动轿厢和对重（又称直吊式），轿顶和对重顶部均无反绳轮，适用于客梯。

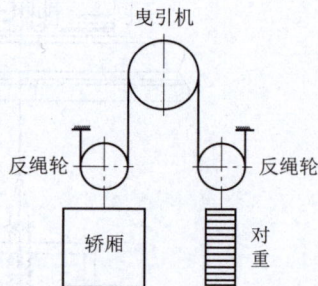

悬挂比 $2:1$（见图 3-10）。悬挂比为 $2:1$ 时，$v_1 = 2v_2$，$P_1 = P_2/2$。即曳引绳的线速度等于 2 倍轿厢的升降速度，轿厢曳引绳载荷力等于 1/2 轿厢总重量，使曳引机只需承受电梯的 1/2 悬挂重量，减轻了曳引机承受的重量，降低了对曳引机的动力输出要求，但增加了曳引绳的曲折次数，降低了绳索的使用寿命，适用于货梯。

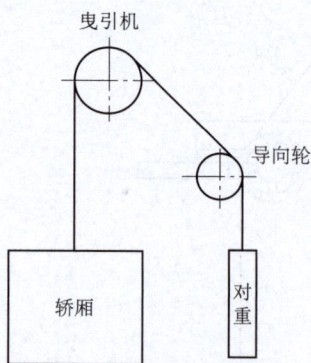

图 3-9　悬挂比 $1:1$　　　图 3-10　悬挂比 $2:1$

总之，对于任意的 $n:1$ 悬挂比，曳引轮的线速度与轿厢的升降速度之比为 $n:1$，轿厢曳引绳载荷力等于 $1/n$ 轿厢总重量。

3.5.4　曳引绳绕法

曳引绳在曳引轮上的缠绕方式可分为半绕式与全绕式，如图 3-11 所示。

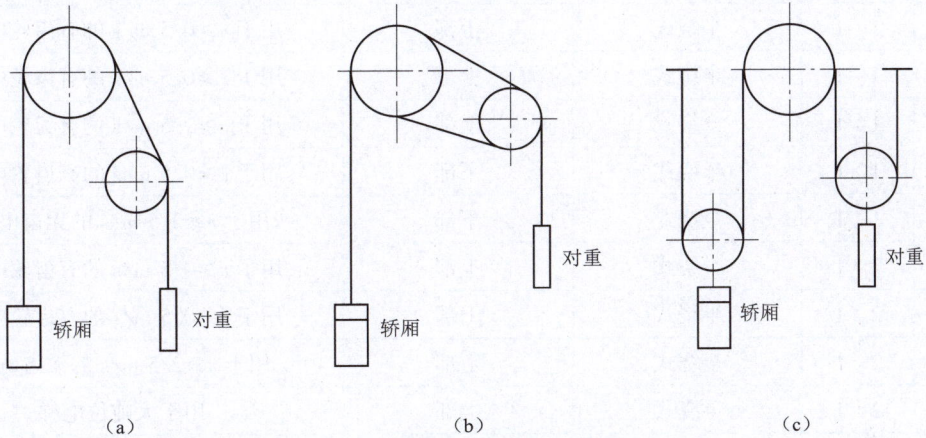

图 3-11　曳引绳在曳引轮上的缠绕方式
（a）1∶1 绕法；（b）1∶1 复绕；（c）2∶1 绕法

1. 半绕式

曳引绳挂在曳引轮上，曳引绳对曳引轮的最大包角为 180°，因此称为半绕式，如图 3-12 （a）、图 3-12 （b）、图 3-12 （d）、图 3-12 （f）、图 3-12 （g）、图 3-12 （i）、图 3-12 （j） 所示。

2. 全绕式

全绕式的形式有两种：一种是曳引绳绕曳引轮和导向轮一周后，才引向轿厢和对重，其目的是增大曳引绳对曳引轮的包角，提高摩擦力，其包角大于 180°。另一种是曳引绳绕曳引轮槽和复绕轮槽后，再经导向轮槽到轿厢上，另一端引到对重上，其包角大于 180°。无论哪种形式的全绕，其特点都是增大曳引绳对曳引轮的包角。为了增大包角，提高曳引力，现代电梯常采用全绕式。全绕式如图 3-12 （c）、图 3-12 （e）、图 3-12 （h） 所示。

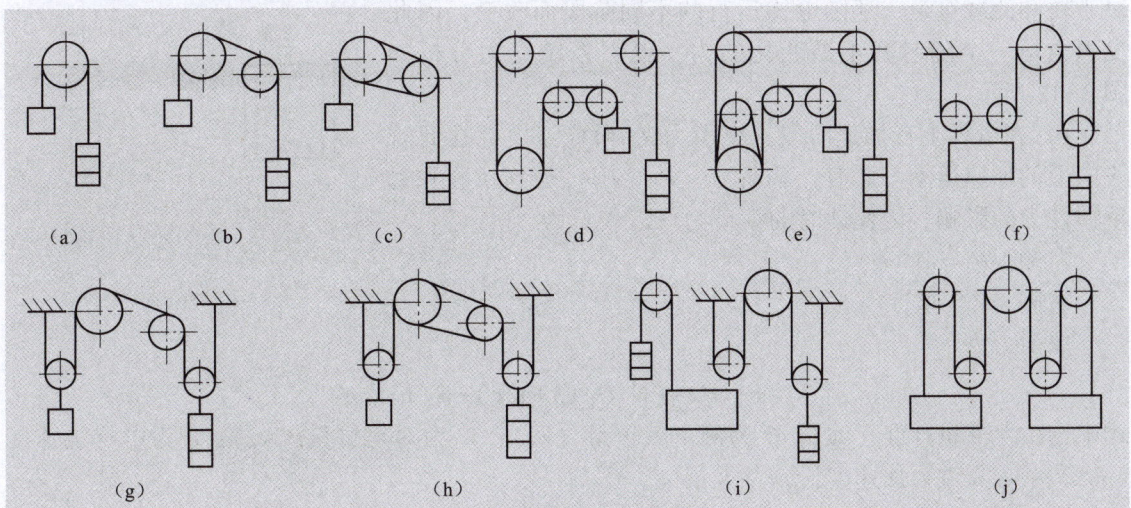

图 3-12　曳引绳的缠绕方式

35

各种曳引传动方式的区别和用途如表 3-1 所示。

表 3-1　各种曳引传动方式的区别和用途

图 3-12	悬挂比	曳引绳绕法	曳引机位置	用途
(a)	1:1	半绕式	上部	用于 $v \geqslant 0.5$ m/s 的有齿轮电梯
(b)	1:1	半绕式	上部	用于 $v \geqslant 0.5$ m/s 的有齿轮电梯
(c)	1:1	全绕式	上部	用于 $v \geqslant 2.5$ m/s 的有无轮电梯
(d)	1:1	半绕式	下部	用于 $v \geqslant 0.5$ m/s 的有齿轮电梯
(e)	1:1	全绕式	下部	用于 $v \geqslant 2.5$ m/s 的无齿电梯
(f)	2:1	半绕式	上部	用于 $v \geqslant 0.5$ m/s 的有齿轮电梯
(g)	2:1	半绕式	上部	用于 $v \geqslant 0.5$ m/s 的有齿轮电梯
(h)	2:1	全绕式	上部	用于 $v \geqslant 2.5$ m/s 的无齿电梯
(i)	2:1	半绕式	上部	用于大吨位电梯
(j)	2:1	半绕式	上部	用于大吨位、低速电梯

从表 3-1 可见，具体的一种曳引传动方式是悬挂比、曳引绳绕法、曳引机位置这三项内容的组合。在应用中，应选用简单方式，以简化结构，这样既可减少钢丝绳的弯曲，又可提高钢丝绳的使用寿命和传动总效率。

3.5.5　曳引传动受力分析

1. 曳引力分析

电梯的运行依赖于曳引绳与曳引轮之间的摩擦力，这种力被称为曳引力。为了使电梯正常运行，曳引力 T 必须大于或等于轿厢与对重之间的载荷差，即 P_1（较大载荷力）与 P_2（较小载荷力）之差，即 $T \geqslant P_1 - P_2$。由于载荷力不仅取决于轿厢的载重量，还随电梯运行的不同阶段而改变，因此曳引力是一个随时间不断变化的力。曳引系统受力分析如图 3-13 所示。

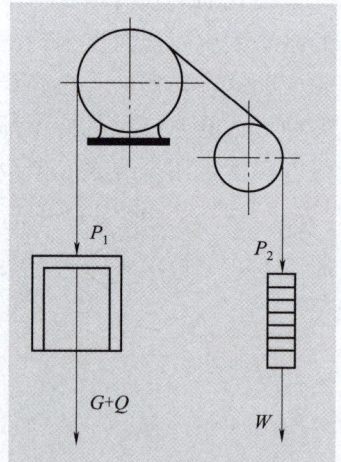

图 3-13　曳引系统受力分析

1）在电梯上行加速阶段，曳引力 T_1 对应于电梯在此阶段向上的加速运动。此时，载荷力（P_1、P_2）受到轿厢和对重惯性力的影响，因此此时的载荷力可以表示为

左侧：$P_1 = (G+Q)(1+a/g)$

右侧：$P_1 = W(1-a/g)$

曳引力为

$$T_1 = P_1 - P_2 = (G+Q)(1+a/g) - W(1-a/g)$$

式中，G 为轿厢自重（kg）；Q 为额定载重量（kg）；W 为对重重量（kg）；a 为电梯加速度（m/s²）；g 为重力加速度，$g = 9.8$ m/s²。

2）在电梯稳定上行阶段，曳引力 T_2 适用于电梯在此时的匀速运行状态，其中无加速

度。在此阶段，载荷力（P_1、P_2）仅与轿厢和对重的重量有关，此时的载荷力可表示为

左侧：$P_1 = G + Q$

右侧：$P_2 = W$

曳引力为

$$T_2 = P_1 - P_2 = G + Q - W$$

3）在上行减速阶段，电梯处于减速制动运行阶段，载荷力（P_1、P_2）和轿厢与对重惯性力有关，作用方向与上行加速时相反，这时的载荷力为

左侧：$P_1 = (G + Q)(1 - a/g)$

右侧：$P_2 = W(1 + a/g)$

曳引力 T_3 为

$$T_3 = P_1 - P_2 = (G + Q)(1 - a/g) - W(1 + a/g)$$

4）下行加速阶段，电梯向下做加速运动，惯性力的作用方向与上行减速阶段相同，此时曳引力 T_4 与前面的 T_3 相同，即曳引力为

$$T_4 = T_3 = P_1 - P_2 = (G + Q)(1 - a/g) - W(1 + a/g)$$

5）稳定下行阶与电梯稳定上行阶段相同，电梯做匀速运动，因此曳引力 T_5 为

$$T_5 = T_2 = P_1 - P_2 = G + Q - W$$

6）下行减速阶段曳引力 T_6 与前面的 T_1 一样，即曳引力为

$$T_1 = P_1 - P_2 = (G + Q)(1 + a/g) - W(1 - a/g)$$

由以上可知，曳引力大小会根据电梯轿厢载重量大小和电梯运行阶段的改变而变化，而且会出现负值，负值表明力的方向与轿厢运行方向相反。

2. 曳引力矩的分析

曳引力矩是曳引力作用在曳引轮上的力矩，曳引力矩有正负，因为曳引力存在正负，其计算为

$$M = T \times \frac{D}{2}$$

式中，T 为曳引力；$D/2$ 为曳引轮的半径。

例如：当电梯上行（见图 3-14）时，其三个阶段——加速、稳定、减速的曳引力矩分别为

$$M_1 = T_1 \times \frac{D}{2} \quad （加速阶段）$$

$$M_2 = T_2 \times \frac{D}{2} \quad （稳定阶段）$$

$$M_3 = T_3 \times \frac{D}{2} \quad （减速阶段）$$

当电梯下行（见图 3-15）时，其三个阶段——加速、稳定、减速的曳引力矩分别为

$$M_4 = -T_4 \times \frac{D}{2} \quad （加速阶段）$$

$$M_5 = -T_5 \times \frac{D}{2} \quad （稳定阶段）$$

$$M_6 = -T_6 \times \frac{D}{2} \quad (\text{减速阶段})$$

因为方向改变，所以加负号。

当电梯在满载状态下上升（指轿厢向上移动）时，曳引力和曳引力矩均为正值，这表明力矩的方向是推动轿厢上升，曳引系统的功率传递路径为：曳引电动机→减速器→曳引轮→曳引绳→轿厢。在这种情况下，曳引系统提供动力输出。

相反，当电梯在满载状态下下降（指轿厢向下移动）时，曳引力和曳引力矩变为负值，这表明力矩的作用方向与曳引轮的旋转方向相反，力矩的作用是调节轿厢的速度。此时，曳引系统的功率传递路径为：轿厢→曳引绳→曳引轮→减速器→曳引电动机。在这种情况下，曳引系统消耗动力，曳引电动机处于发电制动状态。

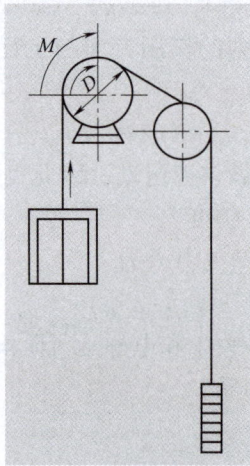

图 3-14　电梯上行　　　　　　图 3-15　电梯下行

如果电梯处于半载运行状态，那么当轿厢向上移动时，曳引力和曳引力矩为正，表示电梯处于驱动状态；而当轿厢向下移动时，曳引力和曳引力矩为负，表明电梯处于制动状态。反之，若电梯在轻载运行状态下，轿厢向上移动时，曳引力和曳引力矩为负，表示电梯处于制动状态；轿厢向下移动时，曳引力和曳引力矩为正，表明电梯处于驱动状态。

通过应用曳引力的计算公式和曳引力矩的计算公式，可以进一步计算出电梯在满载、半载以及空载状态下力矩的大小及其变化情况。

3.5.6　曳引力计算

1. 曳引系数

图 3-16 所示是轿厢上升状态下的曳引钢丝绳受力简图。

对其进行分析的前提是假定曳引钢丝绳在曳引轮绳槽中处于即将打滑但还未打滑的临界状态，轿厢侧曳引绳受到的拉力为 T_1，对重侧曳引绳受到的拉力为 T_2，则 T_1 与 T_2

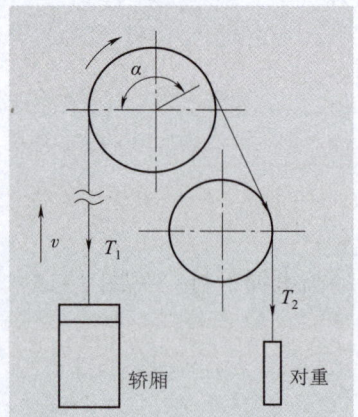

图 3-16　曳引钢丝绳受力简图

存在的关系采用欧拉公式表达为

$$\frac{T_1}{T_2} = e^{f\alpha}$$

式中，f 为当量摩擦因数；α 为钢丝绳在绳轮上的包角；e 为自然对数底数；T_1、T_2 为曳引轮两侧曳引绳中的拉力。$e^{f\alpha}$ 称为曳引系数，$e^{f\alpha}$ 越大，T_1/T_2 允许比值越大，即 T_1/T_2 的差值就越大，电梯的曳引能力越大。

2. 影响曳引系数的因素

曳引系数 $e^{f\alpha}$ 取决于当量摩擦因数 f 以及曳引绳与曳引轮间的包角 α 大小。

当量摩擦因数 f 取决于以下因素：

1）曳引轮结构、功能与参数。

2）润滑状态。

包角 α 取决于曳引绳与曳引轮间的缠绕方式。包角 α 越大，在当量摩擦因数 f 一定的条件下，曳引系数 $e^{f\alpha}$ 越大，电梯曳引能力就越大，可以提高电梯的安全性。若要增大包角，就必须合理地选择曳引钢丝绳在曳引轮槽内的缠绕方法。

3. 满足电梯曳引条件的曳引系数

根据《电梯制造与安装安全规范》GB 7588—2020 的规定，电梯必须确保在特定情况下曳引钢丝绳不会在曳引绳槽中发生打滑。这两种情况分别是：

1）空载电梯在最高停站处处于上升制动状态或下降起动状态。

2）载有超过其额定载荷 125% 的电梯，在最低停站处处于下降制动状态或上升起动状态。

为了满足这些曳引条件，需要按照特定的公式来设计曳引系数。

$$\frac{T_1}{T_2} C_1 C_2 \leqslant e^{f\alpha}$$

T_1/T_2 为轿厢载有 125% 额定载荷并处于最低层站及轿厢空载并处于最高层站情况下，曳引轮两边曳引钢丝绳中较大静拉力与较小静拉力之比；系数 C_1 与加速度、减速度及电梯特殊安装情况有关，$C_1 = (g+a)/(g-a)$，g 是重力加速度，$g = 9.8\ \mathrm{m/s^2}$，a 是轿厢的制停减速度（或起动加速度，单位 $\mathrm{m/s^2}$）；系数 C_2 与因磨损而发生形状改变的曳引轮绳槽断面有关，半圆形和半圆形下部开切口的曳引轮绳槽，$C_2 = 1$；V 形曳引轮绳槽，$C_2 = 2$；当额定速度 v 超过 2.5 m/s 时，C_2 值应按各种具体情况另行计算，但不得小于 1.25。

设计中，按 GB 7588—2020 的规定，C_1 的最小允许值如表 3-2 所示。

表 3-2 C_1 的最小允许值

电梯额定速度	C_1 值
$v \leqslant 0.63$ m/s	1.1
0.63 m/s $\leqslant v \leqslant 1$ m/s	1.15
1 m/s $\leqslant v \leqslant 1.6$ m/s	1.2
1.6 m/s $\leqslant v \leqslant 2.5$ m/s	1.25

4. 增大曳引系数的方法

曳引系数 $e^{f\alpha}$ 的大小，影响电梯的曳引能力，增大曳引系数 $e^{f\alpha}$ 可以提高电梯的曳引能力。

根据曳引系数的表达式 $e^{f\alpha}$，可以采用四种方法增大曳引系数：选用适当断面形状的曳引轮绳槽；增大曳引绳在曳引轮上的包角；选用耐磨且摩擦因数大的材料来制造曳引轮；不能过度润滑曳引绳。

3.5.7　曳引力应用

在 GB 7588—2020 附录 M 中，对曳引力的各种需求状态进行了描述。

曳引力应在以下任何情况下都得到确保：

1）正常运行；

2）在底层装载；

3）紧急制停时的减速度。

此外，必须考虑当轿厢在井道中因任何原因而滞留时，应允许钢丝绳在绳轮上滑动。

以下计算提供了一个参考，用于对采用钢丝绳配钢或铸铁绳轮，且驱动主机位于井道上部的传统电梯进行曳引力计算。根据经验，由于存在安全余量，因此无须详细考虑绳的结构、润滑类型及其程度、绳及绳轮的材料、制造误差等因素，计算结果仍然安全可靠。

1. 曳引力计算

用下面的公式计算曳引力：

$$\frac{T_1}{T_2} \leqslant e^{f\alpha}$$ ——用于轿厢装载和紧急制动工况；

$$\frac{T_1}{T_2} \geqslant e^{f\alpha}$$ ——用于桥厢滞留工况（对重压在缓冲器上，曳引机向上方旋转）。

式中，f 为当量摩擦因数；α 为钢丝绳在绳轮上的包角；T_1，T_2 为曳引轮两侧曳引绳中的拉力。

2. T_1/T_2 的计算

1）轿厢装载工况。T_1/T_2 的静态比值应按照轿厢装有 125% 额定载荷并考虑轿厢在井道的不同位置时的最不利情况进行计算。如果载荷的 1.25 系数未包括 GB 7588—2020 中 8.2.2 的情况，则 8.2.2 的情况必须特别对待。

2）紧急制动工况。T_1/T_2 的动态比值应按照轿厢空载或装有额定载荷时在井道的不同位置的最不利情况进行计算。

每一个运动部件都应正确考虑其减速度和钢丝绳的倍率。

任何情况下，减速度不应小于下面的数值：

1）对于正常情况，为 $0.5\ \text{m/s}^2$。

2）对于使用了减行程缓冲器的情况，为 $0.8\ \text{m/s}^2$。

3）轿厢滞留工况时，T_1/T_2 的静态比值应按照轿厢空载或装有额定载荷并考虑轿厢在井道的不同位置时的最不利情况进行计算。

3. 当量摩擦因数的计算

当量摩擦因数根据不同的绳槽类型、绳槽的表面状态、工况进行计算。

（1）绳槽类型

1）半圆槽和带切口的半圆槽［见图3-17（a）］。当量摩擦因数 f 为

$$f=4\frac{\mu\left(\cos\frac{\pi}{2}-\sin\frac{\beta}{2}\right)}{\pi-\beta-\gamma-\sin\beta+\sin\gamma}$$

式中，β 为下部切口角度值，γ 为槽的角度值；μ 为摩擦因数。

β 的数值最大不应超过106°（1.83弧度），相当于槽下部80%被切除。

γ 的数值由制造者根据槽的设计提供。任何情况下，其值不应小于25°（0.43弧度）。

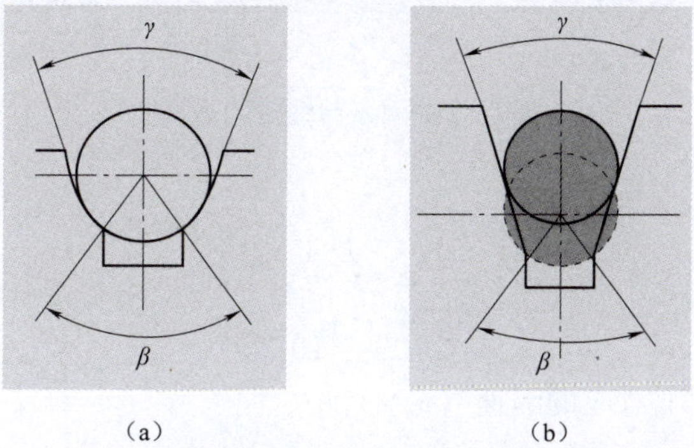

图3-17 曳引轮槽类型

（a）带切口的半圆槽；（b）V形槽

2）V形槽［见图3-17（b）］。当槽没有进行附加的硬化处理时，为了限制由于磨损而导致曳引条件的恶化，下部切口是必要的。

① 轿厢装载和紧急制停的工况。

对于未经硬化处理的槽，当量摩擦因数 f 为

$$f=4\frac{\mu\left(1-\sin\frac{\beta}{2}\right)}{\pi-\beta-\sin\beta}$$

对于经硬化处理的槽，当量摩擦因数 f 为

$$f=\frac{\mu}{\sin\frac{\gamma}{2}}$$

② 轿厢滞留的工况。

对于硬化和未硬化处理的槽，当量摩擦因数 f 为

$$f=\frac{\mu}{\sin\frac{\gamma}{2}}$$

下部切口角 β 的数值最大不应超过106°（1.83弧度），相当于槽下部80%被切除。

对电梯而言，任何情况下，V形槽 γ 值不应小于35°。

3）摩擦因数计算。摩擦因数与绳速的关系曲线如图3-18所示。

① 装载工况时，$\mu=0.1$。

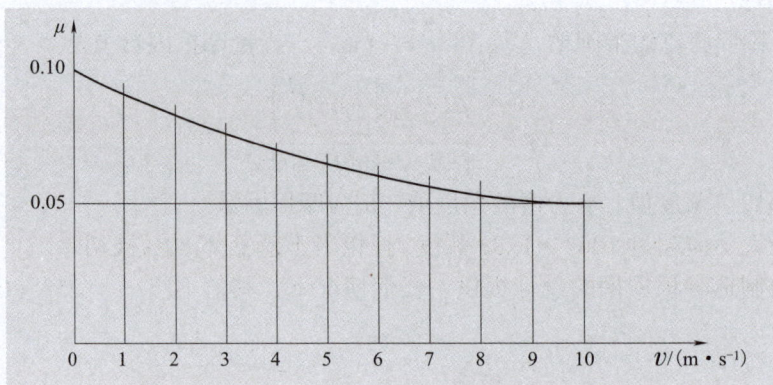

图 3-18　摩擦因素与绳速的关系曲线

② 紧急制停工况时，

$$\mu = \frac{0.1}{1+\dfrac{v}{10}}$$

式中，v 为轿厢额定速度下对应的绳速（m/s）。

③ 轿厢滞留工况时，$\mu = 0.2$。

课后习题

一、判断题

1. 曳引机可以安装在底坑中。　　　　　　　　　　　　　　　　　　　（　　）

2. 蜗杆曳引机只分为蜗杆上置式与蜗杆下置式。　　　　　　　　　　（　　）

3. 电梯只能采用直径不小于 8 mm 的曳引绳驱动。　　　　　　　　　（　　）

4. 可以采用普通电动机作为曳引电动机。　　　　　　　　　　　　　（　　）

5. 确定电梯时，不受海拔高度的限制。　　　　　　　　　　　　　　（　　）

6. 电梯制动器允许的制动间隙都不大于 0.07 mm。　　　　　　　　　（　　）

7. 电梯制动器的制动衬料可以采用石棉材料。　　　　　　　　　　　（　　）

8. 曳引轮 V 形轮槽比 U 形轮槽性能优良。　　　　　　　　　　　　　（　　）

二、填空题

1. 电梯曳引机根据是否有减速器可以分为＿＿＿＿＿＿＿＿与＿＿＿＿＿＿＿＿。

2. $\dfrac{T_1}{T_2} \geqslant e^{f\alpha}$ 用于桥厢＿＿＿＿＿＿＿＿工况（对重压在缓冲器上，曳引机向上方旋转）。

3. 客梯曳引绳为三根或三根以上时，安全系数不小于＿＿＿＿＿＿＿。

4. $\dfrac{T_1}{T_2} = e^{f\alpha}$ 中，＿＿＿＿＿＿＿＿＿称为曳引系数。

5. ＿＿＿＿＿＿＿电梯曳引轮的线速度与轿厢升降速度之比。

三、单项选择题

1. 当轿厢载有（ ）额定载荷并以额定速度下行至下部时，切断电动机和制动器电源，电梯应可靠停止。

A. 125%　　　　　B. 135%　　　　　C. 150%　　　　　D. 160%

2. 下列关于蜗杆传动特点的描述中，不正确的是（ ）。

A. 传动平稳　　　B. 传动比大　　　C. 效率高　　　D. 运行噪声低

3. 属于有齿轮曳引机的组成部件是（ ）。

A. 电动机　　　　B. 钢丝绳　　　　C. 限速器　　　　D. 反绳轮

4. 制动器线圈得电时，制动器（ ）。

A. 松闸　　　　　B. 合闸　　　　　C. 保持原来状态　　　D. 难以确定

5. 电梯曳引绳为两根时，安全系数不小于（ ）。

A. 12　　　　　　B. 10　　　　　　C. 16　　　　　　D. 8

6. 条件相同的情况下，曳引轮与钢丝绳的当量摩擦因数最大的是（ ）。

A. U 形槽　　　　B. 凹形槽　　　　C. 带切口的 V 形槽　　　D. V 形槽

四、简答题

1. 电梯曳引机的类型有哪些？

2. 电梯曳引机制动器的作用是什么？

3. 常见的电梯曳引绳的直径有哪些？

4. 电梯曳引绳的绳芯有什么作用？

5. 曳引机用联轴器分几种？应用上有什么区别？

模块四

曳引系统

学习导论

　　电梯是现代城市交通系统中不可或缺的一部分，而曳引系统是电梯运行的核心组成部分之一。曳引系统的作用是向电梯输送与传递动力，曳引系统通过曳引钢丝绳和反绳轮的组合，实现了电梯的上下运行。曳引钢丝绳经导向轮、反绳轮将轿厢和对重连接并带动其上下运行，轿厢到达指定位置后通过曳引机制动器保持轿厢和对重位置不变。如果曳引系统失效，会发生溜车现象，造成异常停梯、剪切、墩底、冲顶或坠落等事故。

　　曳引系统主要由曳引机、曳引钢丝绳、导向轮、反绳轮组成，其中曳引机是电梯的主拖动机械，曳引钢丝绳是电梯曳引系统中的核心部件，导向轮用于引导曳引钢丝绳的运动方向，反绳轮用于改变曳引钢丝绳的传动方向，并构成不同的曳引绳传动比。

问题与思考

1. 轿厢是如何被提升、降下的？
2. 电梯运行需要多大的力量？
3. 有哪些类型的曳引电梯驱动主机？
4. 有哪些曳引电梯的曳引方式？
5. 曳引钢丝绳能承受轿厢的重量吗？
6. 制动器有哪些使用要求？
7. 能否详细说明四扇中分门的工作原理？
8. 两扇中分式和四扇中分式有何不同？
9. 中分门的设计有何特别之处？

学习目标

知识目标

1. 了解电梯曳引系统的功能及组成；
2. 熟悉电梯曳引机的结构和类型；
3. 熟悉电梯减速器的种类和特点；
4. 了解曳引轮、导向轮、反绳轮的结构；
5. 了解曳引绳的结构、材料要求和安全系数。

能力目标

1. 掌握电梯曳引机基本原理及组成；
2. 会分析各种曳引机的使用场景及正确选用曳引机；
3. 会分析不同制动器的特点；
4. 会进行钢丝绳安全系数的计算和校验；
5. 能计算曳引电机的转速和容量。

素养目标

1. 养成良好的职业道德素养和规范操作习惯；
2. 养成逻辑思维、综合分析、概括表达、终身学习等能力；
3. 培养学生崇尚科学、追求真理的精神，锐意进取的品质，独立思考的学习习惯。

4.1 曳引机

曳引机

曳引机为电梯运行提供动力，在行业中也称为主机，通过曳引机旋转驱动轿厢和对重作上下往复运动。曳引机一般由曳引电动机、联轴器、减速器、曳引轮、机架和导向轮及附属盘车手轮等组成。

典型的曳引机如图4-1所示。曳引机安装在机房，是曳引驱动的动力。曳引钢丝绳通过曳引轮一端连接轿厢，一端连接对重装置。导向轮通过其特殊的设计和位置，能够有效地分开轿厢和对重的间距，从而避免它们之间的碰撞和干涉。曳引机工作时，缠绕在曳引轮绳槽中的曳引钢丝绳由于受到曳引轮绳槽对其摩擦力的作用而被驱动，从而带动轿厢和对重运行。

4.1.1 曳引机的基本技术要求

1）地理位置海拔不应超过1 000 m；控制室内的气温需维持于5~40 ℃；环境的月平均湿度不得超过90%，并且同月的平均最低气温不得超出25 ℃；供电的电压波动不得偏离其额定值的±7%；周围空气应无腐蚀性及可燃性气体的存在。

2）制动系统必须稳定可靠，在电梯整机设备上，当平衡系数为0.40时，若轿厢内载荷增至150%的额定载重，持续10 min后，制动轮与制动瓦片之间不应出现滑动现象。

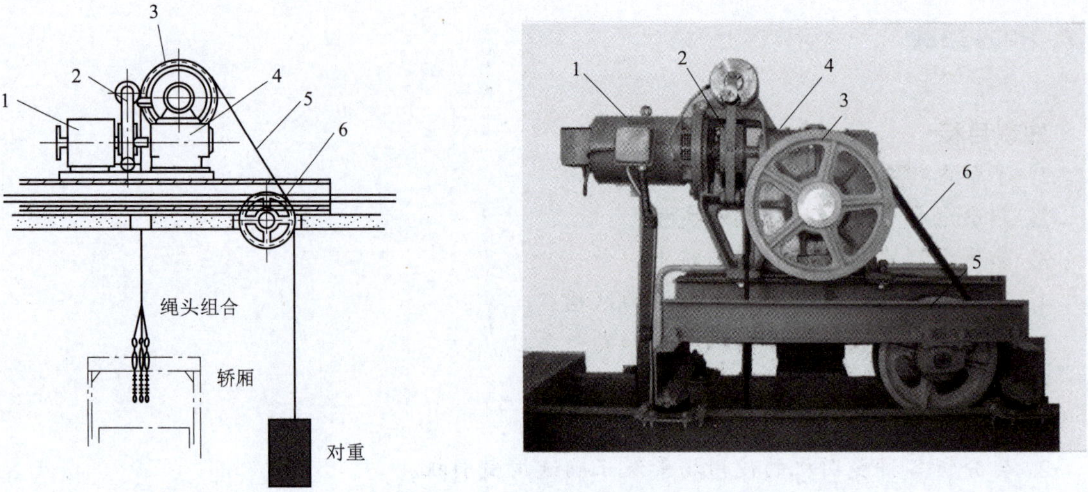

图 4-1 典型的曳引机

1—电动机；2—电磁制动器；3—曳引轮；4—减速器；5—曳引绳；6—导向轮

3）制动装置的起动电压不应高于电磁铁额定电压的 80%，而其最大释放电压应低于电磁铁额定电压的 55%，制动器的启动迟滞时间应不超过 0.8 s。在制动器线圈进行耐压试验时，若对线圈导电部分施加 1 000 V 的对地电压，持续 1 min，不应发生绝缘击穿的情况。

4）制动器部件的闸瓦组件应分两组装设，如果其中一组不起作用，制动轮上仍能获得足够的制动力，使载有额定载重量的轿厢减速。

制动器中的闸瓦组件分两组独立安装，即便其中一组失效，制动轮依然能够依靠另一组提供充足的制动力，以确保承载额定载重量的轿厢能够实现减速。

5）在检验平台上，曳引机在空载条件下进行高速运行时，A 计权声压级的噪声测量表面的平均数值小于表 4-1 的限定标准；同时，在低速运行模式下，噪声的测量结果需较高速运行时更低。

表 4-1 曳引机噪声限值 dB（A）

项目	质量等级	合格品	一等品	优等品
空载噪声	带风机	70	68	66
	无风机	68	65	62

4.1.2 曳引机的类型

曳引机的分类方式有很多，其基本分类如图 4-2 所示。

（1）按照驱动电动机分类

1）交流电动机驱动曳引机。

交流电动机可分为异步电动机和同步电动机两大类，异步电动机进一步细分为单速、双速和可调速等类型。单速异步电动机多用于杂物电梯，双速异步电动机通常用于货运电梯，

减速方式
{
有齿轮曳引机
无齿轮曳引机
柔性传动机构曳引机
}

驱动电动机
{
直流电动机驱动曳引机
交流电动机驱动曳引机
}

用途
{
客梯曳引机
货梯曳引机
客货电梯曳引机
杂货梯曳引机
车辆电梯用曳引机
}

速度
{
低速曳引机($v \leqslant 1$ m/s)
中速曳引机($1 < v \leqslant 2$ m/s)
高速曳引机($2 < v \leqslant 5$ m/s)
超高速曳引机($v > 5$ m/s)
}

结构
{
卧式曳引机
立式曳引机
}

曳引机技术
{
蜗杆蜗轮曳引机
平行轴斜齿轮曳引机
行星轮系曳引机
永磁同步曳引机
皮带传动曳引机
}

图 4-2　曳引机的基本分类

而可调速电动机普遍应用于乘客电梯、住宅电梯以及医疗电梯等。随着交流变频技术的普及，VVVF（变压变频调速）技术在交流电动机中得到了广泛应用。同步电动机中目前市场上推出的交流永磁同步无齿轮曳引机相比其他类型曳引机，展现出众多优势。

2）直流电动机驱动曳引机。

直流电动机在调速和控制方面便捷，运转速度稳定，且传动效率较高，因而在电梯领域得到了广泛采用，尤其是在超高速电梯中大量使用。直流电动机的不足在于其结构复杂，需要配备交直流转换装置，成本较高。然而，随着电子技术和电气工程的发展，这些问题已逐渐得到有效解决。

（2）按照减速方式分类

1）有齿轮曳引机（有齿轮减速器曳引机）。

当曳引机的电动机动力通过减速箱传递至曳引轮时，该类型曳引机被称作有齿轮曳引机，如图 4-3 所示。这类曳引机普遍应用于速度不超过 2.0 m/s 的各类电梯，包括交流双速电梯、交流调速电梯，涵盖了客梯、货梯以及服务梯等。减速箱的主要功能是减少电机的转速，同时增强其输出扭矩。

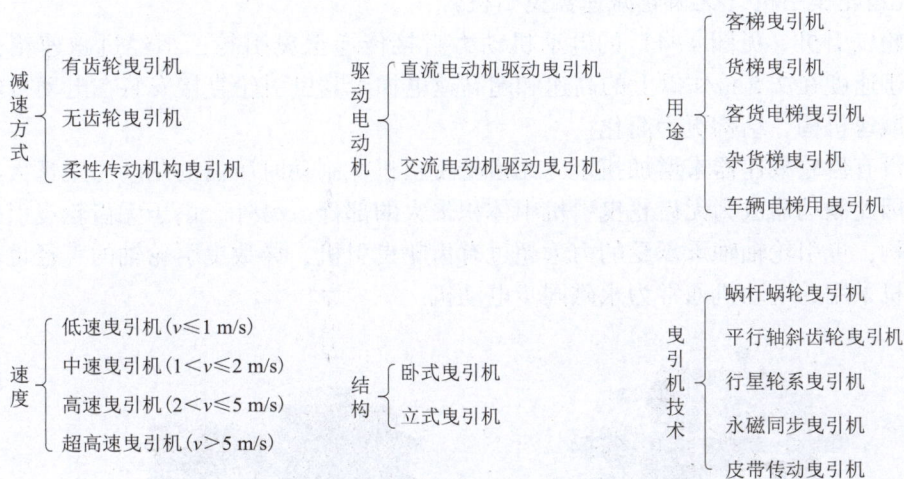

图 4-3　有齿轮曳引机

2）无齿轮曳引机（无齿轮减速器曳引机）。

无齿轮曳引机（见图4-4）的电动机动力直接传递至曳引轮，不经过减速箱，这种设计通常用于速度在2.5 m/s以上的高速和超高速电梯。其曳引轮直接安装在电动机轴上，省去了机械减速机构，结构更为简化。

因为没有齿轮减速器来增加扭矩，无齿轮曳引机在制动时所需的制动力矩远大于有齿轮曳引机，因此制动器成为无齿轮曳引机中体积最大的部件。另外，由于无齿轮曳引机常采用复绕式结构，曳引轮轴轴承承受的力远超过有齿轮曳引机，导致曳引轮轴的直径也较大。无齿轮曳引机采用的电动机通常为永磁同步电动机。

图4-4　无齿轮曳引机

3）永磁同步无齿轮曳引机与传统有齿轮曳引机的比较。

近年来，电梯行业中最前沿的驱动技术当属永磁同步电动机调速系统。该系统具备体积紧凑、节能高效、控制性能优越等特点，并且能够实现低速直接驱动，省去了齿轮减速装置。其低噪声、精确的层站定位和乘坐舒适性均超越了以往的驱动系统，非常适合应用于无机房电梯。永磁同步电动机驱动系统迅速获得了众多电梯厂商的青睐，与之相匹配的专用变频器产品也推出了多种品牌。在调速驱动领域，永磁同步电动机有望成为主流。永磁同步无齿轮曳引机相较于传统曳引机，主要优势体现在以下几个方面：

① 高效率与节能、驱动系统响应佳：使用多极低速直接驱动的永磁同步曳引机，摒弃了效率仅约70%的庞大蜗轮蜗杆减速齿轮箱；相较感应电动机，它无须从电网吸收无功电流，因此功率因数较高；由于不存在励磁绕组，无励磁损耗，发热量低，无须风扇，无风阻损耗，效率提升；采用磁场定向矢量控制，具备与直流电动机相似的优良转矩控制特性，启动和制动时的电流显著低于感应电动机，从而降低了电动机和变频器的容量需求。

② 平稳运行、低噪声：由于低速直接驱动，轴承噪声低，无风扇和蜗轮蜗杆噪声，一般噪声可降低5至10 dB，减轻了对环境的噪声污染。

③ 节省建筑空间：由于无须大型减速齿轮箱、无励磁绕组，并使用高性能钕铁硼永磁材料，电机体积小，质量轻，可以缩小机房面积甚至无须机房，为建筑设计师提供了更多的设计灵活性，从而间接提升了人们在建筑空间中的使用功能和品质。

④ 长久使用寿命、安全可靠：电动机不使用电刷和集电环，使用寿命延长。

⑤ 运维成本低：无须电刷和减速箱，维护简单，降低了运行维护成本。

⑥ 环境污染小：由于没有齿轮箱，不会造成油气污染。

⑦ 安全性可靠：由于其结构简化，具备刚性直轴制动的特性，不仅提供了全时上下行超速保护，还利用永磁电动机的反电动势特性，实现了蜗轮蜗杆的自锁功能，为电梯系统和乘客提供了额外的安全防护层。

4.1.3 曳引机型号标示方法

曳引机是电梯的核心构件之一，电梯的额定载重、运行速度等关键参数与曳引机的转速、减速箱的速比、曳引轮的直径、曳引比等直接相关。关于曳引机的关键参数、型号编制和技术规范等内容，在国家标准 GB/T 24478—2023《电梯曳引机》中已有明确的规定，这些信息会在曳引机的铭牌上有所体现，具体如图 4-5 所示。

永磁同步曳引机铭牌

图 4-5 曳引机型号表示

（1）曳引机型号编制

包括类、组、型式、特性、主参数和变型更新代号，如图 4-6 所示。

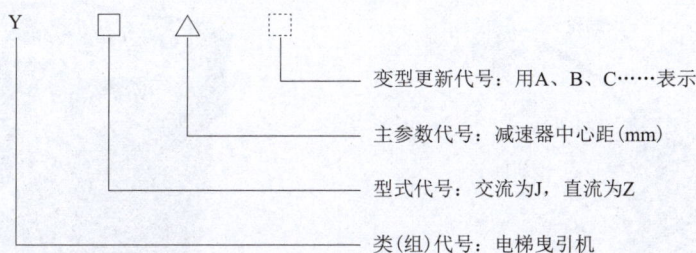

变型更新代号：用 A、B、C······表示

主参数代号：减速器中心距（mm）

型式代号：交流为 J，直流为 Z

类（组）代号：电梯曳引机

图 4-6 曳引机型号表示

标记示例 YJ200A，表示交流电动机驱动曳引机，减速器输出轴中心距为 200 mm，第一次改进更新的电梯曳引机。

值得注意的是，随着技术的进步，市场上已经涌现出许多在标准中未提及或难以对应的新产品。此外，众多外资及合资电梯企业在中国市场上推广其产品，它们通常采用国外的型号编制体系。因此，在日常工作和学习中，我们应详细查阅相关产品的技术资料，以避免产生任何误解。

（2）曳引机基本参数系列

1）曳引机的额定速度（m/s）。

常见的数值有 0.63、1.00、1.25、1.60、2.00、2.50 等。

2）曳引机的额定载重量（kg）

常见的数值有 400、630、800、1 000、1 250、1 600、2 000、2 500 等。

3）减速器的中心距（mm）。

常见的数值有 125、160、（180）、200、（225）、250、（280）、315、（355）、400 等。

注：括号内的数值表示不推荐使用。

4.2 减速器

减速器

4.2.1 减速器分类

曳引机减速器用于有齿轮曳引机，常见的减速器根据传动原理分为蜗轮蜗杆传动、斜齿轮传动及行星齿轮传动减速器。

（1）蜗轮蜗杆传动减速器

蜗杆蜗轮传动减速器能够降低齿轮减速器在运作时的噪声，提升工作的平稳性，其特点包括运行稳定可靠、无冲击噪声、较大的减速比、具备反向自锁功能以及体积小且结构紧凑等优点。

在蜗杆蜗轮传动中，电动机通过联轴器与蜗杆连接，驱动蜗杆高速旋转。由于蜗杆的螺旋头数与蜗轮的齿数之间存在较大差异，这导致蜗轮轴输出的转速显著下降，同时扭矩得到增强。一般而言，曳引机的减速箱速比介于 21 至 61。蜗轮和蜗杆传动形式和啮合形状如图 4-7 所示。

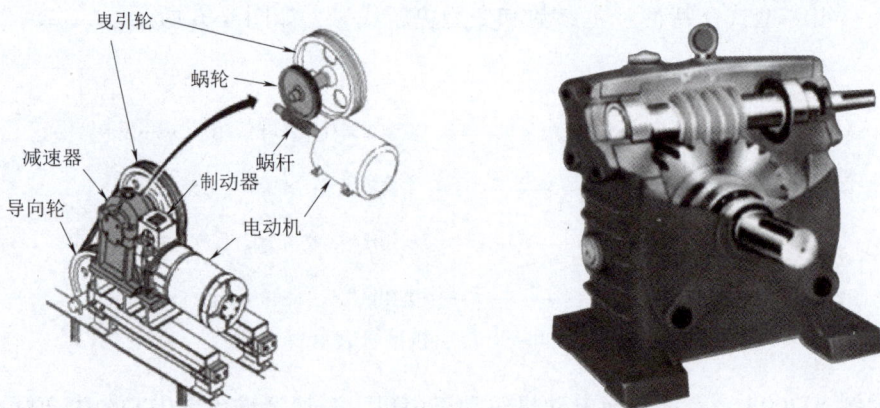

图 4-7 蜗轮和蜗杆传动形式和啮合形状

蜗轮蜗杆传动的曳引机根据蜗杆的安装位置可以分为以下几种类型：

1）蜗杆下置式曳引机。在减速器中，如果蜗杆位于蜗轮下方，则称为蜗杆下置式，如图 4-8（a）所示。其特点包括良好的润滑性能，但需要减速器具有高密封性，以防止油液外泄。

2）蜗杆上置式曳引机。在减速器内，若蜗杆安装在蜗轮上方，则称为蜗杆上置式，如图 4-8（b）所示。这种类型的特点是蜗杆与蜗轮齿面的啮合区域不易受到杂物侵入，安装和维护较为便捷，但润滑效果相对较差。

图 4-8　有齿轮曳引机
（a）下置式；（b）上置式
1—电动机；2—制动器；3—曳引轮；4—减速箱；5—底座

3）立式曳引机。为了节省空间，可以采用立式曳引机，如图 4-9 所示。其内部构造与上置或下置的齿轮曳引机相似，主要区别在于曳引机的轴是垂直方向的。

蜗杆减速器的减速箱通常由箱体、箱盖、蜗杆、蜗轮和轴承等部件构成。在蜗杆减速器中，蜗杆轴的转速与蜗轮轴的转速之比被定义为减速器的减速比（用 E 表示）。当蜗杆减速器运作时，因为蜗杆轴每旋转一周，蜗轮轴仅转动蜗杆螺旋线的齿数，因此蜗杆减速器的减速比 E（亦称为传动比）由蜗轮的齿数与蜗杆的螺旋线数之比确定，其数学表达式为

$$E = Z_L / Z_g$$

Z_L——蜗轮齿数；

Z_g——蜗杆的螺线数。

【例4.1】蜗轮的齿数为 90，蜗杆螺线数（也称头数）为 3。那么其减速比为

$$E = 90/3 = 30 : 1$$

也就是说当蜗杆轴每转动一圈时，蜗轮轴只转过 1/30 圈（周），即蜗杆轴旋转 30 圈，蜗轮轴才转 1 圈（周）。

图 4-9　立式曳引机

【例4.2】蜗杆的螺线数（头数）为 2，蜗轮的齿数为 72。那么其减速比 $E = 72/2 = 36 : 1$

即蜗杆轴每转动一圈时，蜗轮轴只转 1/36 圈（周），相当蜗杆轴旋转 36 圈，蜗轮轴才转 1 圈（周）。

（2）斜齿轮传动减速器

斜齿轮减速器早在 20 世纪 70 年代就被国外引入电梯传动领域。同时，应用了结合斜齿轮减速器和 VVVF 控制系统的创新高速电梯系统被开发出来。如图 4-10 所示，斜齿轮传动的显著优势在于其高效的传动效率和较小的曳引机整体尺寸及重量。然而，应用于电梯传动

的斜齿轮相较于常规齿轮需要具备更高的品质标准，必须保证机件的抗疲劳强度和可靠性等关键性能。

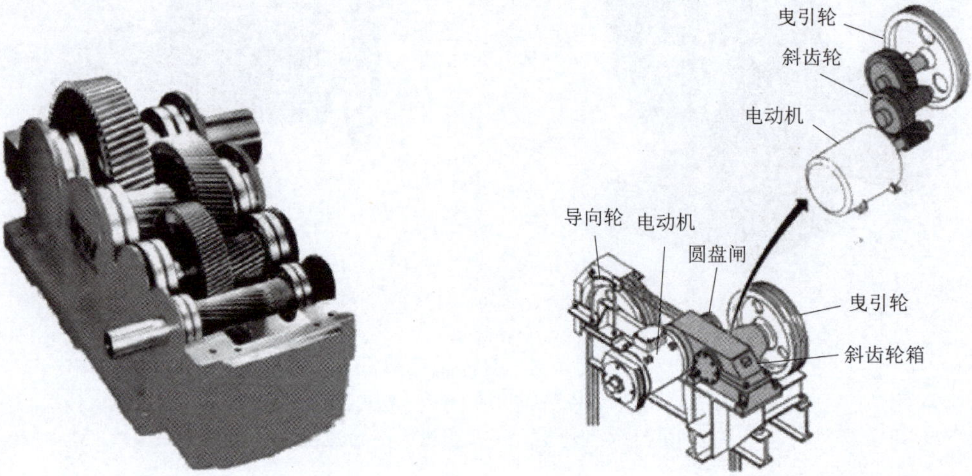

图 4-10　斜齿轮传动减速器

（3）行星齿轮传动减速器

行星齿轮传动减速器是一种基于行星齿轮传动机制的曳引系统。行星齿轮曳引机主要由一个驱动轴、多个行星齿轮和一个外环形齿轮构成，如图 4-11 所示。驱动轴通过齿轮啮合将动力输出给行星齿轮，行星齿轮则与环形齿轮相啮合。在驱动轴进行旋转时，行星齿轮不仅自转，还围绕驱动轴公转，并促使环形齿轮随之旋转。行星齿轮传动电梯的特点包括高传动效率、结构紧凑、承载能力强、运行平稳、维护方便、可靠性高。

图 4-11　行星齿轮传动结构图和曳引机

4.2.2　减速器使用要求

1）在减速器中，蜗杆常使用滑动轴承来承受径向力。若替换为滚动轴承，则轴承的精度需达到 D 级以上。蜗轮轴则标配滚动轴承，其精度需达到 E 级。轴承的精度直接影响到噪声和寿命，因此更换时必须确保轴承满足规定的精度标准。

2）在安装减速器的过程中，禁止在箱体底部使用垫片。若底座不水平，应使用锉刀或刮刀等进行加工，直至满足安装要求。

3）装配完成后，蜗杆和蜗轮轴的轴向间隙需符合技术规范。

4）减速器在运行时应保持平稳且无振动，蜗轮与蜗杆的啮合需良好，换向时不应产生撞击声。

5）需定期检查减速器的轴承、箱盖、油窗盖等接合处是否有漏油现象。在正常工作状态下，蜗杆轴端的每小时漏油面积不应超出 150 cm^2。

6）在减速器正常工作期间，机件和轴承的温度通常不应超过 70 ℃，箱体内的油温也不应超过 8 ℃。

4.3　制动器

4.3.1　制动器功能和要求

电梯使用的是电磁式常闭制动器，这种制动器在电梯不工作状态下制动，而在运行时制动释放，制动时通过制动带与制动轮的摩擦产生制动力矩，运行时则依靠电磁力释放制动。根据产生电磁力的线圈工作电流类型，可分为交流电磁制动器和直流电磁制动器。直流电磁制动器因其制动平稳、体积小、工作可靠，在电梯中得到了广泛应用，其全称为常闭式直流电磁制动器。

制动器是确保电梯安全运行的关键装置，对电梯制动器的要求包括：制动过程中不应给曳引电动机的轴和减速箱的蜗杆轴带来额外负载；制动器在松闸释放或制动时应平稳，并能适应频繁的启动和制动操作；制动器须具备足够的刚性和强度；制动带应具有高耐磨性和耐热性；制动器结构应简单紧凑，便于调整；需配备人工松闸装置，应能够通过手动力使制动器释放，并需持续施力以维持其释放状态；运行时噪声应尽量小；在电梯动力电源或控制电路电源断电的情况下，电梯应无附加延迟地被有效制动；当轿厢承载达到 125% 的额定载荷且以额定速度运行时，制动器应具备使曳引机停止运转的能力，且制动力矩的大小不应受曳引机转向影响。

4.3.2　制动器结构与原理

制动器的工作机制如下：电梯在静止状态下，曳引电动机和电磁制动器的线圈均不导电，此时由于电磁铁芯之间缺乏吸引力，制动瓦块在制动弹簧的压力作用下紧贴制动轮，确保电机不会转动；当曳引电动机通电开始旋转，制动电磁铁的线圈也同时通电，电磁铁芯迅速被磁化并吸合，推动制动臂使制动弹簧受力，制动瓦块因此张开，与制动轮完全分离，电梯便开始运行；当电梯轿厢抵达目标楼层时，曳引电动机断电，制动电磁铁的线圈也随即断电，电磁铁芯的磁力迅速消失，铁芯在制动弹簧的作用下通过制动臂返回原位，使制动瓦块重新紧贴制动轮，电梯随之停止运作。

图 4-12 展示的是卧式电磁铁制动器，该制动器通常包括制动轮、制动电磁铁、制动臂、制动闸瓦、制动弹簧等部件。其工作原理描述如下：当电梯处于静止状态时，制动臂在

制动弹簧的作用下，使制动闸瓦及其闸皮紧压制动轮的工作面，实施抱闸制动。在此状态下，制动闸瓦与制动轮的工作面紧密接触，其接触面积需超过闸瓦面积的 80%；当曳引机启动时，制动电磁铁线圈通电，电磁铁芯被吸合，推动制动臂克服制动弹簧的压力，使制动闸瓦松开并从制动轮的工作面移开，实现抱闸释放，电梯随之启动运行。

制动闸瓦通过销钉与制动臂连接，其特性是闸瓦能够围绕铰点旋转，即便在制动器安装存在微小偏差时，闸瓦仍能与制动轮良好配合。为了减少制动器抱闸和松闸的时间及噪声，制动轮与闸瓦的工作表面应保持 0.5~0.7 mm 的间隙，这一间隙可通过制动臂上的定位螺钉进行调整。制动弹簧的作用是压紧制动闸瓦，从而产生制动力矩。

图 4-13 展示的是立式电磁铁制动器。电磁铁的铁芯由动铁芯和定铁芯电磁铁座组成。当铁芯吸合时，动铁芯向下移动，顶杆推动转臂旋转，进而将两边的制动臂以及闸瓦块和闸皮推开，实现松闸。其工作原理与卧式制动器一致，区别仅在于传动结构上的不同。

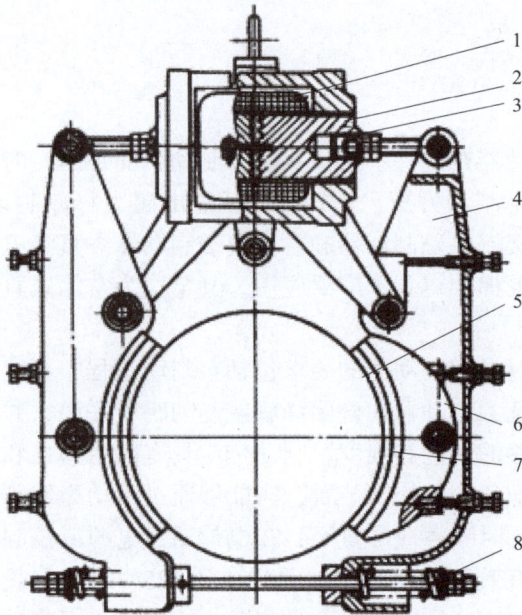

图 4-12　曳引机碟式制动器

1—线圈；2—电磁铁芯；3—调节螺母；
4—制动臂；5—制动轮；6—闸瓦；
7—闸皮；8—制动弹簧

图 4-13　立式电磁铁制动器

1—制动弹簧；2—拉杆；3—销钉；4—电磁铁座；5—线圈；
6—动铁芯；7—罩盖；8—顶杆；9—制动臂；10—顶杆螺栓；
11—转臂；12—球头；13—连接螺钉；14—闸瓦块；15—闸皮

根据制动的工作机制，制动器还有碟式和内胀式两种。曳引机碟式制动器（见图 4-14）的优点包括刹车性能优良、噪声低、磨损程度低于闸瓦式。其不足之处在于结构较为复杂，调整时需使用专门工具，且操作技巧要求较高。而曳引机内胀式制动器（见图 4-15）的优点包括结构紧凑，适用于空间受限的场合，安装方便，制动效果好，维护简单，磨损均匀，噪声低，散热性能好。缺点包括制动力矩相对较小，对安装精度要求较高，且在特定环境下可能需要特殊的维护措施，这些可能会增加维护成本和复杂性。

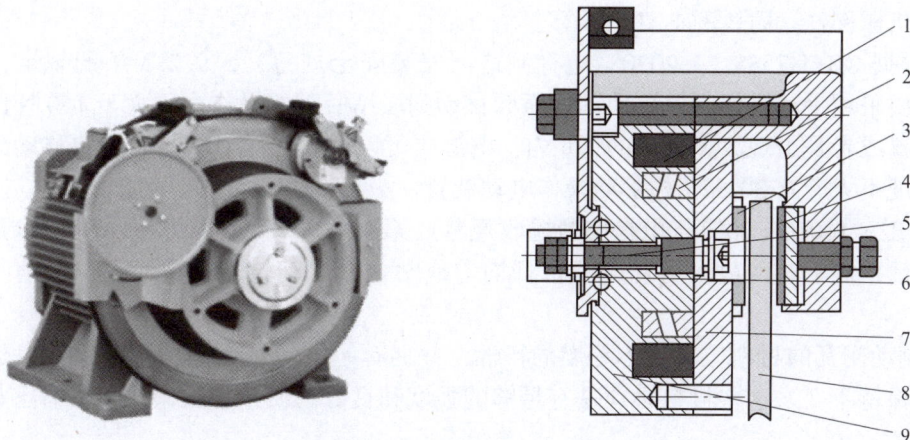

图 4-14　曳引机碟式制动器
1—电磁铁线圈；2—制动弹簧；3，4—制动片；
5—推拉杆；6—复位弹簧；7，8—衔铁；9—铁芯

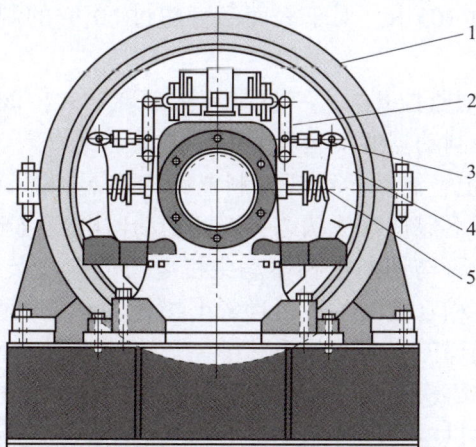

图 4-15　曳引机内胀式制动器
1—制动轮（曳引轮）；2—制动臂；3—可调拉杆；4—制动闸瓦；5—制动弹簧

4.3.3　制动器相关标准

1）在任何原因造成电梯动力电源或控制电路电源断电的情况下，制动器必须提供充足的制动力矩以确保轿厢安全停止。因此，制动力矩是一个关键参数，它确保按照标准规定的减速度使运行中的电梯停止。根据 TSG T7001—2009《电梯监督检验和定期检验规则——曳引与强制驱动电梯》附件 A 第 8.10 项的规定："当轿厢空载并以正常运行速度上升时，若切断电动机与制动器的供电，轿厢应能被可靠地停止，且不应出现明显的变形或损坏。"

2）GB/T 7588.1—2020《电梯制造与安装安全规范》第 5.9.2.2 条规定所有参与对制动轮或盘施加制动力的制动器机械部件应分为两组安装。如果其中一组部件失效，剩余的部件应提供足够的制动力，使载有额定载荷并以额定速度下行的轿厢减速下行。电磁线圈的铁

制动器

55

芯被视为机械部件，而线圈本身则不算。

3）根据 GB/T 7588.1—2020《电梯制造与安装安全规范》5.9.2.3 条的规定，如果紧急操作需要采用手动操作，应该使用使轿厢移动到层站所需的操作力不大于 150 N 的手动操作机械装置或者是出现故障之后的 1 h 内，电源应可以使载有任何载荷的轿厢移动到附近的层站且速度不大于 0.30 m/s 的手动操作电动装置。

4）GB/T 10060—2023《电梯安装验收规范》第 5.1.9 条对块式制动器的要求是制动器制动应灵活，制动时两边的闸瓦应紧密且均匀地贴合在制动轮的工作面上，松闸时应同时离开。

5）制动闸瓦的材料应具备不易燃的特性，并拥有一定的热容量，以确保在发热时摩擦系数基本保持不变。这些材料必须具有足够的强度和良好的质量，且禁止使用有害材料，例如石棉。

6）根据 GB/T 755—2019《旋转电机定额和性能》第 8.10.2 条的规定，在工作电压下，考虑到曳引机的运行机制、负载持续率和周期运行，当制动器达到热稳定状态时，制动线圈的温升应通过电阻法进行测量和计算。使用 B 级绝缘时，制动器线圈的温升不应超过 80 K；使用 F 级绝缘时，不应超过 105 K。对于表面温度超过 60 ℃ 的制动器，应增加防止烫伤的安全警示标志。

7）制动器应配备有抱闸监控开关，一旦制动器出现异常，该开关将触发动作，从而使电梯进行保护性停机，这为制动器的安全可靠运行提供了保障。

8）根据相关标准的规定，制动器线圈控制电路应满足以下条件：在正常运行状态下，制动器应在持续通电的情况下保持释放状态；断开制动器电流应至少通过两个独立的电气装置来实现，无论这些装置是否与切断电梯驱动主机电流的电气装置相同，所谓"独立"是指两个接触器之间不应存在相互控制关系，且每个接触器必须由两个独立的信号分别控制，不能由同一信号控制，当电梯停止时，如果其中一个接触器的主触点未断开，那么在下次改变运行方向之前应防止电梯再次启动；当电梯电动机可能作为发电机运行时，应防止该电动机向控制制动器的电气装置供电；断开制动器的释放电路后，电梯应立即被有效制动，无任何额外延迟。制动器的制动响应时间不应超过 0.5 s，以防止电梯倒拉或溜车；对于同时作为轿厢上行超速保护装置制动元件的工作制动器，其响应时间应符合 GB/T 7588.1—2020《电梯制造与安装安全规范》第 5.6.2.2.1.2 条的制动要求；如果回路中有一个触点粘连，另一个接触器的触点应仍能可靠地断开制动器回路，防止溜梯现象；能够监控接触器未打开的故障，以防止另一个接触器也未打开而导致溜梯。

4.3.4　制动器新作用

对电梯来说，制动器既是工作装置，也是安全装置。随着技术进步和节能环保标准的提高，越来越多的永磁同步无齿轮曳引机正在取代传统的蜗轮蜗杆曳引机，这意味着可能不再需要单独安装上行超速保护装置。永磁同步无齿轮曳引机的制动器（需要通过型式试验验证）本身就具备了上行超速保护的功能。根据 GB/T 7588.1—2020《电梯制造与安装安全规范》第 5.6.6.1 条的规定，轿厢上行超速保护装置通常由速度监控元件和减速执行元件两部分构成，而永磁同步无齿轮曳引机的制动器（其所有参与向制动轮或盘施加力的部件分为两组安装，这种设置被视为内部具有冗余度）作为减速执行元件，用于使电梯减速或停止。

4.4　联轴器

联轴器

联轴器是用来连接曳引电动机轴与减速器蜗杆轴的机械装置，它既能传递两轴间的扭矩，又是制动器的制动轮，安装在曳引电动机轴与减速器蜗杆轴的连接处，如图 4-16 所示，保证两轴在同一轴线上保持一定的同轴度。

联轴器主要分为刚性联轴器和弹性联轴器。

刚性联轴器：对于使用滑动轴承的蜗杆轴，通常采用刚性联轴器，因为滑动轴承的配合间隙较大，刚性联轴器有助于保持蜗杆轴的稳定旋转。刚性联轴器要求两轴之间具有高度的同心度，连接后不同心度的允许范围不应超过 0.02 mm。

弹性联轴器：由于联轴器中的橡胶块在传递力矩时会发生弹性变形，因此能在一定范围内自动调整电动机轴与蜗杆轴之间的同轴度，使安装时的同心度要求较低（允差 0.1 mm），这使安装和维修更为方便。此外，弹性联轴器还能减缓传动过程中的振动。

电梯选择使用刚性联轴器还是弹性联轴器取决于电梯的具体使用条件和设计要求。刚性联轴器通常用于要求高精度和低振动的电梯系统中，而弹性联轴器则用于对轴线偏移容忍度较高或需要减振的场合。

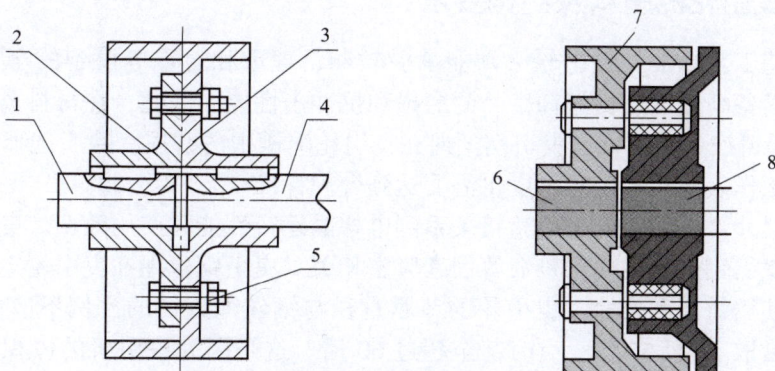

图 4-16　联轴器
1，8—电机轴；2—左半联轴器；3—右半联轴器；4—蜗杆轴；
5—连接螺栓；6—蜗轮轴；7—制动轮

4.5　曳引轮

曳引轮

曳引轮、导向轮和反绳轮都是用于承载曳引绳的圆轮，但由于它们安装位置和使用目的不同，因此有不同的名称。导向轮的作用如其名称所示，为曳引绳提供导向，确保钢丝绳正确连接轿厢和对重，并引导到适当的位置。反绳轮与曳引轮和导向轮有所区别，它并非所有电梯都必备的部件，不会出现在曳引比为 1∶1 的电梯中。反绳轮通常安装在轿顶，其作用类似于一个动滑轮，可以减少曳引机的输出功率和力矩。

曳引轮是曳引机上的绳轮，也称为曳引绳轮或驱绳轮，如图 4-17 所示。它是电梯中传递曳引动力的装置，通过利用曳引钢丝绳与曳引轮缘上绳槽的摩擦力来传递动力。曳引轮通常安装在减速器中的蜗轮轴上，如果是无齿轮曳引机，则安装在制动器的旁边，与电动机轴和制动器轴在同一轴线上。

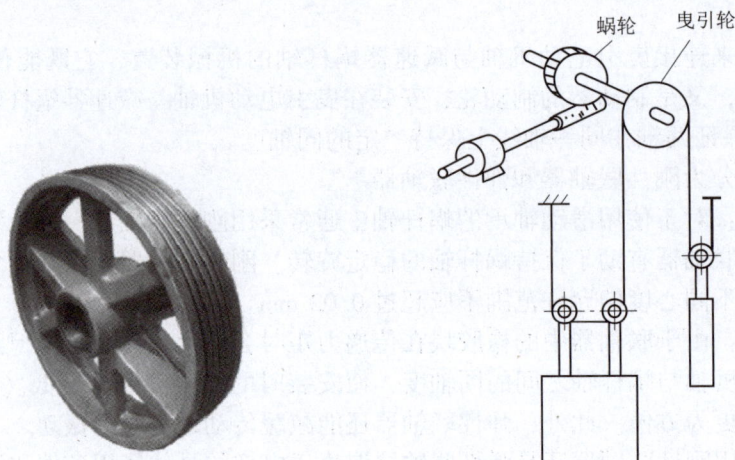

图 4-17　曳引轮及位置

4.5.1　曳引轮的材料及结构要求

材料与制造工艺标准：曳引轮必须能承受轿厢、载重和对重等设备的全部动、静态负载，因此需要具备高强度、良好韧性、耐磨损和抗冲击性能。因此，在材料选择上，通常采用 QT60-2 球墨铸铁。为了减少曳引钢丝绳在曳引轮绳槽中的磨损，除了选择合适的绳槽形状外，绳槽的工作表面粗糙度和硬度也需要达到合理标准。

曳引轮的尺寸：曳引轮的大小直接关系到电梯的运行性能和使用效率。曳引轮的直径与额定载重量、曳引钢丝绳的使用寿命等因素紧密相关。曳引钢丝绳在曳引轮绳槽中的弯曲状态直接影响其使用效果和寿命。曳引轮的节圆直径与钢丝绳直径的比例不应低于 40。在实际应用中，通常取 45 至 55 倍，有时甚至超过 60 倍。这是因为曳引机的体积和减速器的减速比会随着曳引轮直径的增加而增大，因此曳引轮的直径应适度。

曳引轮的构造类型：整体曳引轮通常由两部分组成，中间部分为轮筒（鼓），外部则制作成轮圈式的绳槽，这些绳槽被切削在轮圈上。外轮圈与内轮筒通过铰制螺栓连接，形成一个整体的曳引轮。曳引轮的轴即为减速器中的蜗轮轴。

曳引轮绳槽的形状：曳引轮绳槽的形状是影响摩擦力大小的关键因素。常见的槽形包括半圆槽、带切口半圆槽和楔形槽三种，如图 4-18 所示。带切口半圆槽的摩擦系数和磨损程度介于半圆槽和楔形槽之间，因此在电梯中得到了广泛应用。带切口半圆槽的开口越大，摩擦系数越高，磨损也越大。

图 4-18　曳引轮绳槽形状

4.5.2　钢丝绳在曳引轮绳槽中的比压计算

曳引轮绳槽中的比压计算是电梯设计中的一个重要环节，它对于确保曳引钢丝绳的安全性和寿命至关重要。比压，即单位面积上的压力，是指曳引钢丝绳在曳引轮绳槽中的压力与绳槽横截面积的比值。计算比压的主要作用包括：

1）确保钢丝绳的安全性：通过计算比压，可以确保曳引钢丝绳在绳槽中的压力不超过其设计承受的极限，避免因过度挤压而导致钢丝绳损坏或断裂。

2）延长钢丝绳的使用寿命：合理的比压有助于减少钢丝绳的磨损，延长其使用寿命。过高的比压会导致钢丝绳在绳槽中磨损加剧，而过低的比压则可能导致钢丝绳与绳槽的摩擦不足，影响曳引性能。

3）优化曳引轮的设计：比压计算有助于设计出更合理的曳引轮绳槽形状和尺寸，从而提高电梯的运行效率和舒适度。

4）符合安全规范：电梯的设计和制造需要遵循相关的安全规范和标准，比压计算是验证设计是否符合这些规范的重要手段。

5）减少维护成本：通过合理设计曳引轮和绳槽，可以减少因钢丝绳磨损而引起的维护成本，提高电梯的整体经济性。

因此，曳引轮绳槽中的比压计算对于电梯的安全性、经济性和运行性能都有着重要的影响。根据标准规定，在额定工况下其比压的计算应满足：

$$p \leqslant (12.5 + 4V_0) / (1 + V_0)$$

式中：

V_0——曳引绳的速度。

带切口的半圆槽的最大比压 p 计算如下：

$$p = 8T\cos(\beta/2) / Dd(\pi - \beta - \sin\beta)$$

式中：

T——单股钢丝绳的最大静张力；

D——曳引轮直径；

d——曳引绳直径；

β——曳引轮槽的切口角。

4.6　曳引钢丝绳

曳引钢丝绳

曳引钢丝绳，也称作曳引绳，是电梯专用的钢丝绳，它将轿厢和对重连接起来，并由曳引机驱动以实现轿厢的上升和下降。这根钢丝绳承载着轿厢、对重装置、额定载重量以及驱动力和制动力的总和。曳引机在机房中绕过曳引轮和导向轮，一端连接轿厢，另一端连接对重装置。

4.6.1　曳引钢丝绳的结构、材料要求

曳引钢丝绳通常采用圆形股状结构，由钢丝、绳股和绳芯组成，如图 4-19 所示，其中

图 4-19（a）所示为钢丝绳的外观，而图 4-19（b）和图 4-19（c）所示则为钢丝绳的横截面。钢丝绳的股是由多根钢丝捻合而成的，钢丝是构成钢丝绳的基本强度单元；绳股则是由相同直径的钢丝捻合而成的，股数越多，其疲劳强度越高。根据 GB 8903—2024《电梯用钢丝绳》的规定，电梯通常使用的曳引钢丝绳是 6 股［见图 4-19（b）］和 8 股［见图 4-19（c）］，即 6×19S+NF 和 8×19S+NF 两种类型。

6×19S+NF 型钢丝绳由 6 股组成，每股分为 3 层，外侧两层各有 9 根钢丝，内部为 1 根钢丝；8×19S+NF 型钢丝绳的结构与 6×19S+NF 型相同，只是钢丝绳的股数增加到 8 股。钢丝绳的直径有 6 mm、8 mm、11 mm、13 mm、16 mm、19 mm、22 mm 等多种规格。

绳芯是绳股缠绕的柔性芯棒，通常由纤维剑麻或聚烯烃类（如聚丙烯或聚乙烯）的合成纤维制成，起到支撑和固定绳的作用，并能储存润滑剂。

此外，GB 8903—2024 还对钢丝的化学成分、力学性能等作出了详细规定，钢丝绳中的钢丝材料是由含碳量为 0.4% 至 1% 的优质钢制成，为了防止钢丝的脆性，材料中的硫、磷等杂质含量不应超过 0.035%。

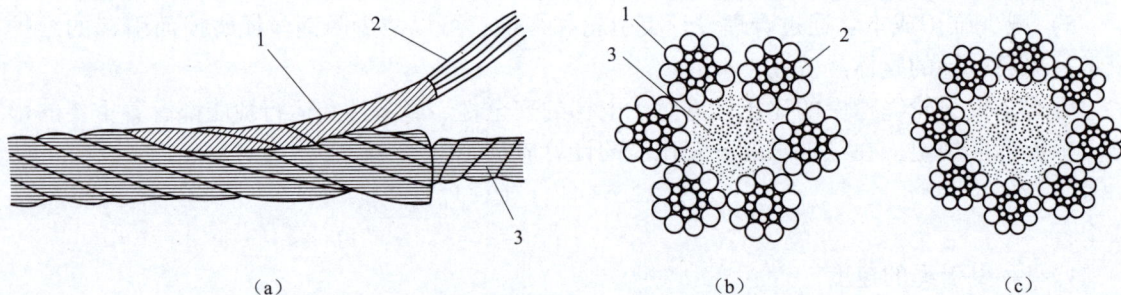

图 4-19　圆形股电梯用钢丝绳
（a）钢丝绳结构放大图；（b）6×19S+NF 钢丝绳；（c）8×19S+NF 钢丝绳
1—绳股；2—钢丝；3—绳芯

4.6.2　曳引钢丝绳的分类

根据钢丝在股中或股在绳中捻制的螺旋方向，曳引钢丝绳可以分为右捻和左捻两种；根据股的捻向与绳的捻向是否一致，又可以分为交互捻和同向捻两种，如图 4-20 所示。由于交互捻钢丝绳的绳与股的捻向相反，能够相互抵消残余应力或旋转力矩，使用时不会出现扭转打结的趋势，因此在电梯中必须使用交互捻钢丝绳。

4.6.3　曳引钢丝绳的主要规格参数与性能指标

1）公称直径：公称直径是曳引钢丝绳的主要规格参数，它指的是钢丝绳外围的直径，其规定值不得小于 8 mm。

根据 GB 8903—2024 标准，钢丝绳的实际直径测量时应使用带有宽钳口的游标卡尺进行，以确保钳口宽度足够跨越两个相邻的股，如图 4-21 所示。

2）破断拉力：破断拉力是指整根钢丝绳被拉断时的最大拉力，反映了钢丝绳中钢丝组合的抗拉能力；而破断拉力总和则是指钢丝在未缠绕前的抗拉强度总和。然而，一旦钢丝缠

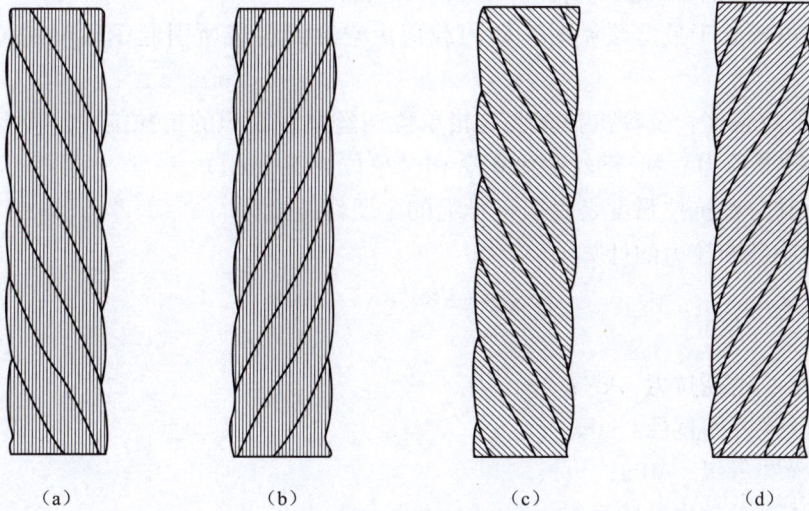

图 4-20　钢丝绳捻法

（a）左交互捻；（b）右交互捻；（c）左同向捻；（d）右同向捻

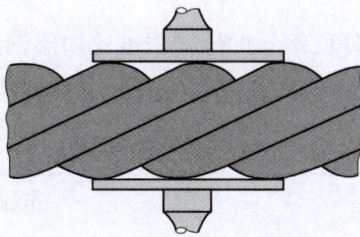

图 4-21　钢丝绳公称直径测量

绕成绳后，由于弯曲变形，其抗拉强度会有一定程度的降低。通常情况下，钢丝绳的破断拉力大约是破断拉力总和的 85%。

3）曳引钢丝绳弹性伸长量：轿厢载荷的增加和减少会导致曳引钢丝绳长度的弹性变化，这对于高提升高度的电梯尤为重要。

曳引钢丝绳在拉力作用下的伸长量可由下式计算：

$$S = LH/(Ea)$$

式中：

S——钢丝绳伸长量，mm；L——施加的载荷，kg；H——钢丝绳长度，mm；

E——钢丝绳弹性模量，kg/mm^2（E 值可由钢丝绳制造商提供，不能得到时可取 7 000 kg/mm^2）；

a——钢丝绳截面积，mm^2。

【例 4.3】某电梯额定载荷为 1 500 kg；起升高度为 60 m；钢丝绳直径为 11 mm，7 根。求轿厢在额定载荷时相对于空载时的钢丝绳伸长量。

解：$a = (11/2)^2 \times \pi \times 7 = 665$ mm^2；制造商提供此钢丝绳 $E = 7\ 000$ kg/mm^2；$h = 60$ m = 60 000 mm

$S = LH/Ea = 1\ 500 \times 60\ 000/(7\ 000 \times 665) = 19$ mm

一般要求电梯处于最低层站时，轿内载荷由空载到满载所引起钢丝绳的伸长量不超过 20 mm。

4）公称抗拉强度：公称抗拉强度是指单位钢丝绳截面积的抗拉能力，钢丝绳公称抗拉强度=钢丝绳破断拉力总和/钢丝截面积总和（单位为 N/mm^2）。

破断拉力和公称抗拉强度是曳引钢丝绳的主要性能指标。

钢丝绳最小破断拉力的计算：

$$F_{min} = (K \times d^2 \times R)/1\ 000$$

式中：

F_{min}——最小破断拉力，kN；

d——钢丝绳公称直径，mm；

R——钢丝绳等级，MPa；

K——最小破断拉力经验系数。

单强度钢丝绳和双强度钢丝绳的公称抗拉强度不同。

单强度钢丝绳指外层绳股的外层钢丝具有和内层钢丝相同的抗拉强度，如内层、外层钢丝全部都是 1 570 MPa。

双强度钢丝绳指外层绳股的外层钢丝的抗拉强度比内层钢丝低，如外层钢丝为 1 370 MPa，内层钢丝为 1 770 MPa，如表 4-2 所示。

表4-2　曳引钢丝绳强度

强度级别配置		抗拉强度级别/（N·mm^{-2}）
单一强度级别		1 570 或 1 770
双强度级别	1 370	外层钢丝
	1 770	内层钢丝

5）安全系数：安全系数指的是当载有额定载荷的电梯轿厢停驻在最底层时，钢丝绳（或链条）所需承受的最小破断拉力与其所承受的最大拉力之比。在确定最大拉力时，需要综合考虑以下因素：钢丝绳（或链条）的数量、回绕倍率（在采用复绕方式时）、规定的载重量、轿厢的自重、钢丝绳（或链条）的质量、随行电缆部分的质量，以及悬挂在轿厢上的任何补偿装置的质量。

电梯曳引钢丝绳静载安全系数计算公式如下：

$$K = \rho n/T$$

式中：

K——静载安全系数；

ρ——钢丝绳的破断拉力；

n——钢丝绳的根数；

T——作用于轿厢侧钢丝绳上的最大载荷力。

安全系数校验需要考虑以下条件：

曳引钢丝绳的实际安全系数 S 应当大于或等于根据 GB/T 7588.2—2020《电梯制造与安装安全规范》第5.12条计算得出的牵引钢丝绳允许安全系数的计算值 S_f；曳引钢丝绳的实际安全系数 S 应当大于或等于 GB/T 7588.1—2020 标准第5.5.2条所规定的曳引钢丝绳允许安全系数的最低限值 S_m（对于采用三根及以上钢丝绳的曳引驱动电梯，该值为 12；对于采用两根钢丝绳的曳引驱动电梯，该值为 16；对于卷筒驱动电梯，该值为 12）。

钢丝绳安全系数校验过程：

① 首先根据下式求出给定曳引系统悬挂绳安全系数实际值 S。

$$S = \frac{Tnm}{(P+Q+Hnmq)g_n}$$

式中：

T——钢丝绳最小破断载荷，N；

n——钢丝绳根数；

m——钢丝绳倍率；

P——轿厢自重，kg；

Q——额定载荷，kg；

H——轿厢至曳引轮悬挂绳长度（约等于电梯起升高度），m；

q——钢丝绳单位长度质量，kg/m；

g_n——重力加速度。

② 按 GB/T 7588.2—2020《电梯制造与安装安全规范》第5.12条计算出给定曳引系统钢丝绳许用安全系数计算值 S_f。S_f 是考虑了曳引轮绳槽形状、滑轮数量与弯曲情况所得到的给定曳引系统钢丝绳许用安全系数计算值，按以下求得：

求出考虑了曳引轮绳槽形状、滑轮数量与弯曲情况，折合成等效的滑轮数量 N_{equiv}。

$$N_{equiv} = N_{equiv(t)} + N_{equiv(p)}$$

式中：

$N_{equiv(t)}$——曳引轮的等效数量。$N_{equiv(t)}$ 的数值从表 4-3 查得。

$N_{equiv(p)}$——导向轮的等效数量。

$$N_{equiv(p)} = K_p(N_{ps} + 4N_{pr})$$

式中：

N_{ps}——引起简单弯折的滑轮数量；

N_{pr}——引起反向弯折的滑轮数量；反向弯折仅在下述情况时考虑，即钢丝绳与两个连续的静滑轮的接触点之间的距离不超过绳直径的 200 倍。

K_p——跟曳引轮和滑轮直径有关的系数。

$$K_p = \left(\frac{D_t}{D_p}\right)$$

式中：

D_t——曳引轮的直径；

D_p——除曳引轮外的所有滑轮的平均直径。

根据曳引轮直径与悬挂绳直径的 D_t/d_r 比值、等效的滑轮数量 N_{equiv}，从图 4-22 中查得许用安全系数计算值 S_f。

表 4-3 不同绳槽 $N_{equiv(t)}$ 数值表

V 形槽	V 型槽的角度值 γ	—	35°	36°	38°	40°	42°	45°
	$N_{equiv(t)}$	—	18.5	15.2	10.5	7.1	5.6	4.0
U 形/Ⅳ形带切口槽	下部切口角度值 β	75°	80°	85°	90°	95°	100°	105°
	$N_{equiv(t)}$	2.5	3.0	3.8	5.0	6.7	10.0	15.2
不带切口的 U 形槽	$N_{equiv(t)}$	1						

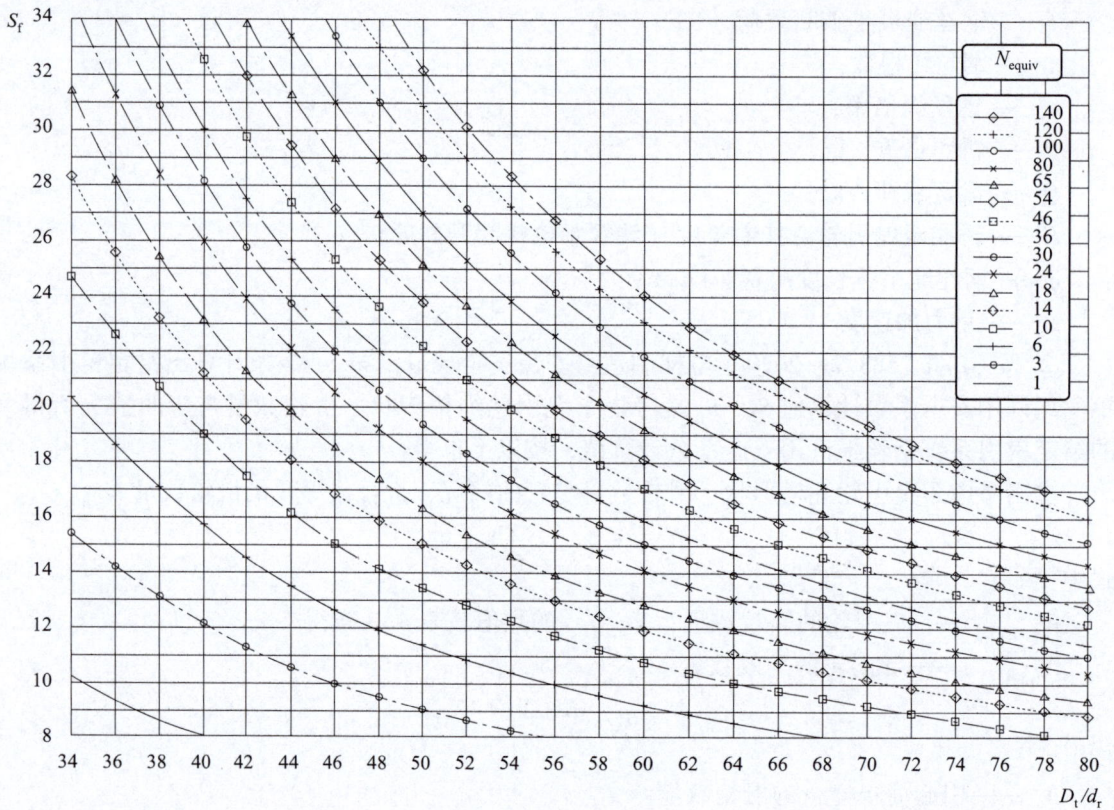

图 4-22 D_t/d_r-S_f 关系图

图 4-22 中的 16 条曲线分别对应 N_{equiv} 值为 1，3，6，10，14，…，140 时随 D_t/d_r 值变动的许用安全系数 S_f 数值曲线，根据计算得到的 N_{equiv} 值选取向上的最近线。假设需要准确取值时可用插入法。

当 $S \geq S_f$ 且 $S \geq S_m$ 时，曳引钢丝绳安全系数校核通过。

【例 4.4】如图 4-23 所示，某电梯 $Q = 1\ 500$ kg；$P = 2\ 000$ kg；$H = 50$ m；采用 4 根 $\phi 13$ 钢丝绳，最小破断载荷 $T = 74\ 300$ N，$q = 58.6$ kg/100 m；曳引构造如图，U 形带切口曳引绳槽，$\beta = 90°$，验算钢丝绳安全系数。

解：①求出给定曳引系统悬挂绳安全系数实际值 S。

$$S = \frac{Tnm}{(P+Q+Hnmq)g_n}$$

式中：

T——钢丝绳最小破断载荷，$T = 74\ 300$ N；

n——曳引绳根数，$n = 4$；

m——曳引比，$m = 2$；

P——轿厢自重，$P = 2\ 000$ kg；

Q——额定载荷，$Q = 1\ 500$ kg；

H——轿厢至曳引轮悬挂绳长度，约等于电梯起升高度 $H = 50$ m；

q——钢丝绳单位长度质量，$q = 58.6$ kg/100 m；

g_n——重力加速度。

图 4-23 曳引绳示意图

$$S = \frac{Tnm}{(P+Q+Hnmq)g_n} = \frac{74\ 300 \times 4 \times 2}{(2\ 000+1\ 500+50\times4\times2\times58.6/100)\times9.8} = 16.2$$

按 GB/T 7588.2—2020《电梯制造与安装安全规范》第 5.12 条计算出给定曳引系统钢丝绳许用安全系数计算值 S_f。

① 求出考虑了曳引轮绳槽形状、滑轮数量与弯曲情况，折合成等效的滑轮数量，$N_{equiv} = N_{equiv(t)} + N_{equiv(p)}$

式中：

$N_{equiv(t)}$——曳引轮的等效数量；

$N_{equiv(p)}$——导向轮的等效数量。

N_{equiv} 的数值从表 4-3 查得，U 形带切口曳引绳槽，$\beta = 90°$时，$N_{equiv(t)} = 5$。

$$N_{equiv(p)} = K_p(N_{ps} + 4N_{pr})$$

式中：

N_{ps} 代表引起简单弯折的滑轮数量，本系统设置了两个动滑轮，即 $N_{ps} = 2$；

N_{pr} 代表引起反向弯折的滑轮数量，根据反向弯折仅在钢丝绳与两个连续的静滑轮的接触点之间的距离不超过绳直径的 200 倍时才考虑的规定，本系统没有反向弯曲，即 $N_{pr} = 0$。

K_p——跟曳引轮和滑轮直径有关的系数，本系统曳引轮的直径 $D_t = 600$ mm；除曳引轮外，滑轮的平均直径 $D_p = 500$ mm；$K_p = (D_t/D_p)^4 = (600/500)^4 = 2.07$

$$N_{equiv(p)} = K_p(N_{ps} + 4N_{pr}) = 2.07 \times (2 + 4 \times 0) = 4.1$$

$$N_{equiv} = N_{equiv(t)} + N_{equiv(p)} = 5 + 4.1 = 9.1$$

② 根据曳引轮直径与悬挂绳直径的 D_t/d_r 比值、等效的滑轮数量 N_{equiv}，从图 4-22 查得许用安全系数计算值 S_f。

曳引轮的直径 $D_t = 600$ mm；悬挂绳直径 $d_r = 13$ mm，$D_t/d_r = 600/13 = 46$

$N_{equiv} = 9.1$，选取向上的最近线 $N_{equiv} = 10$。横坐标 $D_t/d_r = 46$ 与 $N_{equiv} = 10$ 的曲线交汇点为 15，即 $S_f = 15$。

校核：本系统曳引绳根数 $n = 4$，按 GB/T 7588.1—2020 标准第 5.5.2 条规定，曳引钢丝

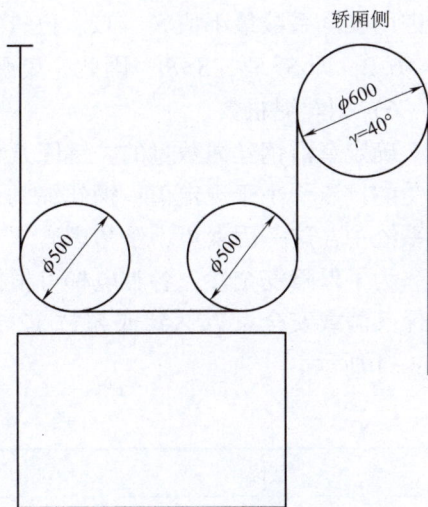

绳许用安全系数最小值 $S_m = 12$；已查得许用安全系数计算值 $S_f = 15$；已求出安全系数实际值 $S = 16.2$，即 $S > S_m$，$S > S_f$，因此，曳引钢丝绳安全系数校核通过。

6）钢丝绳根数。

确定牵引钢丝绳数量的关键因素包括：实际安全系数需超出规定的 K_j 值；曳引轮绳槽承受的比压要小于规定值；钢丝绳的弹性伸长量需小于规定的标准（在配备微动平层装置的系统中，这一因素可不予考虑）。

为了保障安全性，各类电梯可根据其具体使用情况选择不同直径和数量的钢丝绳组合，确保其静载安全系数达到或超过 12（对于货梯为 10 或以上）。钢丝绳根数和安全系数如表 4-4 所示。

表 4-4　钢丝绳根数和去安全系数

电梯	钢丝绳根数	安全系数
客梯、货梯、医梯	≥4	≥12
杂物梯	≥2	≥10

4.6.4　钢丝绳绳头组合件

固定钢丝绳末端的组件被称为绳头组合件，曳引钢丝绳需要与绳头组合件连接才能与其他机械部件相连。绳头组合件的质量会直接影响连接后的钢丝绳的实际承载能力。根据 GB/T 10058—2023《电梯技术条件》的要求，绳头组合件的抗拉强度不应低于钢丝绳抗拉强度的 80%。电梯牵引钢丝绳常用的绳头组合方式包括绳卡固定法、插接法、金属套筒法、锥形套筒法以及自锁紧楔形绳套法等，具体如图 4-24 所示。

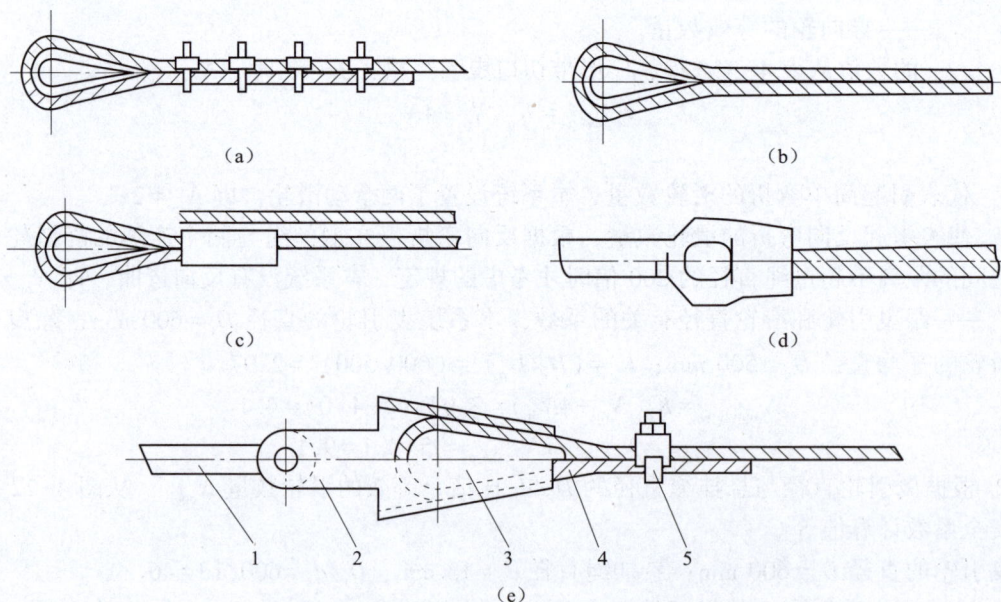

图 4-24　电梯曳引钢丝绳常用的绳头组合方式
（a）绳卡固定法；（b）插接法；（c）金属套筒法；（d）锥型套筒法；（e）自锁紧楔形绳套法
1—拉杆；2—套筒；3—楔形块；4—销钉；5—绳卡

1）绳卡固定法。绳卡固定法用于固定绳头，操作简便，但需要注意绳卡的大小要与钢丝绳的直径相匹配，以及夹紧的力度。固定时必须使用三个或更多的绳卡，且U形螺栓应位于钢丝绳的短端。

2）插接法。插接法是将两根钢丝绳端部交错插入，通过固定和整形恢复其连接强度的工艺。其原理是利用钢丝绳的每股相互穿插，形成紧密的连接。特点包括：连接强度高，可达原绳80%以上；保持良好的柔韧性和灵活性；适用性广，但工艺要求严格，需专业技能。插接法适用于钢丝绳的维修和更换，能确保电梯曳引系统的连续性和安全性。然而，定期检查和维护插接部位是必要的，以保证连接的长期稳定。

3）金属套筒法。金属套筒法是通过将钢丝绳末端穿过金属套筒，并将绳头钢丝解散后弯曲成圆锥状拉入套筒内，再灌入合金或树脂固化的连接方法。原理是利用套筒和填充材料固定绳头，确保连接牢固。其特点包括：可靠性高，对钢丝绳强度影响小；操作相对复杂，但连接稳定性强；适用于多种电梯。金属套筒法能有效维持钢丝绳的完整性和安全性，适用于需要高可靠性的曳引系统，但制作过程较为烦琐，对材料和质量控制有较高要求。

4）锥形套筒法。锥形套筒法的绳头制作过程如下：将钢丝绳的末端穿过锥形套筒，然后将绳端的钢丝散开，并将每股钢丝向绳的中心弯曲成圆锥状，拉入锥形套筒中；接着注入低熔点合金（例如巴氏合金）或树脂，待其固化即可。锥形套筒法具有较高的可靠性，对钢丝绳的强度影响极小，因此曾被广泛用于各种电梯中，但是也存在制作过程不太便捷等因素。

5）自锁紧楔形绳套法。自锁紧楔形绳套法包括套筒和楔形块两个部分，钢丝绳绕过楔形块并套入套筒，通过楔形块与套筒内孔斜面的配合，在拉力作用下，钢丝绳能够自动锁紧。这种组合方式便于拆装，无须使用巴氏合金浇灌，使安装绳头更加便捷，工艺简化，并能保持80%以上的钢丝绳强度，但其抗击冲击载荷的能力较弱。目前，新生产的电梯通常采用这种方法。

6）绳头组合与绳头板的配合。绳头组合与绳头板的配合用于将曳引钢丝绳与其他部件连接。在1：1的曳引系统中，曳引绳锥套将曳引钢丝绳连接到轿厢和对重装置上；在2：1的曳引系统中，曳引绳锥套将曳引钢丝绳连接到机房曳引机的承重部分和绳头板大梁上。曳引绳头组合装置如图4-25所示。

7）钢丝绳张力调整。钢丝绳端部的连接装置应便于调节钢丝绳的拉力，操作方式为旋紧拉杆底部的螺母，使弹簧受压，进而增加钢丝绳的张力，实现绳索的紧绷；反之，松开螺母则会减少张力。在电梯首次安装时，需要将牵引钢丝绳的拉力调至均衡，每根绳的张力差异需控制在5%以内。电梯运行一段时间后，张力可能会有所变动，此时应再次依照前述方法进行调节。

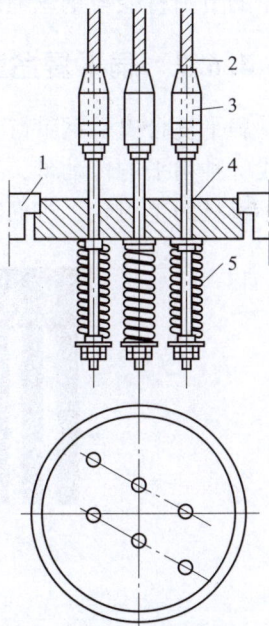

图4-25 曳引绳头组合装置
1—上横梁；2—曳引绳；
3—绳头固定装置；4—绳头板；
5—绳头弹簧

4.6.5　影响钢丝绳寿命的因素

1）拉伸力：当钢丝绳承受的拉伸负荷发生 20% 的变化时，其使用寿命会相应地改变 30% 至 200%。

2）弯曲度：弯曲应力与曳引轮的直径成反比关系。因此，曳引轮和反绳轮的直径不应小于钢丝绳直径的 40 倍。

3）曳引轮槽型和材质：优良的绳槽形状能确保钢丝绳在槽内良好接触，减少内外部压力，从而降低磨损并延长使用寿命。

4）腐蚀：特别需要关注的是由麻质填料分解或水分和尘埃侵入钢丝绳内部所引发的腐蚀，这对钢丝绳的使用寿命有更大的影响。除此之外，电梯的安装质量、维护状况、钢丝绳的润滑情况，以及钢丝绳自身的性能参数、直径大小和捻制方式等因素也会对钢丝绳的使用寿命产生影响。

4.6.6　限速器钢丝绳

在电梯正常运作期间，限速器钢丝绳将轿厢的垂直移动转换为限速器轮的旋转动作，驱动限速器轮旋转；若轿厢出现超速，限速器钢丝绳会被卡住，进而提起轿厢安全钳，迫使电梯紧急停止。因此，限速器钢丝绳必须能够承受电梯紧急停止时所产生的作用力，其选用的规格需依据电梯的运行速度来决定。限速器钢丝绳的公称直径不应小于 6 mm，同时限速器绳轮的节圆直径与钢丝绳的公称直径之比应不低于 30。

4.6.7　扁平复合曳引钢带和碳纤维曳引绳

扁平复合曳引钢带（见图 4-26）是一种创新的曳引装置，由聚氨脂外层包裹钢丝制成，形成一种扁平的传动带，通常尺寸为 30 mm 宽、3 mm 厚。其优异的柔韧性使电梯能够使用更小直径的曳引轮，进而减小了整个曳引系统的体积。

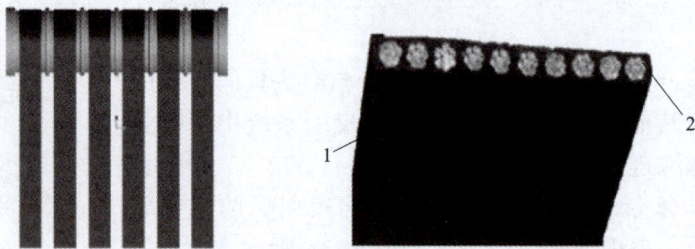

图 4-26　扁平复合曳引钢带
1—聚氨酯；2—钢丝

碳纤维曳引绳则由碳纤维核心和一种特殊的、高摩擦系数的涂层构成，具有高强度、低伸长率、抗磨损能力强和长寿命的特点。碳纤维曳引绳的重量仅为标准电梯钢丝绳的 20%，但在强度上却与之相当。由于其极轻的自重，可以显著降低高层建筑的能耗。此外，由于碳纤维与钢铁及其他建筑材料具有不同的共振频率，能有效减少建筑振动导致的电梯停机次数。同时，其表面的高摩擦系数涂层无须润滑，这进一步减少了对环境的负面影响。

4.7 曳引电动机

曳引电动机

4.7.1 曳引电动机性能要求

电梯所采用的曳引电动机包括直流电动机、单速和双速交流鼠笼式异步电动机、绕线式异步电动机以及永磁同步电动机。鉴于电梯在操作过程中会频繁启动、制动，进行正、反方向运转以及重复短时工作，基于电梯的工作需求，曳引电动机应具有以下特点：

1）能够进行重复短时工作，频繁启动和制动，以及正、反向运转。电梯每小时启动和制动的次数通常超过 100 次，最高可达 180 至 240 次，因此，电梯专用电动机应能承受频繁的启动和制动，其工作模式为断续周期性。

2）能够适应电源电压的波动，并具有足够的启动力矩，确保轿厢满载时能迅速启动和加速。

3）具备良好的调速性能。

4）启动电流较小。在电梯用交流电动机的鼠笼式转子设计中，虽然导条仍使用低电阻系数材料，但短路环采用高电阻系数材料，以提高转子绕组电阻。这样做既降低了启动电流，大约为额定电流的 2.5 至 3.5 倍，又增加了每小时允许的启动次数；同时，由于转子短路环电阻较大，有利于热量的直接散发，综合效果降低了电动机的温升，并保证了足够的启动转矩，一般为额定转矩的 2.5 倍左右。但是，与普通交流电动机相比，其机械特性硬度和效率有所降低，转差率提高至 0.1 至 0.2。机械特性变软，扩大了调速范围，即使在堵转力矩下工作，也不会损坏电动机。

5）机械特性应较硬，避免因电梯运行中负荷变化导致电梯运行的不稳定。

6）运转应平稳、可靠，噪声低，维护方便。为了减少电动机运行时的噪声，可使用滑动轴承。同时，适当增大定子铁芯的有效外径，并在定子铁芯冲片形状等方面进行合理设计。

4.7.2 曳引电动机转速

曳引电动机转速影响因素包括减速比、曳引轮直径、悬挂比、电梯运行速度，计算公式如下：

$$n = 60vik/(D\pi)$$

式中：

n——曳引电动机转速，r/min；

v——电梯运行速度，m/s；

D——曳引轮节圆直径，m；

k——悬挂比（曳引方式）；

i——减速比。

无齿轮曳引机减速比为 1。

【例 4.5】一部电梯的额定运行速度 $V = 3.0$ m/s，向下运行至行程中段测得电机转速 $n =$

69

1 475 r/min。减速器减速比 $i=64:2$，电梯传动结构如图 4-27 所示，曳引轮外圆直径为 750 mm，节圆直径为 730 mm。问：轿厢运行速度是多少？

$$V_s = nD\pi/(60ik \times 1\ 000) = 1\ 475 \times 730 \times 3.14/(60 \times 32 \times 1 \times 1\ 000) = 1.76\ \text{m/s}$$

4.7.3 曳引电动机容量

电梯运行的受力情况比较复杂，曳引电动机的容量一般可按如下经验公式计算：

$$W = (1-K_p)QV/(102\eta)$$

式中：

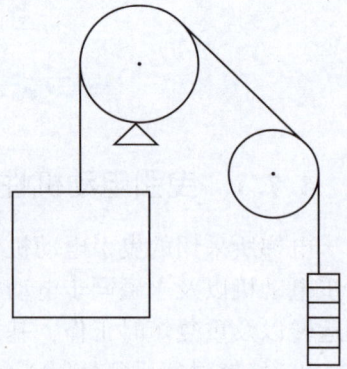

图 4-27　电梯传动结构

W——电动机功率，kW；

V——电梯轿厢额定运行速度，m/s；

Q——轿厢额定载重，kg；

K_p——平衡系数，取 0.4~0.5；

η——电梯机械传动总效率。（对蜗轮蜗杆传动的交流双速电梯和有齿电梯取 0.5~0.55，无齿电梯取 0.75~0.80）

通常，电动机实际选用值要比计算值大一些，在系列中取靠上一挡。

【例 4.6】一台额定载重为 3 t，额定速度为 0.5 m/s 的货梯，求所需曳引电动机功率。（取 $K_p=0.45$，$\eta=0.6$）。

$$W = (1-0.45) \times 3\ 000 \times 0.5/(102 \times 0.6) = 13.5\ \text{kW}$$

实际取 $W=15.2$ kW。

曳引机输出扭矩按下式计算：

$$M = \frac{9\ 500Ni\eta}{n_1}$$

式中：

M——电动机额定功率时曳引机低速轴输出的扭矩，N·m；

N——电动机额定功率，kW；

n_1——电动机额定转速，r/min；

η——曳引机总效率，由曳引机厂提供；或根据蜗杆头数 Z_1 及减速箱速比 i 来估算，$Z_1=1$，$\eta=0.75~0.70$；$Z_1=2$，$\eta=0.82~0.75$；$Z_1=3$，$\eta=0.87~0.82$；i 数值大，则效率取较小值。

4.7.4 曳引电动机保护

电梯曳引电动机的热保护功能是为了防止曳引电动机因过电流或过电压导致过热而损坏，通过在曳引电动机的定子绕组中安装热敏电阻，或者在定子铁芯上粘贴热敏开关来实现。当曳引电动机由于外部控制问题或内部故障导致温度上升到一定程度时，保护用的热敏元件将启动工作，切断控制电路，从而使电动机停止运转。热敏开关通常是常闭型的，意味着在温度升高到一定程度时，由于热膨胀导致动触点弯曲，从而断开电路。热敏电阻包含两种类型的热敏元件：PTC 和 NTC。PTC 热敏元件在温度升高时，其电阻值会随着温度的升高而增加。NTC 热敏元件在温度升高时，其电阻值会随着温度的升高而减小。热敏开关和热敏电阻如图 4-28 所示。

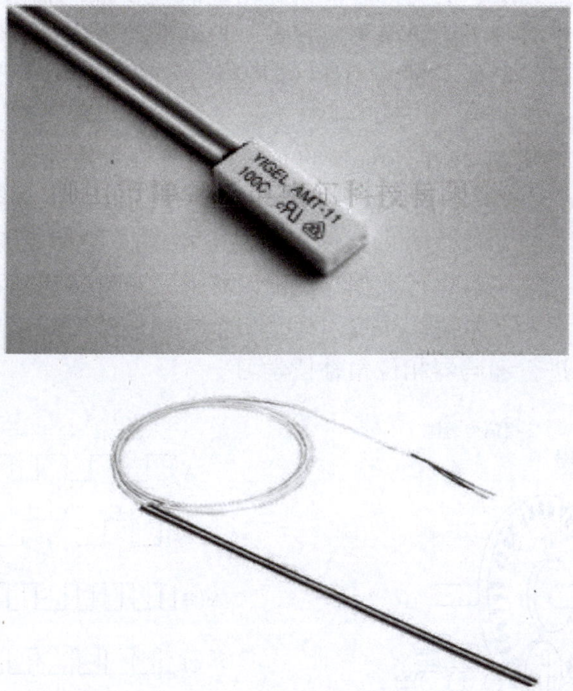

图 4-28　热敏开关和热敏电阻

4.7.5　曳引电动机电气制动

曳引电动机制动方式分为机械制动和电气制动。电气制动又分为涡流制动和能耗制动。涡流制动通常应用于交流变阻调压电梯上（双速电梯）。能耗制动通过在制动过程中加入直流电流来控制电梯速度，增加直流电流可以降低电动机速度（例如 OTIS TOEC40、三菱 ACVV、迅达 MB~D2）。在永磁同步曳引机驱动系统中，采用了 VVVF 驱动，电动机减速制动时为了稳定控制交-直-交变频控制直流母线（BUS）上的电压，在直流母线（BUS）上设置了制动单元（由 IGBT 的集电极与大功率电阻串联连接于 BUS 的 P 和 N）。OTIS REGEN 能源再生系统在最新的带能量反馈的变频器驱动永磁同步电动机系统中，将负载运行的机械能转换为电能，不通过制动单元释放，而是直接反馈到电网，这样更加环保和节能。

4.7.6　曳引电动机速度反馈

速度编码器是用来测量电动机速度的装置，同时也是电梯楼层选择的辅助设备。在电梯运行过程中，速度编码器会发出一系列方波脉冲信号，这些信号被控制单元接收并计数，以此来感知电梯的速度。控制器通过分频卡对这些脉冲信号进行分频处理，生成一组脉冲编码，与平层感应器一起工作。通过电梯井道自学习机制，在软件中构建楼层表，准确反映电梯在井道中的实际位置。速度编码器常见的有增量式和绝对式两种。

增量式速度编码器［见图 4-29（a）]通过内部的光敏传感器将角度编码盘的时序和相位关系转换为电信号，从而测量出角度编码盘角度位移的增加（正方向）或减少（负方向）。当与数字电路，尤其是单片机结合时，增量式速度编码器在角度测量和角速度计算方面比绝对式速度编码器更经济、更简单。常见的增量式速度编码器海德汉 1387 编码器在当前的永磁同步电机系统中得到了广泛应用，它是一种标准的正余弦编码器，具有增量通道和一个正余弦信号输出通道，增量脉冲为 2048 脉冲/转，工作电压为 5V±5%，在变频器配置中需要进行磁相角的初始化调整。

绝对式速度编码器［见图 4-29（b）]的光码盘上有许多道光通道刻线，每道刻线依次以 2 线、4 线、8 线、16 线排列，这样在每个位置，通过读取每道刻线的通断状态，可以获得一组从 2 的 0 次方到 2 的 $n-1$ 次方的二进制编码（格雷码），这就是所谓的 n 位绝对编码器。这种编码器是通过光电码盘进行数据存储的。绝对式速度编码器比增量式速度编码器更昂贵、更精确、体积更大。在永磁同步曳引电动机上应用的绝对式速度编码器，由于其输出信号的特殊性，不需要进行编码器相位角补偿学习。

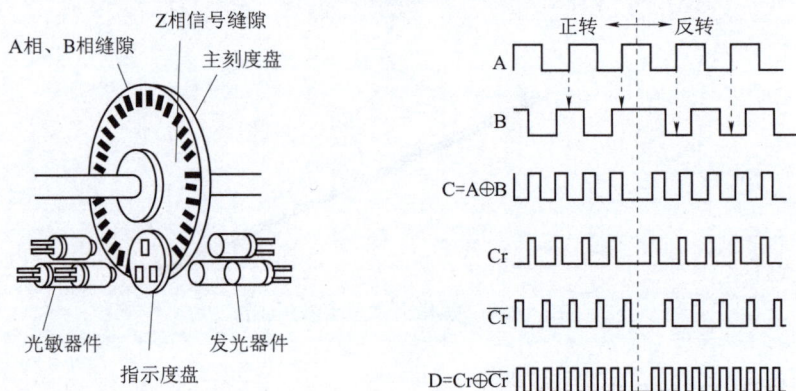

（a）

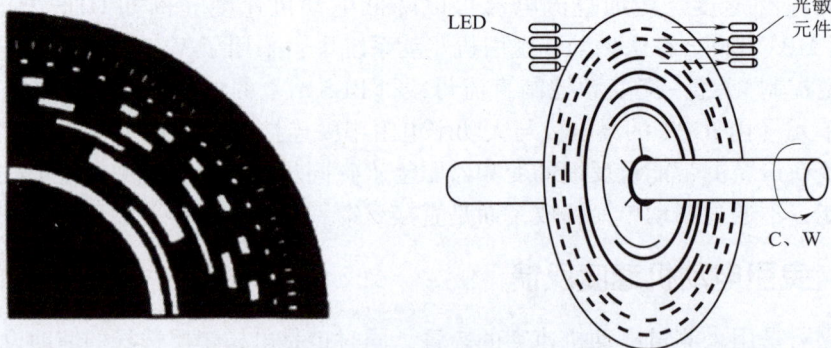

（b）

图 4-29　电梯用速度编码器
（a）增量式；（b）绝对式

4.7.7 曳引电动机其他参数

在变频驱动的曳引电动机调试过程中，必须将电动机的所有数据完整地写入系统存储器中，这些基本数据包括电压、电流、转速和频率等。为了提升电梯的乘坐舒适度，变频器设计时加入了自动电动机学习功能，该功能能够自动将电动机的所有数据写入变频器的存储单元中，从而确保变频器获得精确的驱动控制。

电动机的交轴又称 q 轴，直轴又称 d 轴，它们是坐标轴，而不是实际的轴。在永磁同步电动机控制中，为了能够得到类似直流电动机的控制特性，在电动机转子上建立了一个坐标系，此坐标系与转子同步转动，取转子磁场方向为 d 轴，垂直于转子磁场方向为 q 轴，将电动机的数学模型转换到此坐标系下，可实现 d 轴和 q 轴的解耦，从而得到良好控制特性。在实际变频器引用中，如果出现"Q current feedback"和"D current feedback"通常必须更换输出运行接触器。

脉冲宽度调制器（Pulse Width Modulation，PWM）是在直流电源电压基本不变的情况下，通过电子开关的通断改变施加到电动机转子或定子端的直流电压脉冲宽度，即所谓的占空比，以调节输入电动机转子或定子的电压平均值的调速方式。

变频器驱动 PWM 共模。在矢量控制中由于外围的环境缺陷、回路的干扰，变频器PWM 输出中设计了共模抑制电路，由于共模电压的升高，变频器 PWM 矢量闭环控制，会相应地升高输出电压，这样会导致曳引电动机的电压过高而烧毁，因此，设计时在回路上增加了滤波器，要求电动机动力线进行屏蔽。

注：为了控制 PWM 输出的电压升高，通常变频器至电动机的动力线长度不超过 5 m。

🔁 模块总结

在本模块的学习中，同学们需要理解并掌握曳引系统的构成及其工作原理。曳引系统由多个关键部件构成，包括曳引机、曳引钢丝绳、导向轮和曳引电动机。

1）曳引机是电梯的动力核心，由电动机、联轴器、制动器、减速箱、机座和曳引轮等部分组成。

2）曳引钢丝绳的两端分别固定在轿厢和对重上，或者两端固定在机房上，利用钢丝绳与曳引轮绳槽之间的摩擦力来驱动轿厢的上下运动。

3）导向轮的主要功能是确保轿厢和对重之间的适当间距，在采用复绕型安装时，还能增强曳引能力。导向轮通常安装在曳引机架或承重梁上。当钢丝绳的绕绳比超过1时，需要在轿厢顶和对重架上安装反绳轮，反绳轮的数量根据曳引比的不同，可以是 1 个、2 个或3 个。

4）曳引电动机是电梯运行的动力来源，根据电梯的配置，可以采用交流电动机或直流电动机。电动机通常配备编码器作为速度反馈装置，用于实现电动机的速度闭环控制和电梯行程的检测。

课后习题

一、选择题

1. 电梯曳引机主要作用是（　　　）。

A. 输出动力，以此驱动曳引轮旋转并通过曳引绳来带动电梯运行

B. 输出动力，驱动限速器运转

C. 控制电梯速度

D. 控制电梯负载

2. 电动机轴与减速器轴由联轴器连接，弹性连接的，其同心度应不超过（　　）mm。

A. 0.02　　　　　　B. 0.1　　　　　　C. 0.5　　　　　　D. 0.01

3. 曳引机减速箱的蜗杆蜗轮啮合部分，应使用（　　）润滑。

A. 机油　　　　　　B. 齿轮油　　　　　　C. 黄油　　　　　　D. 以上都不对

4. 在蜗轮齿数不变的情况下，蜗杆头数（　　），则传动比越大。

A. 都不对　　　　　　B. 不变　　　　　　C. 增多　　　　　　D. 减少

5. 带传动的中心距与小带轮的直径一定时，若增大传动比，则小带轮上的包角（　　　）。

A. 增大　　　　　　B. 不变　　　　　　C. 不确定　　　　　　D. 减小

6. 曳引轮绳槽形状中，（　　　）产生的曳引力最大。

A. 带切口的半圆槽　　　　　　　　　　B. V形槽

C. 半圆槽　　　　　　　　　　　　　　D. 带切口的V形槽

7. 带传动是依靠（　　）来传递运动的。

A. 主轴的动力　　　　　　　　　　　　B. 主动轮转速

C. 带与带轮间的摩擦力　　　　　　　　D. 主动轮的转矩

8. 当发现多根曳引钢丝绳中某一根断股时，应该（　　　）。

A. 不作任何处理　　　　　　　　　　　B. 拆除继续运行

C. 全部更换钢丝绳　　　　　　　　　　D. 局部更换钢丝绳

9. 起吊用钢丝绳用轧头紧固时，轧头压板应放在（　　　）。

A. 受力绳一边　　　　B. 非受力绳一边　　　　C. 交替放置

10. 曳引轮是曳引机动力输出部分，利用钢丝绳与绳槽的（　　　）传递动力。

A. 结合力　　　　B. 摩擦力　　　　C. 正压力

11. 曳引轮常见的绳槽形状有半圆槽、V形槽和（　　　）、带切口的V形槽四种。

A. 带V形的半圆槽　　　　　　　　　　B. 带切口的V形槽

C. 带切口的半圆形槽　　　　　　　　　D. 带半圆的V形槽

12. 曳引轮是曳引机的工作部分，安装在（　　）输出轴上。

A. 减速箱　　　　B. 制动器　　　　C. 电动机　　　　D. 曳引机

13. 单绕式1∶1绕法的电梯，曳引钢丝绳在曳引轮上的包角一般取（　　　）。

A. ≥135°　　　　B. <135°　　　　C. >360°

14. 调整曳引钢丝绳在曳引轮上的包角和轿厢与对重的相对位置而设置的滑轮称为（　　　）。

A. 轿顶轮　　　　　　　B. 导向轮　　　　　　C. 对重轮

15. 在 1：1 绕法的电梯中，轿厢的速度与曳引轮线速度（　　　）。

A. 相同　　　　　B. 为 2：1　　　　　C. 为 1：2

16. 曳引钢丝绳在曳引轮上通常有单绕式和复绕式两种，采用复绕式时绳槽应（　　　）。

A. 采用凹形槽　　　　B. 采用半圆槽　　　　C. 用带半圆的 V 形槽

17. 减速箱蜗杆轴向游隙增大，会导致（　　　）而产生颤动。

A. 啮合不良　　　　　B. 串轴过大　　　　C. 摆动　　　　　D. 冲击

18. 带有减速箱的曳引机一般称为（　　　）。

A. 无齿轮曳引机　　　　　　　　　　B. 有齿轮曳引机

C. 永磁同步曳引机　　　　　　　　　D. 双支撑式曳引机

19. 电梯抱闸在松闸时，制动闸瓦与制动轮表面应为（　　　）mm。

A. ≥0.7　　　　B. ≥0.6　　　　C. ≤0.7　　　　D. ≤0.6

20. 制动闸瓦与制动轮的接触器面积要求不小于闸瓦面积的（　　　）。

A. 70%　　　　B. 80%　　　　C. 60%　　　　D. 50%

21. （　　　）的作用是压紧制动闸瓦，产生制动力矩；当电梯轿厢有 125% 的额定载荷，以额定速度从井道上端向下运行时，切断电源后应能使轿厢制停。

A. 制动弹簧　　　　B. 盘车轮　　　　C. 抱闸扳手　　　　D. 电磁制动器

22. 旋转编码器安装在曳引机上，其主要作用为（　　　）。

A. 实时监测电梯速度　　　　　　　　B. 实时控制电梯速度

C. 实时测量载荷　　　　　　　　　　D. 实时控制载荷

二、填空题

1. 曳引机是电梯的动力设备，又称电梯主机，功能是输送与传递动力使电梯运行，它由_____、_____、_____、_____、_____机架和导向轮及附属盘车手轮等组成。

2. 曳引机按有无减速器分类为：_____、_____。

3. 常用的曳引轮绳槽的形状有三种：_____、_____、_____。

4. 增大电梯曳引能力的方法有_____、_____、_____。

5. 曳引电动机常用的速度反馈传感器有_____、_____。

三、简答题

1. 曳引电动机有何功能？其在电梯中的重要程度和工作特点是什么？其技术性能要求是什么？

2. 电梯制动器的功能是什么？简述它的工作原理。

3. 电梯曳引机减速器有哪些结构形式？各有何特点？

4. 曳引钢丝绳的功能是什么？其结构和性能有哪些要求？其主要规格参数与性能指标是什么？影响钢丝绳寿命的因素有哪些？

5. 曳引钢丝绳接头固定方法有哪几种？目前较多使用哪种方式？

轿厢与门系统

学习导论

轿厢是电梯用来运送乘客或货物的关键部分，由轿厢架和轿厢体两部分构成。轿厢架是承载轿厢体的结构，由横梁、立柱、底梁以及斜拉杆等部件组成。轿厢体则包括厢底、轿厢壁、轿厢顶、照明通风设备、装饰部件以及内设的操作按钮板等。轿厢的尺寸大小取决于其额定载重量和可容纳的乘客数量。

门系统是电梯的重要组成部分，负责封闭层站和轿厢的入口，防止人员或物品掉入井道。它由轿厢门、层门、开门机、联动机构以及门锁等部分构成。轿厢门位于轿厢入口，由门扇、门导轨支架和门滑块等部件组成，而层门则位于层站入口处。开门机位于轿厢顶部，为轿门和层门的开关提供动力。

问题与思考

1. 轿厢是如何被开门、关门的？
2. 电梯如何检测载重超载情况？
3. 进出轿厢时，为什么轿厢基本不动？
4. 有哪些类型的轿厢？
5. 有哪些开关门机构？
6. 曳引钢丝绳能承受轿厢的重量吗？
7. 能否解释门机是如何选型的？
8. 联动机构的工作原理是什么？
9. 门扇的间接连接有哪些优缺点？

学习目标

知识目标

1. 了解电梯轿厢和门系统的功能及组成；
2. 熟悉电梯轿厢和门的结构和类型；
3. 熟悉电梯开门形式和联动原理；
4. 了解电梯称重装置；
5. 了解门保护装置。

能力目标

1. 掌握电梯轿厢和门系统基本原理及组成；
2. 会分析不同开门形式及正确选用门系统；
3. 会分析不同门机工作特点并正确选用门机；
4. 会正确选用并调节称重装置；
5. 能分析电梯门锁装置原理和使用电梯应急开锁装置。

素质目标

1. 培养求真务实、踏实严谨的工作作风；
2. 通过学习和体验，使学生树立正确的世界观、人生观、价值观；
3. 培养学生团结协作的能力。

5.1 轿厢结构及要求

轿厢结构及要求

5.1.1 轿厢整体结构

轿厢整体结构示意如图 5-1 所示。

电梯轿厢是专门设计用于搭载乘客或货物的箱体结构，配备了方便乘客出入的门装置。轿厢由轿厢架和轿厢体构成，其中还包括导靴、安全钳和操纵机构等。

轿厢架是轿厢的承重部分，通常是一个由金属构成的框架，这些框架部件通常由型钢或钢板压制成型材通过螺栓连接。

轿厢体由压制成型的薄金属板组成，形成一个箱型结构，包括轿底、轿壁、轿顶和轿门。轿底框架通常由槽钢和角钢焊接而成，上面铺有钢板或木板，有时还会粘贴塑料地板或装饰材料。轿壁由薄钢板压制成型，通过螺栓连接拼合，每块壁板中部有加强筋以增强强度和刚性。轿内壁板通常贴有防火塑料板或不锈钢薄板，也有涂漆的。观光电梯则采用高强度玻璃制作轿壁，以提供开阔的视野。轿壁、轿顶和轿底之间一般通过螺钉连接。轿顶的结构与轿壁相似，需要承受一定重量，并设有防护栏和安全窗。轿顶下通常装有装饰板或吊顶装饰物，上面安装照明灯和风扇。

为了防止电梯超载，轿厢上安装了防超载称重装置。根据称重装置的安装位置，可以分为轿底称重式、轿顶称重式和机房称重式等几种方式。

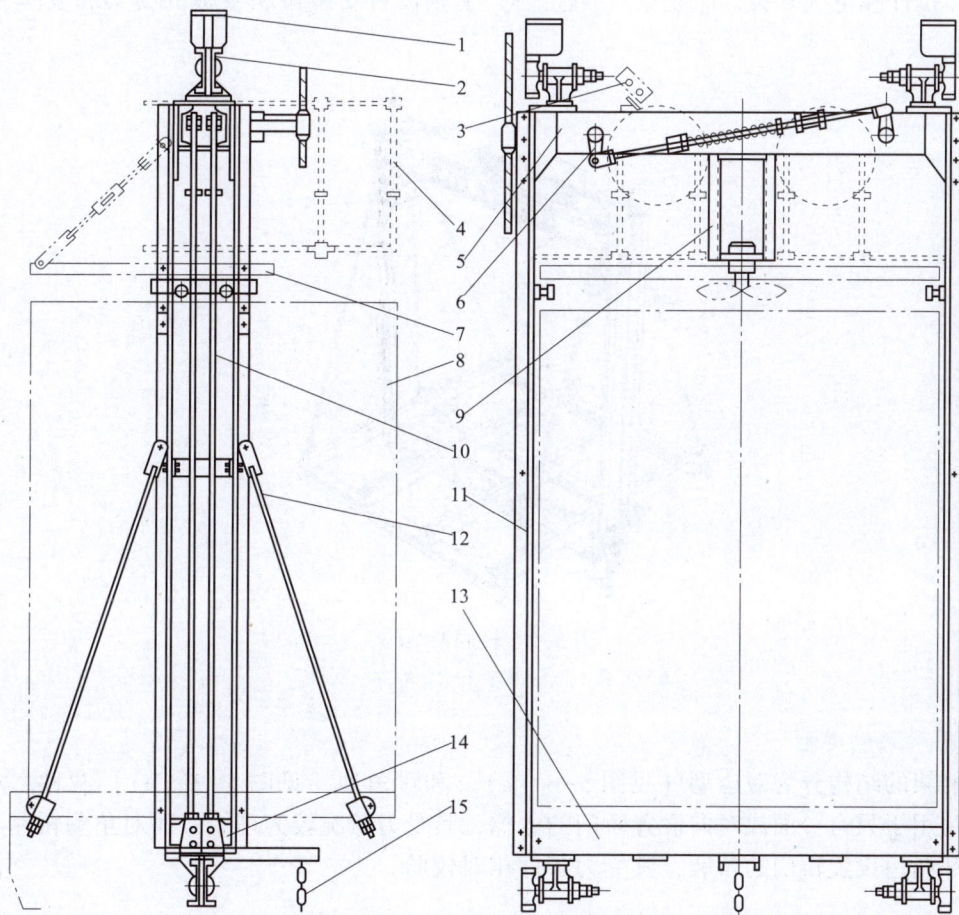

图 5-1　轿厢整体结构示意

1—导轨加油盒；2—导靴；3—轿顶检修窗；4—轿顶安全护栏；5—轿厢架上梁；
6—安全钳传动机构；7—开门机架；8—轿厢；9—风扇架；10—安全钳拉杆；
11—轿厢架立梁；12—轿厢架拉条；13—轿厢架底梁；14—安全钳嘴；15—补偿链

5.1.2　轿厢架

1. 轿厢架的功能

轿厢架是电梯轿厢的基础结构，用于固定和支撑轿厢，承担轿厢的重量。它将轿厢的自重和载重通过曳引钢丝绳传递。轿厢架必须具备足够的刚性和强度，以保证在电梯运行中，即使发生超速导致安全钳夹住导轨紧急制停，或轿厢坠落撞击底坑缓冲器，也能承受反作用力，避免变形或损坏。此外，轿厢架的上梁和底梁在满载时的最大挠度应不超过其跨度的 1/1 000。

2. 轿厢架的构造

轿厢架通常由上梁、底梁、立梁和拉条等部件组成，如图 5-2 所示。这些部件通常采用型钢或钢板，根据要求压制成型材，并通过螺栓进行紧固连接。上梁和底梁两端设有安装轿厢导靴和安全钳的位置，中部则设有安装轿顶轮或绳头组合装置的安装板。上梁还装有安全钳操作拉杆和电气开关，而立梁（侧立柱）上则设有安装轿厢壁板的支架和安全钳操纵拉杆等。

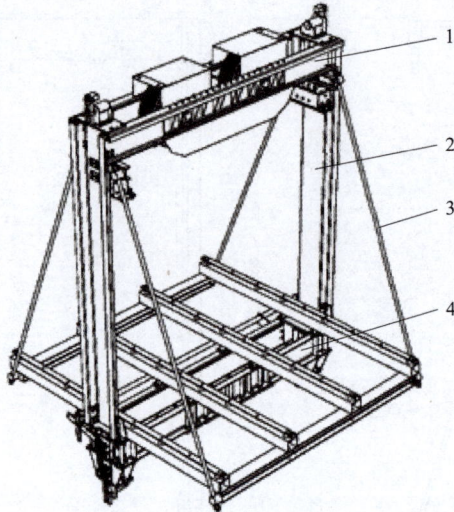

图 5-2　轿厢架结构
1—上梁；2—立梁；3—拉条；4—底梁

3. 轿厢架的类型

轿厢架的结构分为对边型［见图 5-3（a）］和对角型［见图 5-3（b）］两种。对边型轿厢架适用于只有一面或对向设置轿门的电梯，其受力状况较为理想；而对角型轿厢架则用于在相邻两边设置轿门的轿厢，其受力条件相对较弱。

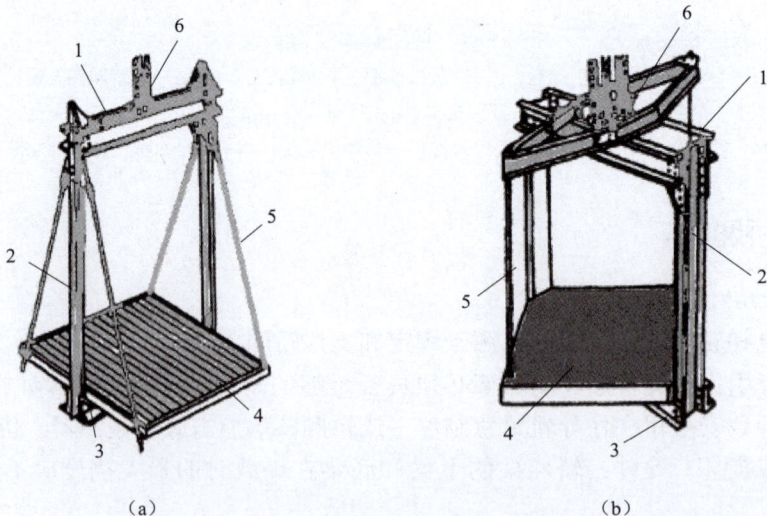

（a）　　　　　　　　　　　（b）

图 5-3　轿厢架
（a）对边型轿厢架；（b）对角型轿厢架
1—上梁；2—立柱；3—底梁；4—轿厢底；5—拉条；6—绳头组合

80

5.1.3 轿厢体

轿厢体由经过压制的薄金属板组装成箱型结构，由轿底、轿壁、轿顶和轿门等部分构成，如图5-4所示。根据国家标准 GB/T 7588.1—2020《电梯制造与安装安全规范》的规定，轿壁、地板和轿顶必须具备足够的机械强度，包括轿厢架、导靴、轿壁、地板和轿顶在内的总成也必须有足够的机械强度，以承受电梯在正常运行、安全钳动作或轿厢撞击缓冲器时的作用力。此外，轿厢内使用的材料不能易燃，也不能产生有害气体或大量烟雾，以避免造成危险。轿厢内配备了完整的电气控制装置，包括指令操纵盘、指层信号灯、急停开关、照明、警铃、通信装置和对讲机等。

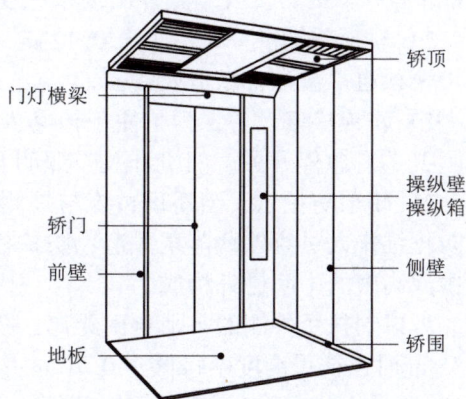

图5-4 轿厢体

1. 轿底

轿底（轿厢底部）是轿厢承载重量的部分，由地板和框架组成。框架通常由槽钢和角钢焊接而成，多个框架组合形成轿底框架，然后在上面铺设 3~4 mm 厚的钢板以形成完整的底面。对于载货电梯，通常只铺设一层花纹钢板；而乘客电梯则铺设一层无纹钢板，并在其上铺设塑料地板或地毯，以提高舒适度和美观性。

轿底的前端应设有轿门地坎和护脚板（挡板），以防止乘客在层站时将脚插入轿厢底部，从而避免挤压或坠入井道。根据国家标准 GB/T 7588.1—2020《电梯制造与安装安全规范》的规定，轿厢地坎上必须安装护脚板，其宽度应与层站入口的净宽度相同。护脚板的垂直部分应向下倾斜，与水平面的夹角应大于 60°，其投影深度不得小于 20 mm；垂直部分的高度不得小于 0.75 m。对于特殊类型的电梯，其护脚板垂直部分的高度应在轿厢处于最高装卸位置时，延伸到层门地坎线以下不小于 0.10 m。若层门打开时层门与轿厢之间存在空隙，应在轿厢入口上方安装一刚性垂直板（轿厢上护板），以覆盖整个层门宽度。

2. 轿壁

轿壁（轿厢侧壁）通常由 1.2~1.5 mm 厚的金属薄板制成，多块钢材通过螺栓拼接。内部设有特殊形状的纵向筋以增强轿壁的强度和刚性，拼合接缝处加装装饰嵌条，以增加美观并减少因振动产生的噪声。轿内壁板面上通常贴有一层防火塑料或带有图案、花纹的不锈钢薄板；观光电梯则使用高强度玻璃制作轿壁，以提供开阔的视野。

为了确保安全，轿壁必须具备足够的机械强度。国家标准 GB/T 7588.1—2020《电梯制造与安装安全规范》的规定，轿厢内任何位置的壁板，当 300 N 的力均匀分布在 5 cm² 的圆形或方形面积上，沿轿厢内向轿厢外方向垂直作用于轿壁的任何位置上时，轿壁应无永久变形，弹性变形不大于 15 mm。

3. 轿顶

除了观光电梯外，普通电梯的轿顶结构与轿壁类似，由 1.2~1.5 mm 厚的钢板压制成槽形结构拼接而成。轿顶下装有装饰板或吊顶装饰物，并在装饰板上安装电风扇和照明灯。

轿顶作为电梯安装、维护保养的关键工作平台，其结构必须具备充足的承重能力。依照我国国家标准 GB/T 7588.1—2020《电梯制造与安装安全规范》的规定，以下两点是必须满足的：

1）轿顶必须能够在任意位置承受两名成人的体重，每个人在 0.20 m×0.20 m 的面积上施加 1 000 N 的力，且不允许出现永久变形。

2）轿顶需提供一个不小于 0.12 m² 的站立区域，该区域的最短边长不得小于 0.25 m。

轿顶通常会配备以下设备：

1）轿顶检修设备，为了便于检修人员操作，轿顶配备了检修箱，内含检修/运行（自动）开关、急停开关、门机开关、照明开关以及供检修使用的电源插座。

2）轿顶防护栏，当轿顶边缘与外侧存在超过 0.30 m 的水平自由距离时，应安装防护栏以防止维修人员意外跌落至井道；防护栏应由扶手、高度为 0.10 m 的防踏板以及位于防护栏中部高度的中间栏杆构成。

考虑到扶手外侧的水平自由距离，扶手的高度应满足以下条件：当水平自由距离不超过 0.85 m 时，扶手高度不得低于 0.70 m；当水平自由距离超过 0.85 m 时，扶手高度不得低于 1.10 m。扶手外侧与井道内任何部件（如对重、开关、导轨、支架等）之间的水平距离不得小于 0.10 m。防护栏应安装在距离轿顶边缘不超过 0.15 m 的位置，入口设计应确保人员安全且便于通行，同时应在适当位置固定提醒人员俯伏或斜靠防护栏危险的警示标志或须知。

4. 轿厢的其他配置组件

（1）照明系统

轿厢应设置永久性的电气照明装置，按照国家标准 GB/T 7588.1—2020 第 5.4.10 条的要求，确保在控制装置上和在轿厢地板以上 1.0 m 且距轿壁至少 100 mm 的任一点的照度应不小于 100 lx。

若使用白炽灯作为照明源，则至少需要安装两个并联的灯泡。同时，应配备能够自动充电的应急电源，以便在主电源断开时自动切换至应急电源。该应急电源应能保证至少 1 W 灯泡持续亮灯 1 h，确保轿厢内有适宜的照明。

（2）通风设备

无孔门轿厢应在顶部和底部安装通风孔。根据国家标准 GB/T 7588.1—2020 第 5.4.9 条的规定，轿厢顶部和底部的通风孔有效面积各不应小于轿厢有效面积的 1%，轿门周围的间隙可计入通风孔面积，但不得超过所需有效面积的 50%。此外，应确保直径 10 mm 的硬质直棒无法从轿厢内部穿过通风孔至轿壁。通风设备通常位于轿顶。

（3）应急设备

轿厢内配备有应急报警系统，以便在电梯出现故障时，乘客可以利用该系统向外界求救；轿厢内还设有应急照明，一旦常规照明电源失效，应急照明将自动亮起；应急电源在电梯失去外部供电的情况下，为轿厢内的应急照明、应急警铃和对讲机等提供电力。电梯的应急电源能够自动充电。

（4）轿厢安全门

根据国家标准 GB/T 7588.1—2020 第 5.4.6 条的规定，在具有相邻轿厢的情况下，如果轿厢之间的水平距离不大于 1.00 m，可使用轿厢安全门。在这种情况下，相邻层门地坎的距离可以超过 11 m。如果相邻电梯中的一台因故障暂时无法移动（例如安全钳启动导致轿厢无法移动）时，可以将另一台电梯运行至与故障电梯相同位置，通过轿厢安全门进行救援。然而，通过轿厢安全门救援的风险高于将轿厢移动至层门进行救援，因此，如果轿厢能够移动，应优先通过紧急操作将轿厢移至最近的层门进行救援。

为确保单人能够顺利通过，轿厢安全门的高度不得小于 1.8 m，宽度不得小于 0.35 m。作为轿壁的一部分，轿厢安全门应具备与轿壁相同的机械强度，且不得使用易燃或可能产生有害气体和烟雾的材料制造。

轿厢安全门的开启方向不得朝向轿厢外部，以防止在轿厢意外运行时与井道内的部件发生碰撞。为确保轿厢安全门不会意外开启，应配备手动上锁装置。为了便于救援，轿厢安全门应能从外部无须钥匙开启，并可用规定的三角钥匙从内部开启。考虑到电梯意外运行时可能带来的危险，轿厢安全门不应设置在对重运行路径上，或设置在阻碍乘客从一个轿厢移动到另一个轿厢的固定障碍物（除分隔轿厢的横梁外）前方。

轿厢安全门的锁定状态也应通过电气安全装置进行验证。若锁定失效，该装置应使电梯停止运行。只有在重新锁定后，电梯才能恢复正常运行。

（5）操纵箱

电梯的操纵箱可以安装在轿厢或候梯厅内，如图 5-5 所示。安装在轿厢内的称为轿厢操纵箱；安装在候梯厅内的称为层站操纵箱。其通过指令开关、按钮或手柄等控制轿厢运行。操纵箱的壁板设计有外凸式、横置式、直通式（从壁板顶直通到壁板底）、凸肚波浪式等，并增大了按钮文字尺寸以提高可操作性。

操纵箱上显示楼层和上下行信息，电梯轿厢外通常设有上行、下行、消防和锁梯等按钮，轿厢内的控制面板上通常有对讲按键、警铃按键、选层按键、关门按键、开门按键等常见按键。

（6）平层感应器

平层感应器是安装在轿顶的关键部件，用于检测电梯是否到达目标楼层，从而控制电梯的停靠。平层感应器的主要组成部分包括感应器本体、感应器电缆和控制板。感应器电缆将信号传递给控制板，控制板根据信号控制电梯到达目标楼层后的停靠位置。

平层感应器根据工作原理不同分为永磁感应器、双稳态开关、光电开关等。光电开关又分为 PNP、NPN、继电器三种输出方式，通常使用常开触点的类型较多。

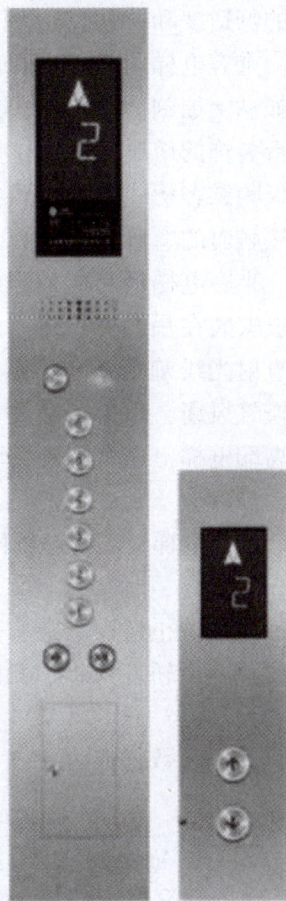

图 5-5　电梯操纵箱

5.1.4　轿厢安装要求

轿厢的安装品质直接影响电梯的运行效能，安装轿厢时需满足以下标准：

1）轿厢框架的底梁与轿底平面的水平度误差不得超过 2/1 000。

2）轿厢框架两侧的立柱在全高度范围内的垂直度误差不得超过 1.5 mm。

3）轿厢底部、轿壁、轿顶的螺栓连接需牢固，轿门侧的轿厢壁垂直度误差不应超过 1/1 000，其余轿壁不得出现倾斜。

4）轿底可使用垫片进行校正，轿厢各组件的接合处应保持垂直或水平状态，不允许存在过大的缝隙，以保持美观。

5.2 轿厢分类与尺寸要求

轿厢分类与尺寸要求

5.2.1 客梯轿厢

1. 乘客电梯轿厢的特性

乘客电梯的轿厢旨在为乘客提供一个舒适的空间，将乘客安全送达目标楼层，因此，乘客的舒适度和便利性成为评估乘客电梯的关键指标。

乘客电梯内部的装饰通常注重色彩搭配和装潢美学，轿厢壁板上通常会进行一些装饰，例如贴上蚀刻、抛光或电镀出美观图案的金属板，或者张贴各种广告，也有直接对轿厢壁板进行装饰的情况；现在一些电梯甚至在轿厢内安装电视，不仅为乘客提供多样的娱乐节目，还减少了陌生人近距离接触时的尴尬。

乘客电梯轿厢内的照明通常采用柔和的光线，灯光一般安装在吊顶的上方，通过反射照亮乘客区域，以避免直射光线刺眼；为了提升轿厢内的空气质量，还会安装换气风扇，以保持轿厢内空气新鲜；在热带地区使用的高端电梯，还可能配备专用空调，以保持轿厢内的凉爽和舒适。

图 5-6 乘客电梯轿厢内部结构

乘客电梯轿厢内部结构如图 5-6 所示。

2. 轿厢载重（人数）与面积的关系

为了防止轿厢因乘客过多而导致超载，需要对轿厢的有效面积进行限定。轿厢的有效面积是指轿厢壁板内侧的实际面积，根据国家标准 GB/T 7588.1—2020《电梯制造与安装安全规范》第 5.4.2.4 条，对轿厢的有效面积、额定载重量和乘客人数都有明确的规定，具体参数详见表 5-1 和表 5-2。

表 5-1 乘客人数与轿厢最小面积

乘客人数	轿厢最小有效面积/m²	乘客人数	轿厢最小有效面积/m²	乘客人数	轿厢最小有效面积/m²	乘客人数	轿厢最小有效面积/m²
1	0.28	6	1.17	11	1.87	16	2.57
2	0.49	7	1.31	12	2.01	17	2.71
3	0.60	8	1.45	13	2.15	18	2.85
4	0.79	9	1.59	14	2.29	19	2.99
5	0.98	10	1.73	15	2.43	20	3.13

注：超过 20 位乘客时，每超出一位增加 0.115 m²。

表 5-2　额定载重量与轿厢最大有效面积

额定载重量/kg	轿厢最大有效面积/m^2	额定载重量/kg	轿厢最大有效面积/m^2
100①	0.37	900	2.20
180②	0.58	975	2.35
225	0.70	1 000	2.40
300	0.90	1 050	2.50
375	1.10	1 125	2.65
400	1.17	1 200	2.80
450	1.30	1 250	2.90
525	1.45	1 275	2.95
600	1.60	1 350	3.10
630	1.66	1 425	3.25
675	1.75	1 500	3.40
750	1.90	1 600	3.56
800	2.00	2 000	4.20
825	2.05	2 500②	5.00

①一人电梯的最小值；

②二人电梯的最小值；

③额定载重量超过 2 500 kg 时，每增加 100 kg，面积增加 0.16 m^2。对中间的载重量，其面积由线性插入法确定。

乘客数量由下述方法确定：

按公式"额定载重量/75"计算结果向下圆整到最近的整数或按表 5-1 取其较小的数值。

3. 轿厢的空间尺寸

我国对于乘客电梯的额定速度在 2.5 m/s 以下的电梯，其轿厢的空间尺寸另有规定。

5.2.2　货梯轿厢

1. 轿厢的特性

由于货梯主要用于运输货物，其轿厢通常采用普通碳钢材料制造，不追求装饰性，轿底使用较厚的花纹钢板以增强承重能力并防止货物滑动。在货梯运输重量较大或使用拖车、小车装载货物时，载重往往会集中在轿厢底部的较小区域，导致轿厢承受集中载重；当拖车等进入或离开轿厢时，会产生较大的偏心力，使得导靴、导轨、轿厢架等承受较大的载重；而且，拖车等进入轿厢后通常不会停在中央，从而产生较大的偏重载重。鉴于货梯的这些特性，其结构设计需满足不同的要求，使用时也应尽量将货物放置在轿厢中部，避免集中载重。货梯有时采用直通式轿厢，并设有两个相对的轿门，以便于货物装卸或适应工厂建筑结构。需要特别指出的是，严禁将两扇相对开启的轿厢门用作通道。

货梯轿厢如图 5-7 所示。

图 5-7　货梯轿厢

2. 轿厢的空间尺寸规格

根据国标，对于额定速度不超过 2.5 m/s 的载货电梯，轿厢的有效尺寸有具体规定，同时对于井道的顶层高度和底坑深度也有严格的规定。

在我国，货梯轿厢的有效面积与电梯的最小额定载重量之间的关系没有明确规定，但可以参考表 5-2 进行操作。

美国和日本对载重量与轿厢有效面积之间的关系有以下规定：

美国电梯安全法规定：$Q = 244A$；

日本建筑标准法规定：$Q = 250A$。

其中：Q 代表电梯的最小额定载重量，kg，A 代表轿厢的有效面积，m^2。

5.2.3 医疗电梯轿厢

由于其主要运输对象是病床或担架（包括病人）以及随行的医疗器械和医护人员，医疗电梯的轿厢通常设计为长而窄的形状，其有效面积在额定载重量相同时，通常大于普通乘客电梯。中国对医疗电梯轿厢的空间有效尺寸有具体规定。

医疗电梯轿厢内部设计通常较为简洁，以适应病人仰卧的需求，因此照明系统多采用间接照明方式，且多配备有操作员控制。由于医疗电梯长期在多病菌的环境中运行，需要定期进行清洁和消毒处理，因此轿厢内壁通常采用光洁平整的不锈钢材料，以便于清洁和消毒。此外，电梯运行的平稳性要求较高。医疗电梯轿厢如图 5-8 所示。

5.2.4 杂物电梯轿厢

杂物电梯主要用于运输书籍、食品等小型物品，其载重量相对较小。为了防止人员误入，中国对杂物电梯轿厢的尺寸进行了限制。如果轿厢由多个固定间隔组成，且每个间隔都符合要求，那么轿厢的总高度可以超过 1.20 m。

杂物电梯轿厢如图 5-9 所示。

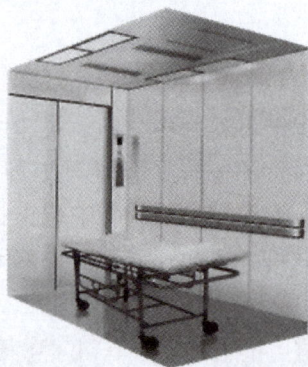

图 5-8 医疗电梯轿厢

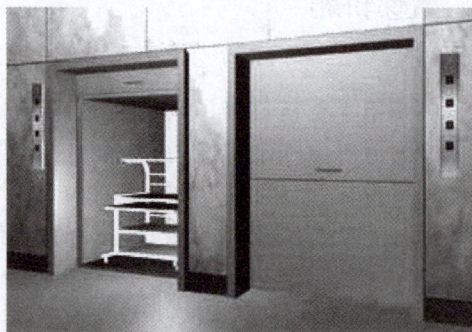

图 5-9 杂物电梯轿厢

5.2.5 观光电梯轿厢

观光电梯通常安装在高档豪华酒店、展览大厅等场所，乘客在电梯升降过程中可以欣赏到外部风景。这类电梯的轿厢通常设计得通透明亮，外形常采用棱形或圆形等独特设计。观光面的轿壁使用符合 GB/T 7588.1—2020 第 5.4.3.2 条的强化夹层玻璃。当玻璃下端距地面低于 1.10 m 时，需要在 0.90 至 1.10 m 的高度设置扶手栏，该扶手栏的固定与玻璃无关。为了保证玻璃轿壁的强度，每块玻璃的面积受到限制。观光电梯轿厢的内外装饰都十分精致，不仅内部设计豪华，外部露出的部分也常配有各种彩色装饰和彩色灯具。观光电梯轿厢如图 5-10 所示。

5.2.6 汽车电梯轿厢

汽车电梯专门用于垂直提升汽车，因此轿厢的面积较大。通常在轿底板上设有双拉杆结构，有时还会配备楔形垫块，以防止车辆打滑。汽车电梯轿厢有时不会设有完全封闭的轿顶和轿壁，其具体结构可参考图 5-11。

图 5-10 观光电梯轿厢　　　　图 5-11 汽车电梯轿厢

在中国，汽车电梯轿厢的额定载重量与轿厢底板面积之间的关系没有严格的法定标准，但可以参考国外的一般要求：

美国规定：$Q = 146.5A$；

日本规定：$Q = 150A$；

其中：Q 代表电梯的最小额定载重量，kg；A 代表轿厢的有效面积，m^2。

5.3 轿厢称重装置

轿厢称重装置

5.3.1 轿厢称重装置的作用

当前的乘客电梯通常不配备专职的电梯操作员，而是由乘客自行操作，这使电梯内乘客的数量难以精确控制；对于载货电梯，货物的重量也往往难以准确估计。如果轿厢内的乘客人数（或货物）超过了电梯的额定载重量，可能会影响电梯的安全运行，甚至引发事故。为了确保电梯的安全运行，电梯配备了超载保护装置。当电梯超载时，超载保护装置会发出控制信号，使电梯保持开门状态，不能启动运行，并发出警示信号告知乘客需要减少载重量。

超载保护装置的主要功能是在轿厢载重超过额定载重时发出警告信号并阻止电梯运行。当轿厢的载重量达到额定载重的110%时，超载保护装置会动作，切断电梯的控制电路，使电梯无法启动。对于集选式电梯，当载重量达到额定载重的 80% 至 90% 时，会接通直驶电路，此时电梯不再响应厅外的截停信号，只响应轿厢内的选层指令。超载保护装置的分类如表 5-3 所示。

表 5-3 超载保护装置的分类

类别	形式	说明
按装设位置分	轿底称重式	活动轿厢式：超载装置设于轿厢底部，轿厢整体为浮动
		活动轿底式：超载装置设于轿厢底部，轿底部分为浮动
	轿顶称重式	超载装置设于轿厢上梁
	机房称重式	超载装置设于机房
按结构原理分	机械式	称重装置为机械式结构
	橡胶块式	橡胶块为称重元件
	压力传感器式	压力传感器作为称重元件

5.3.2 轿厢称重装置的原理

1. 机械式称重装置

机械式称重装置分为两种安装位置：一种安装在轿厢底部，另一种安装在轿厢顶部。轿底机械式称重装置利用杠杆原理进行称重，如图 5-12 所示。当轿厢承载重物时，连接块会因重力作用向下移动。当轿厢内的重量达到预设值时，轿底的下移会使连接块上的开关接触块触碰微动开关，从而触发电梯控制线路。这时电梯将无法启动，同时报警器会发出警报，直到超载情况解除，电梯才能恢复正常运行。载重检测值可以通过调整主秤砣和副秤砣的位置来进行调节。

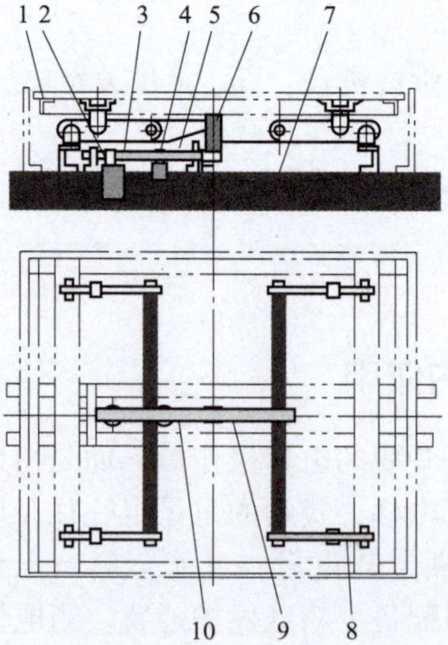

图 5-12 轿底机械式称重装置

1—轿厢底；2—主秤砣；3—秤杆；4—副秤砣；5—微动开关；
6—连接块；7—轿底梁；8—悬臂梁；9，10—悬臂

　　如图 5-13 所示，轿顶或机房机械式称重装置也采用杠杆原理。这个装置与轿顶或机房中的绳头连接板相连接，使维修和保养工作更加便捷。然而，由于钢丝绳和补偿绳长度的变化，该装置的称重可能会发生变化，因此需要定期对载重值进行调整和校准。

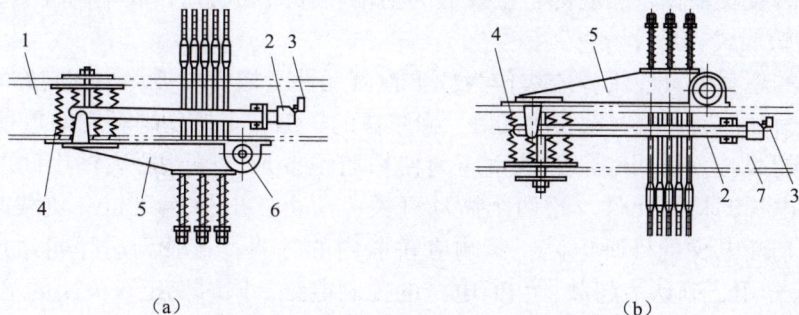

图 5-13　轿顶或机房机械式称重装置

（a）桥顶机械式称重装置；（b）机房机械式称重装置

1—上梁；2—摆杆；3—微动开关；4—压簧；5—秤杆；6—秤座；7—承重梁

2. 橡胶块式称重装置

　　这种系统通过弹性块在受力压缩后接触到微动开关，从而实现切断控制回路的目的。图 5-14 展示的是弹性块设置在轿厢顶部的形式，也有设置在轿厢底部的形式。

3. 压力传感器式称重装置

　　如图 5-15 所示，应变式压力传感器可以安装在轿厢顶部或机房中，以测量轿厢的负荷。此外，也可以将压力传感器安装在轿厢底部的活动区域进行载重检测。当轿厢超载时，控制电路将启动，切断控制回路，同时报警器会发出声音，超载指示灯会点亮。

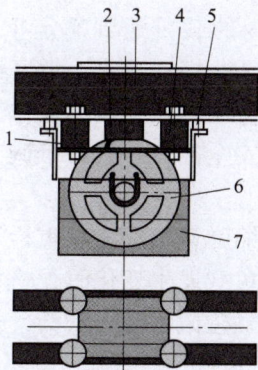

图 5-14　橡胶块式称重装置

1—触头螺钉；2—微动开关；3—上梁；
4—橡胶块；5—限位板；6—轿顶轮；7—防护板

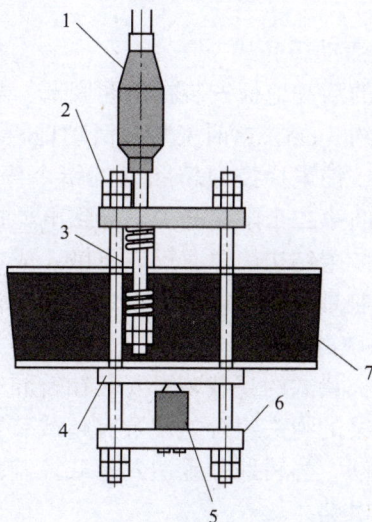

图 5-15　压力传感器式称重装置

1—绳头组合；2—绳吊板；3—螺栓；
4—托板；5—传感器；6—底板；7—承重梁

5.3.3 安装位置

1. 轿底称量式

轿底称重装置安装在轿厢底部，主要分为活动轿厢式和活动轿底式两种类型。

（1）活动轿厢式

这种类型的超载装置使用橡胶块作为载重检测元件，橡胶块被均匀固定在轿底框与轿厢体之间，整个轿厢体通过这些橡胶块支撑，橡胶块的压缩量直接反映轿厢的重量，如图 5-16 所示。当轿厢超载时，轿厢底部的载重压力使橡胶块变形，触动轿底框中间的两个微动开关，从而切断电梯的控制元件。这两个微动开关，一个在电梯达到 80% 负载时动作，确认为满载运行，切断电梯的外呼电路，只响应轿厢内的呼叫，直驶到达呼叫站点；另一个在 110% 负载时起作用，确认为超载，切断电梯的控制电路，同时使正在关闭的电梯停止关门，保持开启状态，并发出警示信号。直到载重量减少到 110% 的额定载重量以下，轿底回升，不再超载，控制电路重新接通，电梯可以重新关门并启动。超载量的控制范围可以通过调节安装在轿底的微动开关的螺钉高度来实现。超载检测装置必须可靠工作。

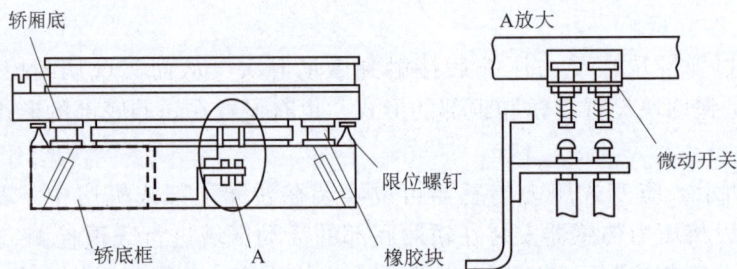

图 5-16 活动轿厢式超载测量装置

（2）活动轿底式

轿厢的活动地板安装在轿厢底部，与轿壁之间的间隙为 5 mm。当轿厢满载时，活动地板会下陷约 3mm，这时安装在活动地板下的杠杆也会朝下陷方向动作，通过触点接通直驶限位开关，使电梯按照轿厢内的指令停靠在层站。当轿厢内的载重达到额定重量的 110% 时，会切断第二个限位开关，导致电梯控制回路断电，电梯无法启动运行。轿底载重检测系统的超载装置结构简单、反应灵敏、成本较低，因此被广泛应用。橡胶块不仅作为载重检测元件，还兼具减振功能，这大大简化了轿底的结构，提高了安全性，并且易于调节和维护。

2. 轿顶称量式

轿顶称量式的超载装置安装在轿厢的上梁部位，使用压缩弹簧组作为载重检测元件。在轿厢架上梁的绳头组合处设置有超载装置的杠杆。当轿厢的负载发生变化时，机械杠杆会随之上下摆动。当轿厢负重达到超载控制范围时，杠杆头部会触碰微动开关触头，从而切断电梯的控制电路。

这种装置也可以安装在机房上面的绳头组合处。如果选择这种安装方式，轿厢架需要配备反绳轮，此时的超载装置需要用金属框架倒置（即绳头朝下）来架起。其工作原理与轿厢架上的装置相同。

3. 机房称量式

根据设计要求，可以将超载装置安装在机房内部。此时，电梯的曳引绳绕法应采用2∶1的曳引比（非1∶1）。其结构和原理与轿顶载重检测装置类似。由于安装在机房内部，这种装置具有调节和维护方便的优点。

4. 电阻应变式称重装置

随着电梯技术的不断进步，特别是电梯群控技术的发展，对电梯控制系统提出了更高的要求，即需要精确了解每台电梯的载荷量，以便实现最佳的调度运行。因此，传统的开关量载荷信号已不再满足群控技术的需求。现在，许多电梯开始采用电阻应变式载重检测装置，以提供更加精确的载荷量信息。

5.4 电梯门系统作用与要求

电梯门系统作用与要求

5.4.1 电梯门系统功能

电梯门系统由轿门（轿厢门）、层门（厅门）以及相应的开关门机构及其附属部件组成。电梯门系统的主要作用是防止乘客和物品掉入井道或与井道发生碰撞，以及避免乘客或货物在进入轿厢时被运动的轿厢剪切，从而防止潜在的危险。它是电梯安全防护系统的重要组成部分。

1. 层门的作用

层门，也称为厅门，位于候梯大厅的电梯入口处。电梯的每个层站都有一个层门。当轿厢离开层站时，层门必须确保安全锁闭，防止人员或物品掉入井道。层门是电梯的一个重要安全设施，据不完全统计，约70%的电梯相关人身伤亡事故是由层门故障或使用不当引起的。层门的正确开启和有效锁闭是确保电梯使用者安全的关键。

2. 轿门的作用

轿门位于轿厢入口处，由轿厢顶部的开关门机构驱动开闭，并带动层门开闭。轿门随轿厢一起移动，乘客在轿厢内部只能看到轿门，它为乘客和货物提供进出通道。简易电梯的手动门是由人工操作开闭的，而现代电梯普遍配备了自动开关门机构。

3. 层门和轿门的相互关系

层门是安装在层站入口的封闭门。当轿厢不在层门的开锁区域时，层门保持锁闭状态。如果在此时强行打开层门，门上的机械-电气联锁门锁会切断电梯控制电路，使轿厢停止运行。层门的开启必须在轿厢进入开锁区域、轿门与层门重叠时，随着轿门的驱动而进行。因此，轿门被称为主动门，而层门则是被动门。只有当轿门和层门完全关闭后，电梯才能启动。

为了将轿门的运动传递给层门，轿门上通常安装有开门联动装置，通过该装置与层门门锁的配合，使轿门带动层门运动。

为了防止电梯在关门时夹住人员，轿门上通常安装有关门安全装置（近门保护装置）。当轿门在关闭过程中遇到阻碍时，该装置会立即将门打开，直到阻碍被移除后才完成关闭。

5.4.2 层门、轿门的使用标准

层门和轿门作为电梯的关键安全设施和重要组成部分，其设计和操作必须满足特定的安全标准。

1）层门必须是完全封闭的，门扇之间或门扇与立柱、门楣和地坎之间的间隙应尽可能小。对于乘客电梯，此间隙不超过 6 mm；对于载货电梯，此间隙不得大于 8 mm，考虑到磨损，此间隙可达到 10 mm（如果有凹进部分，上述间隙应从凹底处测量）。

2）为了保证门在使用过程中不会变形，门及门框架应由金属制成。

3）层门和轿厢门的最小净高度为 2 m，层门净入口宽度在任何一侧均不得超过轿厢净入口宽度的 0.05 m。

4）每个层站入口、轿厢入口应安装一个足够强度的地坎，以承受进入轿厢的载荷。各层站地坎前面应有轻微的坡度，以防止候梯大厅的清洁水流入井道。

5）水平滑动门的顶部和底部都应设有导向装置，垂直滑动门两边都应设置导向装置；在运行中应避免脱轨、卡住或在行程终端时越位。

6）手动开启的层门、轿厢门，使用人员在开门前，应能知道轿厢的位置，为此应安装透明的窥视窗或设置一个发光的"轿厢在此"指示。

7）层门、轿厢门及其门锁应具有足够的机械强度：当门在锁住位置时，用 300 N 的力垂直作用在该门扇的任何一个面的任何位置上，且均匀分布在 5 cm^2 的圆形或方形面积上时，应无永久变形，弹性变形不超过 15 mm，经过这种试验后，门的安全功能不受影响。在水平滑动门和折叠门主动门扇的开启方向，以 150 N 的人力（不使用工具）施加在一个最不利的点上时，门扇之间或门扇与立柱、门楣和地坎间的间隙可以超过 6 mm，但不得超过以下限制：对开门为 30 mm；中分门总和为 45 mm。

8）如果采用玻璃门，玻璃必须采用符合 GB/T 7588.1—2020 第 5.3.5 条规定的强化夹层玻璃，且玻璃门的固定件在玻璃下沉时不会使玻璃滑出。

9）电梯正常运行时，层门和轿厢门应不能打开，它们之中如有一个被打开时，电梯应不能启动或停止运行，因此层门和轿厢门必须设置电气联锁装置（门锁开关），轿厢只有在层门及轿厢门有效地锁紧在关门位置，锁紧元件啮合至少为 7 mm 时，才能启动。

10）层门和轿厢门及其四周的设计应尽可能减少夹住人、衣服或其他物体的现象，门的表面不得有超过 3 mm 的任何凹进和凸出，如有则这些凹进和凸出部分边缘应在开门方向上倒角。

11）自动门在层门或轿厢门关闭过程中，如果有人穿过门口而被撞击或即将被撞击时，一个敏感的保护装置必须自动地使门重新开启，即必须装设近门保护装置。

12）如果电梯由于任何原因停在靠近层站的地方时，为允许乘客离开轿厢，在轿厢停住并切断开门机电源的情况下，应能从层站处用手开启或部分开启轿门；如果层门与轿门联动，应能从轿厢内用手开启或部分开启轿门以及与其相连接的层门；上述要求至少能够在开锁区域中用不大于 300 N 的力施行；对于额定速度大于 1 m/s 的电梯，在运行中，开启轿门的力应大于 50 N（在开锁区域中无此限制）。

5.5 电梯门系统形式与结构

门系统的型式与结构

5.5.1 电梯门系统的分类

1. 按安装位置

电梯门按安装位置可分为层门和轿门。

2. 按开门方式

电梯门按开门方式可分为水平滑动门（见图 5-17）、垂直滑动门（见图 5-18）、折叠门（见图 5-19）、铰链门（见图 5-20）。

图 5-17 水平滑动门

图 5-18 垂直滑动门

图 5-19 折叠门

图 5-20 铰链门

3. 按开门方向

滑动的电梯门按门扇的开门运动方向可分为中分门、旁开门、直分门。

1）中分门是从中间分隔开的。开门时，两侧的门扇以相同的速度向两侧移动；关门时，则以相同的速度向中间闭合。

这种门的类型根据门扇的数量而有所不同，常见的有双扇中分门（见图 5-21）和四扇中分门（见图 5-22）。四扇中分门通常用于开门宽度较大的电梯，这时两侧的两个门扇的运动方式与两扇旁开式门相同。

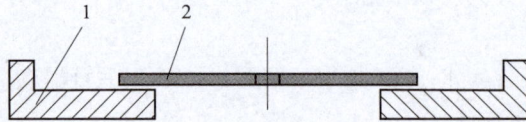

图 5-21　双扇中分门

1—井道壁；2—门扇

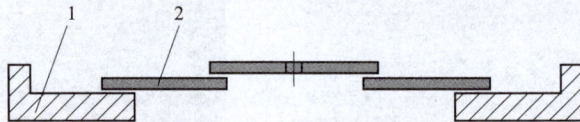

图 5-22　四扇中分门

1—井道壁；2—门扇

2）旁开门由一侧向另一侧推开或由一侧向另一侧合拢。按照门扇的数量，常见的有单扇、双扇和三扇旁开门，如图 5-23、图 5-24 所示。

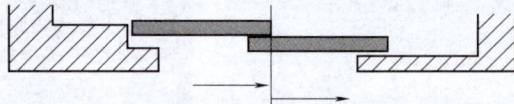

图 5-23　双扇旁开门

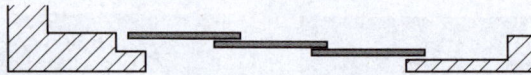

图 5-24　三扇旁开门

当旁开门为双扇时，两扇门在开门和关门时的行程不同，但它们运动的时间必须相同，这意味着两扇门的速度有差异。速度较快的门称为快门，速度较慢的门称为慢门，因此双扇旁开门也被称为双速门。由于门在打开后会叠在一起，所以它也被称为双折式门。

同理，当旁开门为三扇时，则被称为三速门和三折式门。

旁开门根据开门方向的不同，还可以分为左开式门和右开式门。判断方法是：站在轿厢内，面向外侧，门向右开的称为右开式门；反之，门向左开的称为左开式门。

3）直分门是上下推开的，这种门也称为闸门式门。根据门扇的数量，它可以是单扇、双扇或三扇。与旁开门相似，双扇门被称为双速门，三扇门被称为三速门，如图 5-25 所示。

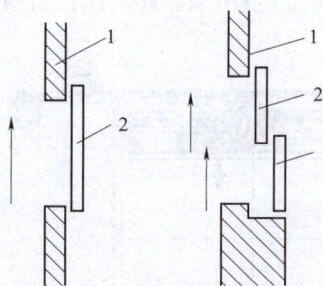

图 5-25　闸门式门（侧立面图）
1—井道墙；2—门

直分门的门扇不占用井道的宽度和轿厢的宽度，因此能够实现电梯最大的开门宽度。这种门型通常用于杂物梯和大吨位的货梯。

4. 根据与驱动机构的连接方式分类

电梯门根据其与驱动机构的连接方式分为主动门和被动门。

1）主动门是指与门机的驱动机构或门刀直接机械连接的轿门或层门。

2）被动门是指与门机的驱动机构或门刀通过间接机械连接的轿门或层门，即被主动门通过钢丝绳等非刚性部件带动运行的电梯门。

5. 根据运行速度分类

在旁开多扇门或者中分多折门的情况下，电梯门可以根据其运行速度的快慢，通俗地分为快门和慢门。

6. 手动门和自动门

手动门的概念有两层含义，一是指通过人力操作开关的门，二是指通过手动操作控制的门。因此，手动门的概念可能会与自动门的概念混淆，具体含义需要根据其相对应的对象来确定。

（1）动力来源的区别

1）自动门是指由动力开关控制的层门或轿门。

2）手动门是指由人力开关控制的层门或轿门，与动力驱动的门相对。

（2）控制方式的区别

1）动力驱动的自动门是指由动力驱动，并配备有自动开、关门控制装置的门，能够在接收到信号后自动完成开、关门动作，不需要使用人员施加任何强制性动作。

2）动力驱动的手动门是指由动力驱动，但需要在人的控制下进行开、关的电梯门。

5.5.2　电梯门系统的构造

电梯门通常由门扇、门滑轮、导靴、门地坎、门导轨支架等部件构成。轿门通过滑轮悬挂在轿门导轨上，其下部通过导靴（滑块）与轿门地坎相配合；层门则通过门滑轮悬挂在厅门导轨支架上，下部通过门滑块与厅门地坎相配合。中分式层门结构如图5-26所示。

1. 门扇

电梯的门扇分为全封闭式和交叉栅式。全封闭式门扇通常由1～1.5 mm厚的薄钢板制成，为了增强门的机械强度和刚性，门扇背面会设置加强筋。为了减少门扇在运动中产生的噪声，门扇背面还会贴上防振材料。电梯门扇应无孔，且具备足够的机械强度。

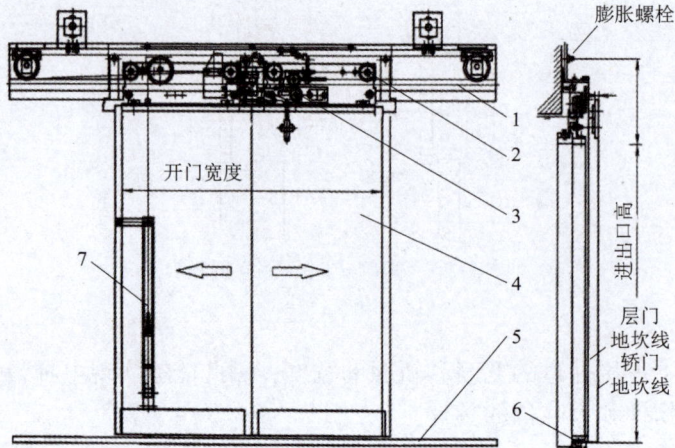

图 5-26　中分式层门结构

1—调节导轨；2—门滑轮；3—门锁；4—门扇；
5—门地坎；6—门滑块；7—强迫关门机构

2. 门导轨支架

门导轨支架安装在轿厢顶部的边缘，而层门导轨支架则安装在层门框架的上部，它们共同对门扇起导向作用。门滑轮安装在门扇的上部，全封闭式门扇通常每扇装有两组滑轮，而交叉栅式门扇由于门的伸缩性，每个门挡上部通常装有一个滑轮。

门导轨支架和门滑轮有多种形式，图 5-27 展示了其中最常见的三种类型。

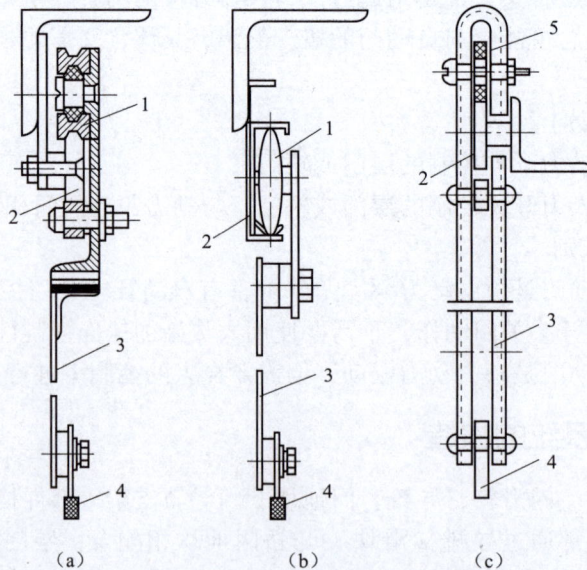

（a）　　　　　　（b）　　　　　　（c）

图 5-27　门导轨支架

（a）凸形门滑轮；（b）凹形门滑轮；（c）滚子门滑轮

1—门滑轮；2—门上坎；3—门；4—导靴；5—轴承

3. 门地坎与导靴

门地坎和导靴是门系统的辅助导向部件，如图 5-28 所示，它们与门导轨和门滑轮协作，确保门的上端和下端都受到正确的导向和定位。门在运动过程中，滑块沿着地坎槽滑动。

（a）　　　　　　　　　　　　　　　　　　　　（b）

图 5-28　门地坎和导靴
（a）中分式层门地坎导靴；（b）双折式层门地坎导靴

层门地坎安装在层门口的井道牛腿上，而轿门地坎则安装在轿门口。通常，地坎由铝型材料制成，门滑块则由尼龙材料制造。在正常情况下，滑块与地坎槽的侧面和底部之间保持一定的间隙。

电梯的门结构必须具备足够的强度。根据我国《电梯制造与安装安全规范》的规定，当门在关闭位置时，用 300 N 的力垂直作用于门扇的任何部位（使这个力均匀分布在 5 cm^2 的圆形或方形区域内），门的弹性变形不应超过 15 mm；当外力消失后，门应无永久性变形，且门的开闭功能应正常。

5.6　开关门机构

电梯轿门、层门的开关门机构分手动、自动两种。

开关门机构

5.6.1　手动开关门机构

手动开关门机构目前仅在少数货梯上采用。门的开、闭由司机用手进行，其结构示意如图 5-29 所示。

拉杆门锁是手动操作门系统的关键构件，它由位于电梯顶部或门框上的锁体以及固定在层门上的拉杆构成。当门完全关闭后，拉杆顶部会插入锁孔内，在拉杆内弹簧的压力作用下，拉杆既不会自行从锁中脱落，同时外部人员也无法将门撬开。在需要开门时，操作者需握住拉杆向下拉动，此时拉杆压缩弹簧，使拉杆顶端从锁孔中移出，随后用手向着开启方向推动门，门便可以顺利打开。

5.6.2　自动开关门机构

自动开关门机构是一种能够实现电梯轿厢门自动开合的设备，安装在轿门的顶部及其连

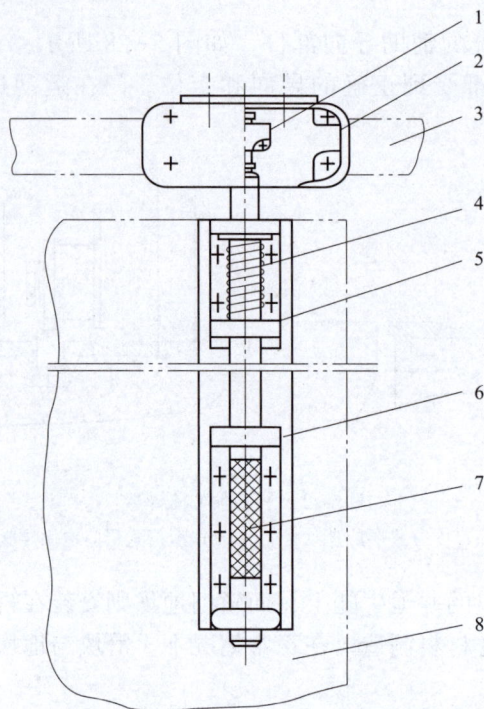

图 5-29　手动开关门机构结构示意
1—电联锁开关；2—锁壳；3—吊门导轨；4—复位弹簧；
5，6—拉杆固定架；7—拉杆；8—门扇

接位置。这种自动开关门机构不仅能够自动执行轿厢门的开启与关闭，还应具备调节开门速度的功能。常见的自动开关门机构包括中分式和旁分式两种类型。根据电动机的驱动方式，自动开关门机构可以分为直流型和交流型。

1. 直流自动开关门机构

直流自动开关门机构利用直流电动机作为动力源，并通过减速装置来驱动门的开闭。直流电动机包括永磁直流电动机和他励直流电动机两种。直流自动开关门机构的开闭控制是通过改变电枢两端的极性来实现的，而在调速过程中，则是通过调节电枢两端的电压来控制开闭速度的。

如图 5-30 所示为单臂中分式开关门机构结构示意，它使用带有齿轮减速器的直流电动机作为动力源，并通过一级链条进行传动。

图 5-31 所示为双臂中分式开关门机构结构示意，同样使用直流电动机作为动力源，不过该电动机未配备减速箱，通常使用两级三角皮带传动以降低速度。在第二级传动中，较大的皮带带动曲柄轮旋转，当曲柄轮逆时针旋转 180° 时，两侧的摇杆同步推动左右门扇，实现一次开门动作；随后，曲柄轮顺时针旋转 180°，使左右门扇同步关闭，完成一次关门动作。这种开关门机构通过电阻降压的方式进行速度调节。

图 5-32 所示为两扇旁开式自动开关门机构结构示意。在结构上其与单臂中分式开关门机构相似，区别在于它增加了一个慢门连杆。当曲柄连杆旋转时，摇杆促使快门移动，同时慢门连杆也使慢门移动。只要慢门连杆与杆的连接点设置得当，就能确保慢门的移动速度是

图 5-30　单臂中分式开关门机构结构示意

1—门镜压板机构；2—门连杆；3—绳轮；4—摇杆；5—连杆；6—电器箱；

7—平衡器；8—凸轮箱；9—曲柄链轮；10—带齿轮减速器的直流电动机

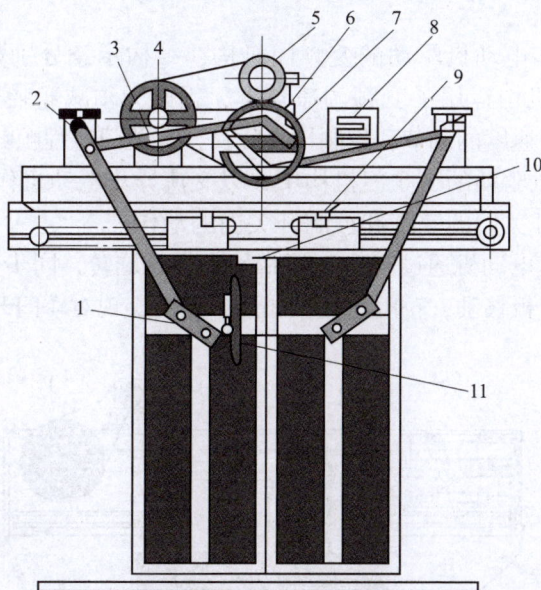

图 5-31　双臂中分式开关门机构结构示意

1—门连杆；2—摇杆；3—连杆；4—皮带轮；5—电动机；6—曲柄轮；

7—行程开关；8—电阻箱；9—强迫锁紧装置；10—自动门锁；11—门刀

快门的一半。该机型同样采用直流电动机作为驱动，其自动调速功能与单臂中分式开关门机构保持一致。由于旁开式门的行程比中分式门更长，为了提升使用效率，旁开式门的平均速度通常设定得高于中分式门。

2. 交流自动开关门机构

之前提到的自动开关门机构类型均采用直流电动机作为驱动，其优势在于控制方式简便。然而，它们的不足之处在于需要配备减速装置，导致结构较为复杂，体积较大，并且在开关门时需要分段设定门的速度，使调速曲线不连贯。

交流门机则使用交流电动机来驱动自动门机构，包括使用交流异步电动机驱动的变频门

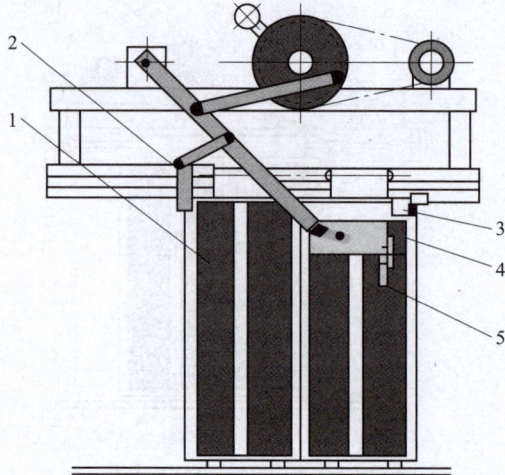

图 5-32　两扇旁开式自动开门机构结构示意

1—慢门；2—慢门连杆；3—自动门锁；4—快门；5—门刀

机构和使用交流永磁同步电动机驱动的变频门机构，结构示意分别如图 5-33 和图 5-34 所示。这两种自动开关门机构运用了变频调速技术，因此无须减速装置，能够实现无级调速，其结构更为简单，开关门速度的调节和控制性能优良，开关门过程顺畅，噪声低且能耗较低。

使用交流异步电动机驱动的变频门机构中，以交流异步电动机作为动力源，控制器通过调频调压的方式来调整开关门的速度和控制开关门的动作。

在门机运作时，交流电动机通过驱动 V 形带使皮带轮旋转，同步带轮与皮带轮同轴安装，这样同步带传动带动门挂板移动，轿门与挂板相连，从而实现对轿门开启和关闭动作的控制。

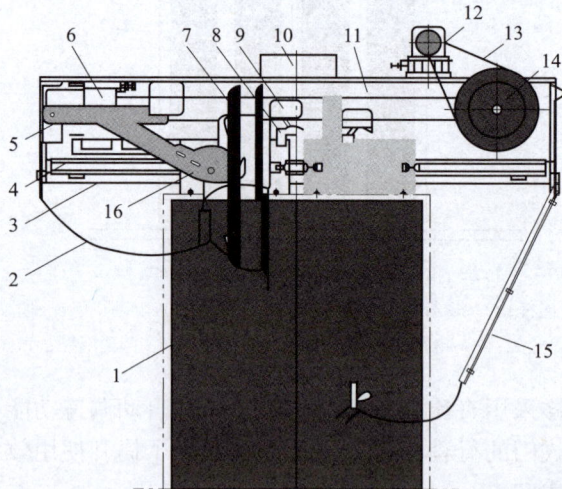

图 5-33　使用交流异步电动机驱动的变频门机构结构示意

1—轿门；2—电缆；3—横梁；4—导轨；5—连杆；6—带轮盒；7—门刀；8—门开关凸轮；9—门触点开关；10—控制器；11—同步带；12—电动机；13—V 形带；14—皮带轮；15—电缆接线组件；16—凸轮

使用交流永磁同步电动机驱动的变频门机构采用永磁电动机直接推动同步带，同步带上的连杆机构沿着导轨使轿门进行水平移动。

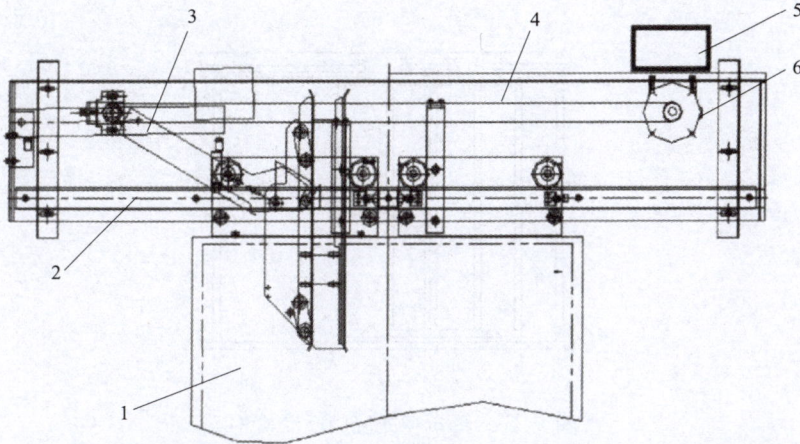

图 5-34 使用交流永磁同步电动机驱动的变频门机构结构示意
1—轿门；2—导轨；3—连杆；4—皮带；5—控制器；6—电动机

5.6.3 门扇联动原理

门机直接推动一个或多个轿门门扇（这些门扇被称作主动门），通过轿门内的联动装置，主动门带动非主动门进行开关操作；在此过程中，轿门上的门刀同时推动带有门锁滚轮的层门（亦称为主动门），层门主动门通过层门间的联动机构带动从动层门，从而同步完成层门的开启与关闭。

门扇之间通过机械摆杆等硬性连接装置相连的称为直接连接，具体如图 5-35~图 5-38 所示；而通过钢丝绳或其他弹性连接装置相连的则称为间接连接，具体如图 5-39 所示。

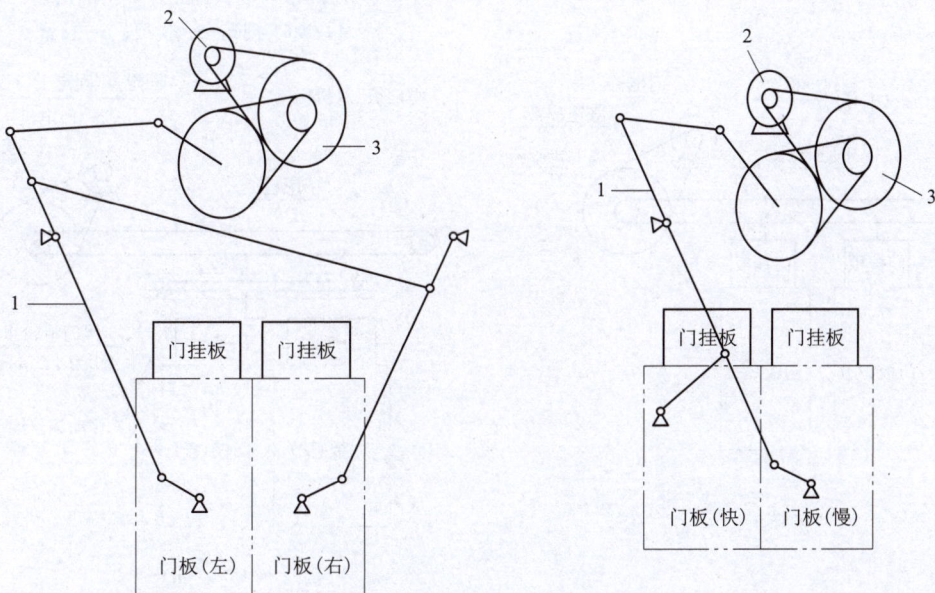

图 5-35 门扇之间的直接机械连接
1—传动连杆；2—电动机；3—传动轮

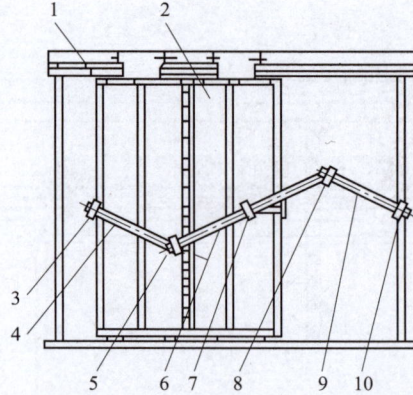

图 5-36　单折臂式层门联动机构

1—快门；2—慢门；3，7，10—固定铰链；4，6，9—撑杆；5，8—活动铰链

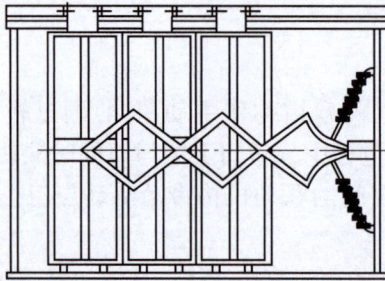

图 5-37　双折臂式层门联动机构

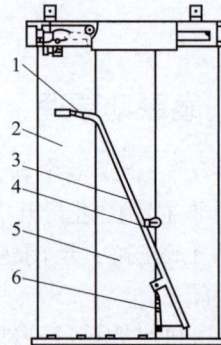

图 5-38　摆杆式层门联动机构

1—连杆；2—快门；3—摆杆；

4—慢门连杆；5—慢门；6—拉簧

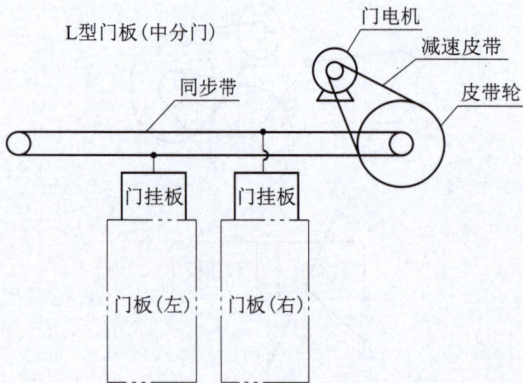

（a）

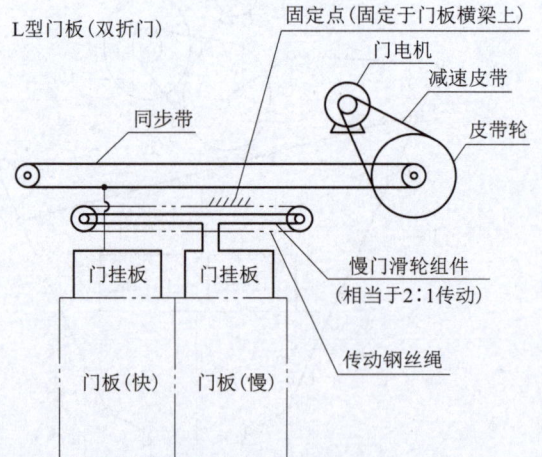

（b）

图 5-39　门扇之间的间接机械连接

（a）中分式层门联动机构示意图；（b）旁开式层门联动机构示意图

5.6.4 层门、轿门联动原理

自动门系统一般通过轿门与层门的联动方式来开启，当电梯到达指定楼层并保持水平时，自动开关门机构开始工作以打开轿门。在轿门开启的过程中，同时驱动装设在自动开关门机构或轿门上的门刀，门刀通过作用在层门门锁的滚轮来打开层门，进而实现轿门与层门的同步开启。开门刀是自动门锁的一部分，它被固定在轿门的挂板上。根据自动门锁的设计不同，开门刀分为固定式单门刀和活动式双门刀，如图5-40所示。单门刀固定在轿门上，不移动；而双门刀则随着轿门的开关在一定范围内活动。

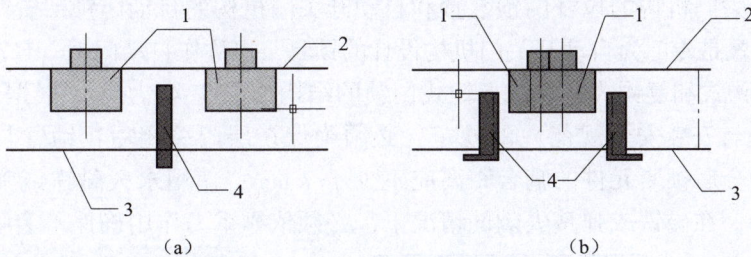

图5-40 门刀的不同形式
（a）单门刀；（b）双门刀
1—门锁滚轮；2—层门地坎；3—轿厢地坎；4—门刀

当单门刀到达层站时，轿门上的门刀会插入层门门锁的滚轮中，在轿门开启的同时，解开门锁并带动层门进行同步水平移动。

在双门刀式的压板式自动门锁中，当电梯平层时，压板机构的动压板和定压板会夹住门锁的两个滚轮。随着轿门的移动，锁钩会脱离锁合位置，从而实现层门与轿门的连锁运动。在关门过程中，依靠动压板上的扭簧作用，使锁钩重新锁合。锁钩的锁合与解锁动作是通过一套机械装置完成的。这种锁因为在其锁合与解锁过程中没有冲击力，且工作平稳，因此被广泛采用。双门刀开关门原理如图5-41所示。

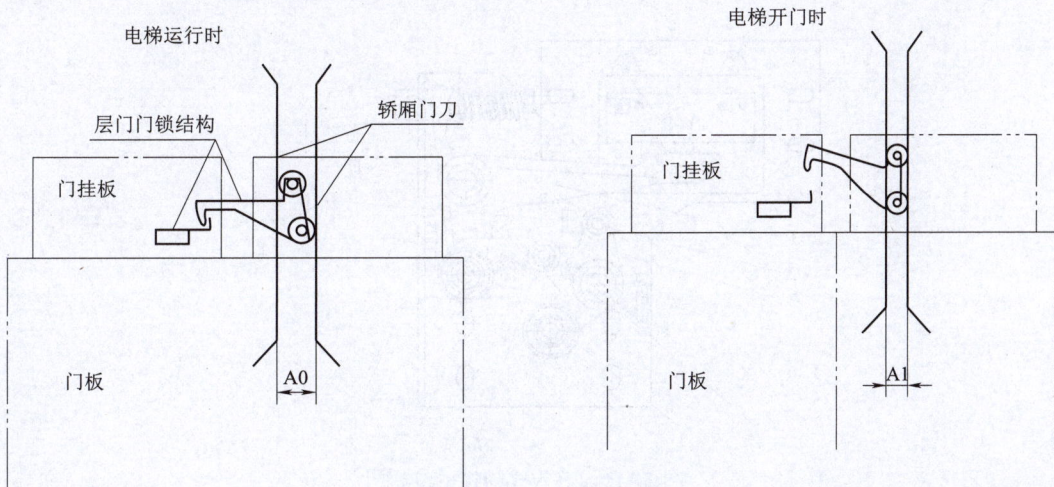

图5-41 双门刀开关门原理

5.7　电梯门保护装置

5.7.1　自动门锁装置

为确保电梯门的稳定关闭和锁定，防止层门和轿门被随意打开，电梯配备了层门门锁装置以及用于验证门扇关闭的电气安全装置，这些装置通常统称为门锁装置。门锁装置包括之前提到的手动开关门机构的拉杆门锁装置和自动开关门机构的自动门锁装置两种类型。

自动门锁装置是专门为自动开关门机构设计的锁具，也称作自动门锁。自动门锁装置主要分为上钩式、下钩式和复钩式三种，上钩式门锁的结构如图 5-42 所示。根据 GB/T 7588.1—2020《电梯制造与安装安全规范》的规定，必须确保在层门关闭后，锁臂与锁钩能够良好地啮合，并且啮合后锁紧元件的啮合距离应不少于 7 mm；使用永久磁铁或弹簧来维持锁紧元件的锁紧状态，在磁铁或弹簧失效的情况下，必须依靠重力作用确保不会解锁。

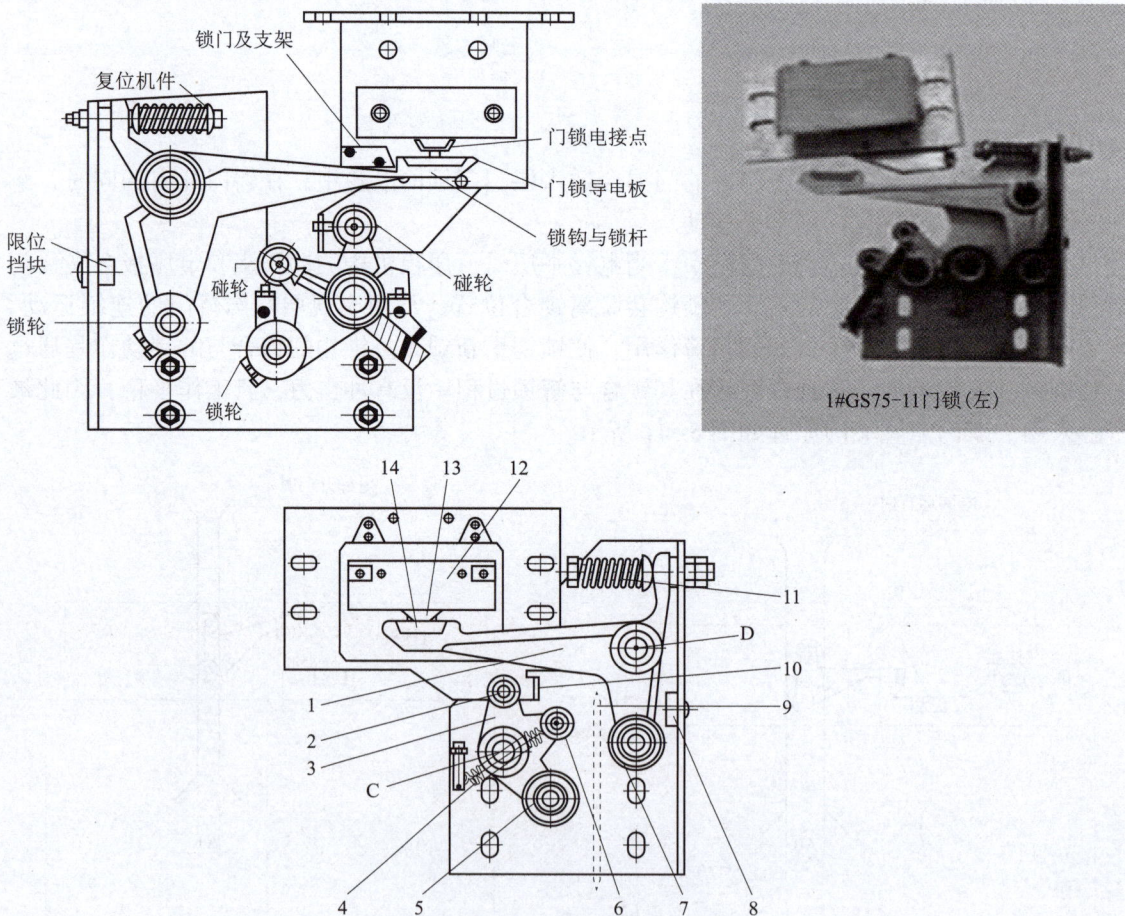

图 5-42　上钩式门锁的结构

1—锁臂；2—碰轮 1；3—碰轮座；4—拉簧；5—碰轮座滚轮；6—碰轮 II；7、锁臂滚轮；8—挡铁；9—门刀；
10—挡块；11—锁臂复位弹簧；12—接触开关；13—开关触点；14—锁钩；C—碰轮座转动中心；D—锁臂转动中心

上钩式门锁在机械锁闭合状态下，可能会因为某个机械部件的故障，导致锁臂因自重而脱离锁钩，从而使层门可以被打开。为了解决这个问题，设计了在关闭时依靠自重向下锁紧的下钩式和复钩式门锁装置，具体结构分别如图 5-43 和图 5-44 所示。

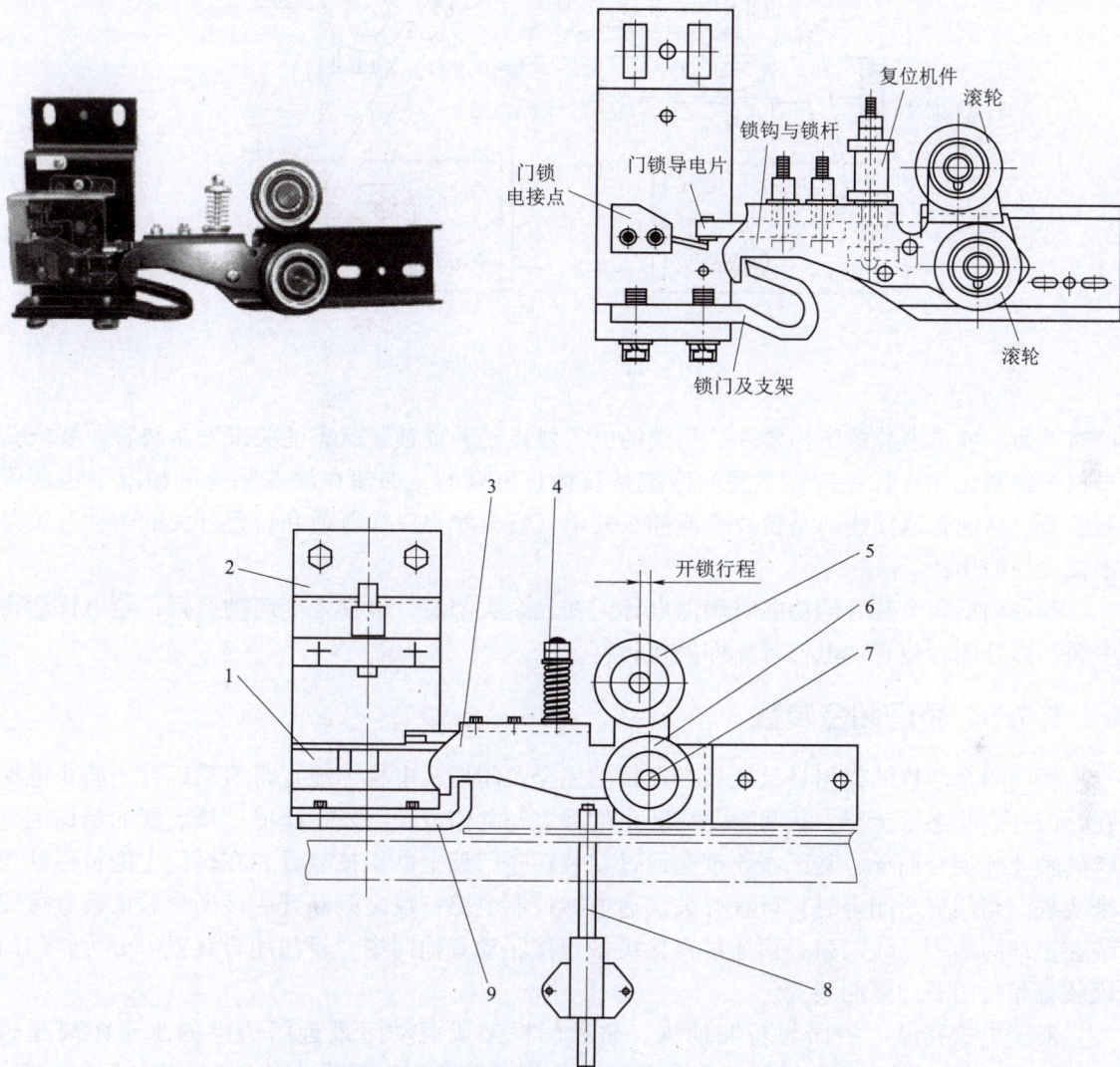

图 5-43　下钩式门锁装置

1—触点开关；2—锁钩底板；3—锁臂；4—复位弹簧；5—动滚轮；
6—定滚轮；7—定滚轮转轴；8—手动开锁推杆；9—锁钩

5.7.2　验证门扇闭合的电气安全装置

对于层门和轿门，都需要安装用于验证门扇闭合的电气安全装置，通常被称为副门锁。如果层门由间接机械连接的门扇组成，且只有一扇门被锁紧，那么其他未被锁紧的门扇的闭合状态应由一个电气开关来确认，这个电气开关即为副门锁。

每扇层门都应配备符合安全触点要求的电气安全装置，用以确认其闭合位置，以符合电

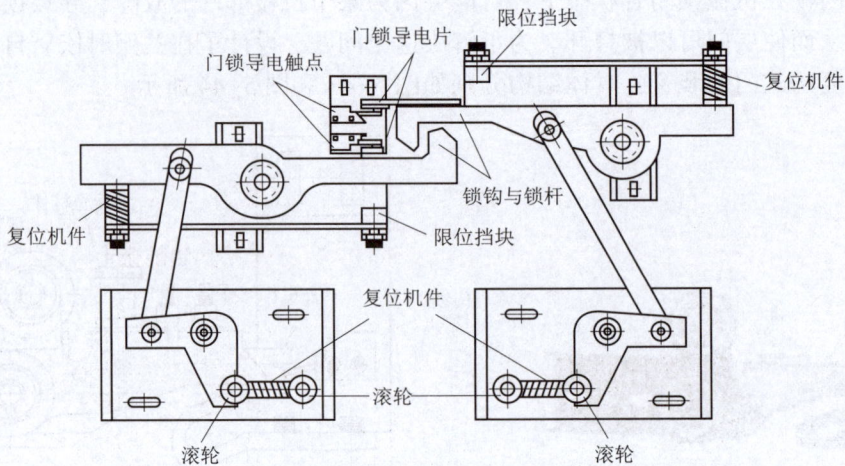

图 5-44　复钩式门锁装置

梯对剪切、撞击事故的防护要求。门锁的电气触点是验证锁紧状态的关键安全装置，要求其与机械锁紧元件（如锁钩）之间的连接是直接且可靠的，即使在触点粘连的情况下也能可靠断开。目前普遍使用的是簧片式或插头式电气安全触点，而普通和行程开关的微动开关是不被允许使用的。

验证门扇闭合装置的功能时确保电梯门在完全关闭后，电梯才能启动运行；若电梯运行中轿门离开闭合位置，电梯将立即停止运行。

5.7.3　轿门闭合装置

轿门闭合装置的作用是保证只有在轿门完全关闭后，电梯才能正常启动运行，防止电梯在轿门开启状态下运行，从而避免轿厢中的乘客与井道或层门发生碰撞。该装置的结构因电梯的种类和型号而异，其工作原理是通过安装在轿门架上的机械装置和在轿门上的行程开关来实现。当门完全闭合时，行程开关接通电梯控制电路，反之则断开。该闭合验证装置可安装在主动门扇上，该门扇必须通过直接机械连接驱动其他门扇。轿门闭合装置可分为轿门门锁装置和轿门开门限制装置。

对于电梯井道内表面与轿厢地坎、轿厢门框架或滑动门最近门边缘的水平距离超过0.15 m的电梯，需要安装轿门门锁装置，其作用是防止在电梯发生故障时乘客打开轿门而造成危险。大多数情况下，轿门门锁装置集成在电梯的同步门刀和异步门刀上，轿门门锁在电梯正常运行时会随着轿门的开启而自动开启。当轿厢停在层门开锁区域内（门轮在门刀区域内）时，可以从轿厢内手动打开轿门；当轿厢停在层门开锁区域外（门轮在门刀区域外）时，只能在打开对应的层门后，从层站处开启轿门，而不能在轿厢内直接打开。当轿门关闭后，锁钩会机械地勾住两扇门，防止外力打开轿门，这与层门开门限制装置的功能相似。

5.7.4　其他门安全保护装置

电梯发生的事故大多与门系统有关，尤其是门非正常开启所引发的事故最为严重。因此，有规定指出，在轿门带动层门的情况下，如果轿厢不在开门区域内，无论何种原因导致层门开启，都应配备一种装置以确保层门能够自动关闭。层门的安全装置包括层门自闭装置和紧急开锁装置。如果乘客在层门和轿门关闭过程中通过门口时被门扇撞击或有可能被撞击，一个保护装置应自动使门重新开启。这种保护装置即为电梯的门入口保护装置。

1. 层门自闭装置

层门自闭装置（也称为强制关门装置）被安装在层门上。其要求是，当轿厢不在该层开门区域时，已经打开的层门应在层门自闭装置的作用下自动完全关闭。层门自闭装置的类型包括压簧式、拉簧式和重锤式，具体如图 5-45 所示。

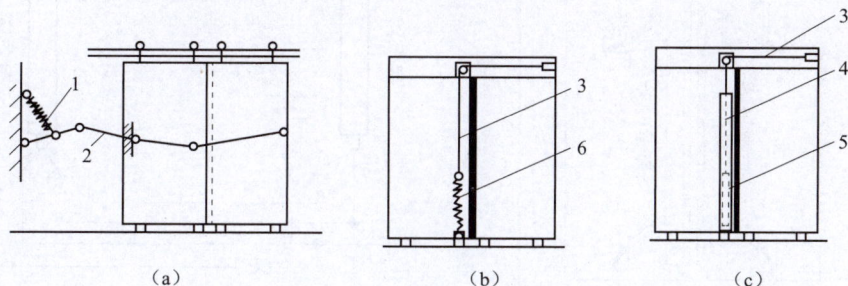

图 5-45　层门自闭装置
（a）压簧式；（b）拉簧式；（c）重锤式
1—压簧；2—连杆；3—钢丝绳；4—导管；5—重锤；6—拉簧

层门自闭装置可以通过压簧、拉簧或重锤的原理，强制使层门关闭。在关门过程中，重锤式自闭装置施加的力保持恒定，而压簧或拉簧式自闭装置在门即将关闭时的力相对较小，因此目前更广泛地使用重锤式。对于中分式门，重锤的滑道被安装在其中一个层门上，通过钢丝绳一端连接重锤，另一端连接到另一个层门上。重锤需要具备足够的力，以确保层门能够完全关闭，并且在关闭过程中不会产生冲击声。

2. 紧急开锁装置

如图 5-46 所示，每个层门都应配备紧急开锁装置。紧急开锁所需的三角钥匙应由指定人员负责管理，不得随意使用，使用时必须注意安全，并遵循规定的操作程序，以避免因未能正确重新上锁而导致事故发生。三角钥匙需符合 GB/T 7588.1—2020 第 5.3.9.3条的规定，且层门上的三角钥匙孔应与之匹配。三角钥匙的主要用途是在救援、安装、维修等情况下提供操作条件。三角钥匙应附有类似"使用此钥匙可能存在危险，请在层门关闭后确认已上锁"的警告牌，确保只有获得授权的人员能够进行紧急开锁。

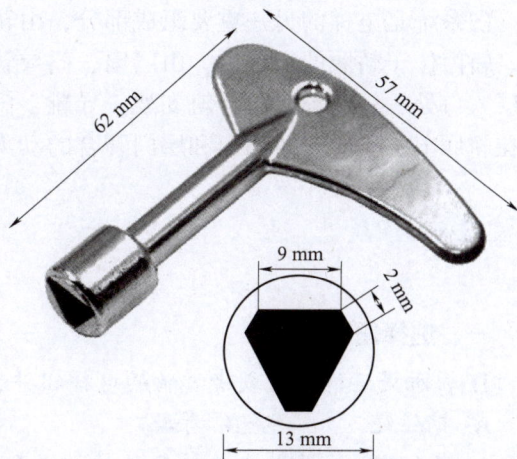

图 5-46　三角钥匙

3. 门入口保护装置

电梯轿门的入口处安装有安全保护装置，当正在关闭的门扇遇到阻碍时，门会自动重新开启，以防止在关门过程中夹伤人或物体。常用的安全保护装置分为接触式保护装置（如安全触板）和非接触式保护装置（如光电式保护装置、超声波监控装置和电磁感应式保护装置等）。安全触板虽然动作可靠，但反应速度较慢，自动化程度不高；光电式保护装置反应灵敏，但可靠性相对较低。为了结合接触式和非接触式防夹人保护装置的优点，并弥补它们的不足，出现了集光幕和安全触板于一体的保护系统，从而提升了电梯层门的安全性和可靠性。安全触板示意图如图 5-47 所示，光幕示意图如图 5-48 所示。

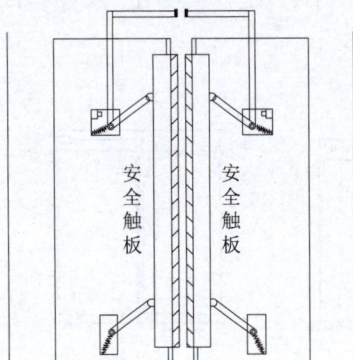

图 5-47　安全触板示意图　　　　图 5-48　光幕示意图

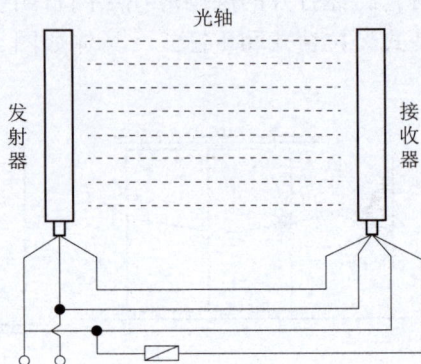

模块总结

　　轿厢是电梯中的一个关键部分，用于运输乘客或货物。它由轿厢架和轿厢体两部分构成。轿厢架是轿厢体的支撑结构，包括横梁、立柱、底梁和斜拉杆等。轿厢体则由轿厢底板、轿厢侧壁、轿厢顶板以及照明、通风设施、装饰件和轿厢内部的操作按钮板等组成。轿厢体的尺寸取决于电梯的额定载重量或额定载客人数。

　　门系统是电梯的另一重要组成部分，由轿门、层门、开门机、联动机构、门锁等部件构成。轿门位于轿厢的入口处，由门扇、门导轨支架、导靴和门刀等部件组成。层门则位于各楼层入口处，由门扇、门导轨支架、导靴、门锁装置和应急开锁装置等部件组成。开门机安装在轿厢上，是驱动轿厢门和层门开合的动力源。

课后习题

一、选择题

1. 轿厢是运送乘客或者货物的电梯组件，它是由（　　）和轿厢体组成的。

A. 钢丝绳　　　　　　B. 导轨　　　　　　C. 对重　　　　　　D. 轿厢架

2. 门系统的主要功能是封住层站入口和轿厢入口；门系统由轿门、（　　）、开门机、门锁装置组成。

A. 张紧轮　　　　　　B. 缓冲器　　　　　　C. 层门　　　　　　D. 轿厢架

3. 重量平衡系统由对重和重量补偿装置组成。对重由对重架和对重块组成。对重将（　　）轿厢自重和部分额定载重。

A. 增加　　　　　B. 平衡　　　　　C. 减少　　　　　D. 保护

4. 所谓平层，是指轿厢在接近某一楼层的停靠站时，欲使轿厢地坎与厅门地坎达到同一平面的操作，电梯平层精度应控制在（　　）mm。

A. 1~5　　　　　B. 1~10　　　　　C. 1~15　　　　　D. 1~20

5. 厅门门锁滚轮与轿厢地坎的合理间隙应为（　　）。

A. 5~12 mm　　　B. 6~15 mm　　　C. 5~10　mm　　　D. 10~15 mm

6. 轿门门刀与厅门地坎底下墙面距离最大允许值为（　　）。

A. 120 mm　　　B. 200 mm　　　C. 150 mm　　　D. 180 mm

7. 电梯光幕或安全触板一般安装在（　　）部位。

A. 轿门　　　　　B. 轿顶　　　　　C. 机房　　　　　D. 井道

8. 在电梯自动并平层的状态时，电梯厅门是靠（　　）打开的。

A. 轿门门刀　　　　　　　　　B. 厅门机械锁

C. 轿门门刀配合厅门门轮　　　D. 厅门自闭弹簧

9. 平层光电主要作用为（　　）。

A. 检测平层区　　B. 再平层　　　C. 平层换速　　　D. 检测门区

10. 所谓平层，是指轿厢在接近某一楼层的停靠站时，欲使轿厢地坎与厅门地坎达到同一平面的操作，电梯平层精度应控制在（　　）mm。

A. 1~5　　　　　B. 1~10　　　　　C. 1~15　　　　　D. 1~20

二、填空题

1. 轿厢由 _____ 和 _____ 组成，导靴、安全钳及操纵机构等也装设于 _____ 上。

2. 轿厢架作为承重结构件，制作成一个金属框架，一般由 _____ 、 _____ 、 _____ 和拉条等组成，一般采用螺栓连接。

3. 轿厢超载称重装置一般设置在 _____ 、 _____ 、 _____ 等处，根据其工作原理分为 _____ 、 _____ 、 _____ 等。

4. 电梯门系统主要包括 _____ 、 _____ 、 _____ 及其附属的部件。

5. 为了防止电梯在关门时将人夹住，在轿门上常设有 _____ 、 _____ 等关门安全装置，当轿门关闭过程中遇到阻碍时，会立即反向运动，将门打开，直至阻碍消除后再完成关闭。

6. 层门自闭装置常用的有 _____ 、 _____ 、 _____ 等几种。

三、简答题

1. 电梯轿厢的主要功能是什么？它主要由哪些部件组成？

2. 电梯门系统由哪几个部件构成？其主要作用是什么？为什么说门系统对电梯安全运行意义重大？

3. 说明轿门、层门之间的关系。

4. 电梯滑动门一般有几种型式？说明其特点。

5. 层门门锁的功能和作用是什么？常见的层门门锁有哪两种型式？

6. 电梯超载控制装置一般分为几类？分别说明其工作原理。

7. 自动门机的驱动有哪几种传动机构？

学习导论

电梯可以像列车一样沿着固定的路径行驶，在于它有一套导向系统，电梯导向系统可以保证轿厢在垂直方向上能够保持直线运动，限制轿厢和对重的自由度，避免在运行时产生晃动。这个系统由导轨、导靴和导轨支架构成。

重量平衡系统是曳引电梯的特有部件，重量平衡系统由对重和对重补偿装置组成。对重包括对重架和对重块，其作用是平衡轿厢的自重和一部分额定载重。对重补偿装置则是为了解决高层电梯中，轿厢与对重侧曳引钢丝绳长度变化对电梯平衡的影响而设计的装置。

问题与思考

1. 电梯为什么运行路径一定？
2. 进出轿厢时，为什么轿厢基本不动？
3. 乘坐的电梯为什么会出现晃动？
4. 电梯楼层较高时怎样克服不平衡状态？

学习目标

知识目标

1. 了解电梯导向和重量平衡系统的功能及组成；
2. 熟悉电梯导轨、导轨支架、导靴和对重的结构和类型；
3. 熟悉电梯导轨的尺寸和几何公差；

4. 了解电梯平衡系数；

5. 了解电梯补偿装置原理。

能力目标

1. 掌握电梯导向和重量平衡系统基本原理及组成；

2. 会测量导轨的尺寸和几何公差；

3. 会分析不同导轨支架和压导板特点并正确选用导轨固定方式；

4. 能计算电梯平衡系数；

5. 能分析电梯补偿装置的特点并选用正确的补偿形式。

素养目标

1. 养成职业道德素养和规范操作习惯；

2. 养成逻辑思维、综合分析、概括表达、终身学习的能力；

3. 培养学生崇尚科学、追求真理的精神，锐意进取的品质，独立思考的学习习惯；

4. 培养求真务实、踏实严谨的工作作风；

5. 通过学习和体验，使学生树立正确的世界观、人生观、价值观；

6. 培养学生团结协作的能力。

6.1　导向与重量平衡系统概述

导向与重量平衡系统概述

6.1.1　导向系统功能

导向系统确保电梯在运行时，轿厢和对重只能沿着导轨进行上下运动，防止它们在垂直方向上产生横向摆动和振动，从而保证电梯的平稳运行。电梯的导向系统由轿厢导向和对重导向两部分组成。

6.1.2　导向系统的组成及其位置

无论是轿厢导向系统还是对重导向系统，都由导轨、导靴和导轨支架等构成，如图6-1和图6-2所示。轿厢通过两根（或更多）导轨和对重导轨来限定轿厢与对重在井道中的相对位置；导轨支架作为导轨的支撑部件，被固定在井道壁上；导靴安装在轿厢和对重架的两侧（轿厢和对重各自至少配备4个导靴），导靴的靴衬（或滚轮）与导轨的工作面相配合，使电梯在曳引绳的牵引下，轿厢和对重分别沿着各自的导轨进行上下运动。

6.1.3　重量平衡系统

重量平衡系统由两个关键部分组成：对重子系统和重量补偿子系统。

轿厢和对重通过钢丝绳分别悬挂在曳引轮的两侧，这种设计确保了曳引力的产生，并相对平衡了轿厢和对重的重量，从而有效减少了电梯所需的驱动力，这一部分被称为对重子系统。

此外，曳引钢丝绳连接轿厢和对重，随着楼层高度的增加，钢丝绳的长度也随之增加，

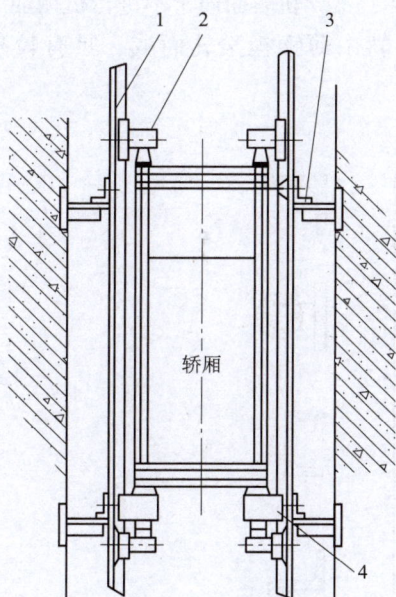
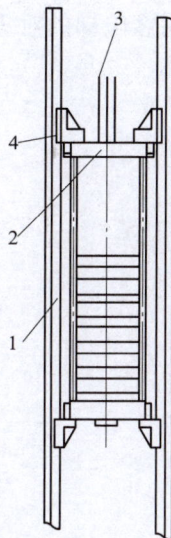

图 6-1 电梯结构图　　　　　　　　　　图 6-2 电梯结构图
1—导轨；2—导靴；3—导轨支架；4—安全钳　　1—导轨；2—对重；3—曳引绳；4—导靴

而钢丝绳本身的重量也不容忽视。随着轿厢的运行，钢丝绳的重量、位置也在不断变化。为了补偿这种变化对电梯运行的影响，采用了连接在轿底和对重底的补偿链，以实现两侧重量的补偿。

这两个部分共同构成了电梯的重量平衡系统，确保了电梯曳引传动系统的正常运行，使电梯的运行既平稳又可靠。

6.2 导轨

导轨

6.2.1 导轨的作用

1）导轨用于引导轿厢和对重在垂直方向上的运动，同时限制它们的活动自由度。轿厢和对重的运动导向分别由各自的导轨实现，通常轿厢使用的导轨尺寸略大于对重使用的导轨。

2）当安全钳启动时，导轨作为固定在井道内的支承件，承受轿厢或对重产生的强烈制动力，确保轿厢或对重能够可靠制停。

3）导轨有助于防止轿厢因偏载而产生倾斜，保证轿厢的平稳运行并减少振动。

6.2.2 导轨的种类和标识

钢质导轨通常通过机械加工或冷拔加工制成，常见的导轨及横截面形状如图 6-3 所示。
在电梯中，T 型导轨［见图 6-3（a）］被广泛使用。然而，对于货梯的对重导轨和额定速度低于 1 m/s 的客梯对重导轨，通常采用 L 型导轨［见图 6-3（b）］。图 6-3（c）、图 6-3（d）、

图 6-3（e）通常用于速度低于 0.63 m/s 的电梯，其导轨表面通常不进行机械加工。图 6-3（f）、图 6-3（g）是冷轧成型的导轨。f 型空心导轨由薄钢板滚轧而成，具有较高的精度和一定的刚度，常作为乘客电梯的对重导轨使用。

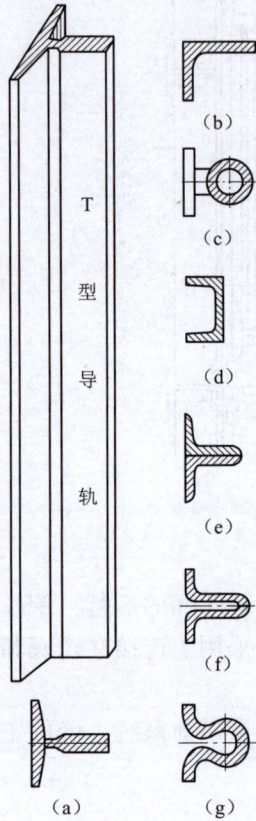

图 6-3　常见的导轨及横截面形状

6.2.3　电梯 T 型导轨

1. T 型导轨标识

目前，电梯普遍采用的轿厢侧导轨是根据 GB/T 22562—2008《电梯 T 型导轨》标准生产的 T 型导轨。这种导轨具有出色的抗弯曲能力和易于加工的特点。其型号的构成如图 6-4 所示。

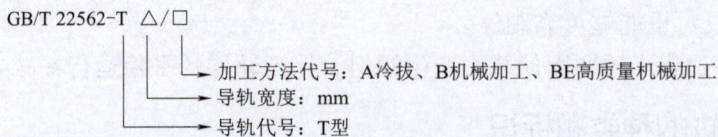

图 6-4　T 型导轨型号的构成

标准定义的导轨宽度指的是导轨底部宽度的圆整值，并在必要时为具有相同宽度底部但不同剖面的导轨标注不同的编号。导轨的规格包括 45、50、70、75、78、82、89、90、

114、125、127-1、127-2、140-1、140-2、140-3。

例如："电梯导轨 GB/T 22562-T82/A""电梯导轨 GB/T 22562-T125/BE""电梯导轨 GB/T 22562-T127-1/B"。

2. T 型导轨的技术特性、尺寸和公差

以底部上表面倾斜的冷拔导轨为例，T 型导轨尺寸标注符号名称和单位如表 6-1 所示，尺寸标注图如图 6-5 所示，技术特性如表 6-2 所示，尺寸和公差如表 6-3 所示。

表 6-1 T 型导轨尺寸标注符号名称和单位

符号	名称	单位
b_1	导轨宽度	mm
b_2	连接板宽度	mm
b_3	孔距	mm
c	导轨底部至导向面之间连接部位的宽度	mm
d	孔的直径	mm
d_1	锪孔的直径	mm
e	导轨底面到导轨重心距离	cm
f	导轨底部根部壁厚	mm
g	导轨横截面底部端部厚度	mm
h	为安装连接板而设立的加工面到导轨顶面的高度	mm
h_1	导轨高度	mm
I_{x-x}	导轨横截面对 $x-x$ 轴的惯性矩	cm^4
I_{y-y}	导轨横截面对 $y-y$ 轴的惯性矩	cm^4
i_{x-x}	导轨横截面对 $x-x$ 轴的惯性半径	cm
i_{y-y}	导轨横截面对 $y-y$ 轴的惯性半径	cm
k	导轨导向面宽度	mm
l	为安装连接板而设立的加工面的长度	mm
l_m	为安装连接板而设立的加工面与非加工面之间接合处的最大越程	mm
l_g	导轨的长度	mm
l_1	连接板长度	mm
l_{2g}	在导轨的纵向，导轨端部至最远孔中心线的距离	mm
l_{21}	在连接板纵向，从连接件纵向中心线至最远孔中心线的距离	mm
l_{3g}	在导轨的纵向，导轨端部至最近孔中心线的距离	mm
l_{31}	在连接板纵向，从连接件纵向中心线到最近孔中心线的距离	mm
m_1	导轨榫槽的宽度	mm
m_2	导轨榫的宽度	mm
n	导向面高度	mm
p	导轨底部厚度	mm

续表

符号	名称	单位
q_1	导轨单位长度质量	kg/m
r_s	导轨底部圆角半径	mm
Ra	表面粗糙度	μm
S	导轨的横截面积	cm^2
t_n	几何尺寸的 t_1 至 t_n 的公差	mm
u_1	导轨榫槽的深度	mm
u_2	导轨榫槽的高度	mm
v	连接板最小厚度	mm
W_{x-x}	对 $x-x$ 轴的截面模量	cm^3
W_{y-y}	对 $y-y$ 轴的截面模量	cm^3

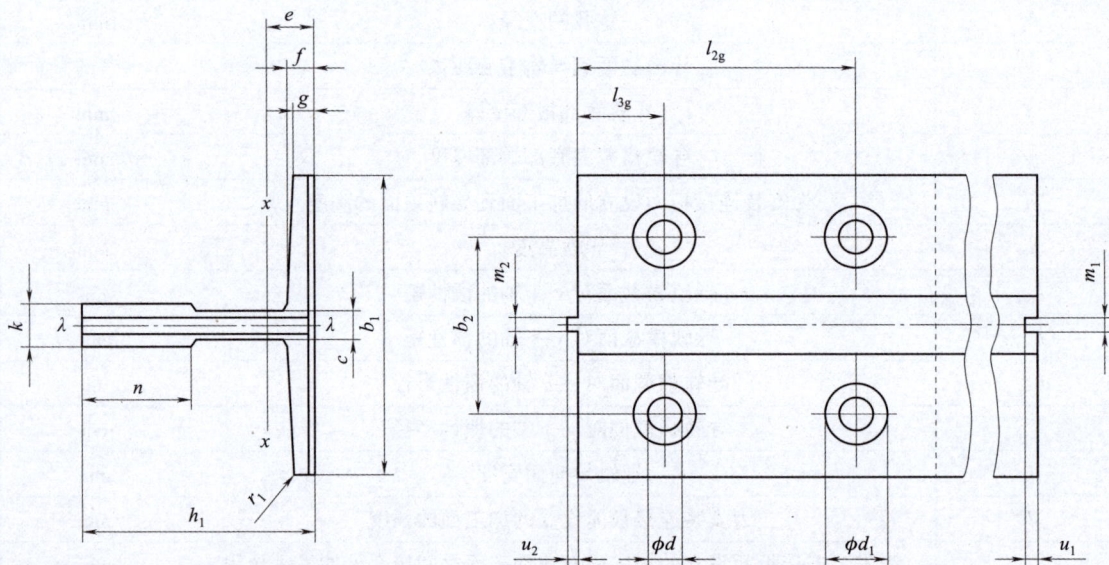

图 6-5 底部上表面倾斜的冷拔导轨尺寸

表 6-2 底部上表面倾斜的冷拔导轨的技术特性

型号	$S/$ cm^2	$q_1/$ (kg·m^{-1})	$e/$ cm	$I_{x-x}/$ cm^4	$W_{x-x}/$ cm^3	$i_{x-x}/$ cm	$I_{y-y}/$ cm^4	$W_{y-y}/$ cm^3	$I_{y-y}/$ cm
T70/A	9.400	7.379	2.034	40.95	9.169	2.087	18.86	5.389	1.417
(T75/A)	10.91	8.564	1.861	40.29	9.286	1.921	26.47	7.060	1.557
T82/A	10.91	8.564	1.998	49.31	10.27	2.126	30.17	7.358	1.663
(T89/A)	15.77	12.38	2.032	59.83	14.35	1.948	52.41	11.78	1.823
(T90/A)	17.25	13.54	2.612	102.00	20.86	2.431	52.48	11.66	1.744

表 6-3　底部上表面倾斜的冷拔导轨的尺寸和公差　　　　　　　　　mm

型号和公差	b_1	h_1	k	n	c	f	g	m_1	m_2	u_1	u_2	d	d_1	b_3	l_{2g}	l_{3g}	r_s
T70/A	70	65	9	34	6	8	6	3.00	2.97	3.5	3.00	13	26	42	105	25	1.5
(T75/A)	75	62	10	30	8	9	7	3.00	2.97	3.5	3.00	13	26	42	105	25	1.5
T82/A	82	68	9	34	7.5	8.25	6	3.00	2.97	3.5	3.00	13	26	50.8	81	27	3
(T89/A)	89	62	16	34	10	11.1	7.9	6.40	6.37	7.14	6.35	13	26	57.2	114.3	38.1	3
(T90/A)	90	75	16	42	10	10	8	6.40	6.37	7.14	6.35	13	26	57.2	114.3	38.1	4
公差	±1.5	±0.1	+0.1 0	+3 0	—	±0.75	±0.75	+0.06 0	0 -0.06	±0.10	±0.10	—		±0.2	±0.2	±0.2	—

注：l_{2g}、l_{3g}、d 和 b_3 与连接板的 l_{21}、l_{31}、d 和 b_3 的尺寸及公差相同。

　　T 型导轨的基本几何公差与导向面相关，如表 6-4 和图 6-6 所示。对于导向面的顶部，位置度 l 和平面度 $t/500$ 的几何公差定义了相对于公共基准平面 $C—D$ 的公差带，其中导向面的顶部包含在这个公差带中。

　　类似地，导向面侧面的对称度 t 和平面度 $t/500$ 的几何公差定义了相对于公共基准中心平面 $A—B$ 的公差带。

　　与 $t/500$ 相比，t 的最大值允许导轨产生较大的弯曲变形，但 $t/500$ 的值限制了局部弯曲变形的幅度和长度。

表 6-4　5 000 mm 长导轨的几何公差

符号	公差				单位	相关尺寸
	导轨类别					
	/A		/B	/BE		
	两面平行	上表面倾斜				
t_2	7	7	5	2	mm	导向面位置度和垂直度
$t_3/500$	0.7	0.7	0.5	0.2	mm/mm	导向面平面度
t_4	—	0.2	0.1	0.05	mm	榫和榫槽的对称度
t_5	+0.06 0	+0.06 0	+0.06 0	+0.03 0	mm	榫槽宽：m_1
t_6	0 -0.06	0 -0.06	0 -0.06	0 -0.03	mm	榫宽：m_2
t_7	±0.15	+0.1 0	+0.1 0	+0.05 0	mm	导向面宽度：k
t_8	0.4	0.4	0.2	0.1	mm	为安装连接板而设立的加工面的垂直度
t_9	—	±0.1	±0.1	±0.05	mm	导轨高度：h_1 为/A 类，h_2 为/B 或/BE 类
t_{10}	0.2	0.2	0.1	0.05	mm	榫和榫槽的垂直度
t_{13}	—	0.16c	0.16c	0.16c	mm	导轨底部至导向面之间连接部位的宽度的对称度
t_{18}	0.4	0.2	0.2	0.1	mm	导向面顶面和侧面的垂直度

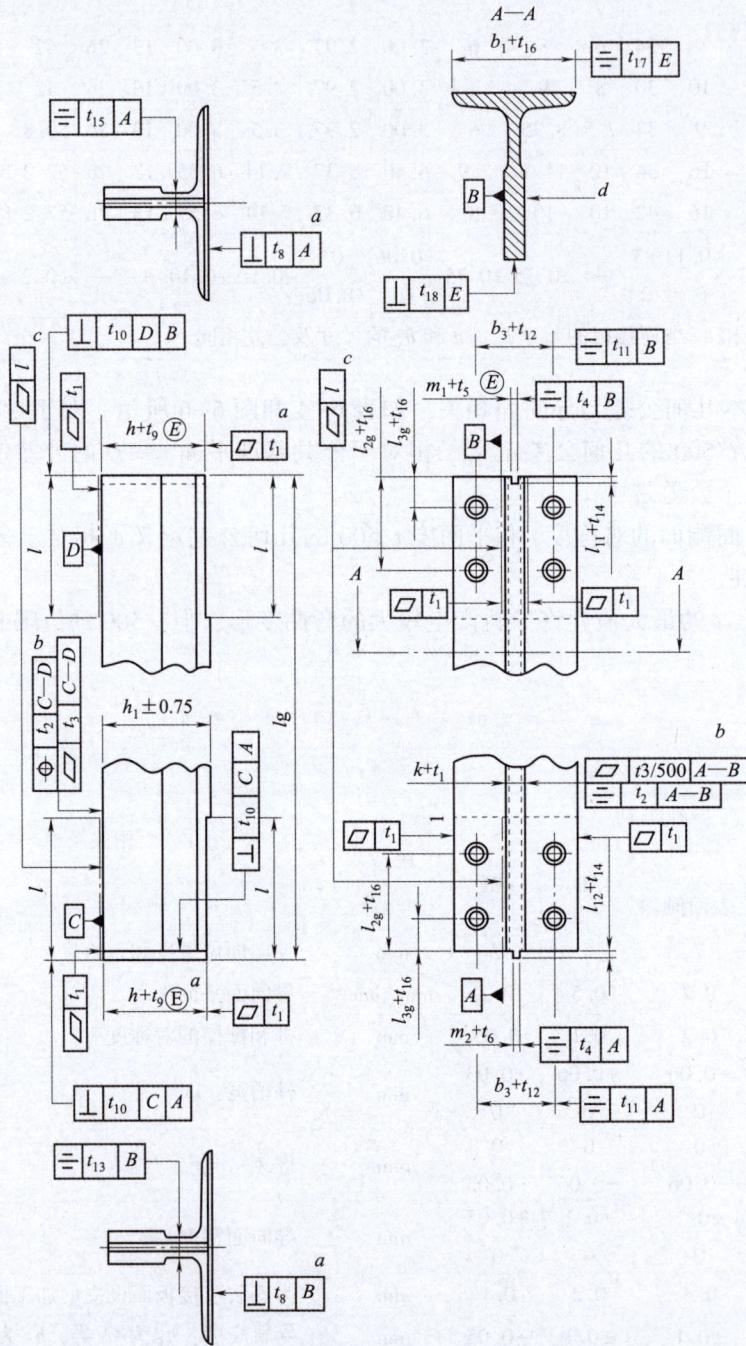

图 6-6 5 000 mm 长导轨的几何公差

a 在 l 上；　　c 公共区域
b 在 lg-21 上；　d 所有截面

3. T型导轨的技术性能要求

（1）导轨的材质

由于导轨需承载电梯轿厢的偏重力、制动带来的冲击力以及安全钳在紧急制动时的冲击力等因素，故导轨必须具备充足的强度和韧性，以确保在强烈冲击下不会出现断裂现象。根据 GB/T 22562—2008《电梯 T 型导轨》标准，导轨选用的基础材料抗拉强度应介于 370 N/mm² 至 520 N/mm²，推荐采用 Q235 钢材作为基础材料。对于机械加工导轨的钢材，其抗拉强度应≥410 N/mm²。此外，连接板的材料抗拉强度不应弱于导轨材料的抗拉强度。

（2）导轨导向面的粗糙度

导轨导向面的粗糙程度会直接作用于导靴在导向面上的滑动性能，同时也关系到润滑油的保持能力，进而影响电梯轿厢的运行品质。在 GB/T 22562—2008《电梯 T 型导轨》标准中，对导轨表面粗糙度的具体要求如表 6-5 所示。

表 6-5 导轨的表面粗糙度

导轨类别	导向面粗糙度	
	方向	
	纵向	横向
/A	1.6 μm≤Ra≤6.3 μm	1.6 μm≤Ra≤6.3 μm
/B	Ra≤1.6 μm	0.8 μm≤Ra≤3.2 μm
/BE	Ra≤1.6 μm	0.8 μm≤Ra≤3.2 μm

4. T型导轨连接板尺寸以及性能要求

连接板的材质与导轨材质的钢材编号一致，其采用的钢材基础材料之抗拉强度不得低于导轨所用钢材基础材料的抗拉强度。连接板与导轨底部接触面的平面度应不超过 0.20 mm，同时该接触面的表面粗糙度 Ra 需控制在 25 μm 以内。在加工连接板孔洞的过程中，必须确保操作不会引起连接板的裂痕或形变。T 型导轨连接板的尺寸及其尺寸和公差如图 6-7 和表 6-6 所示。

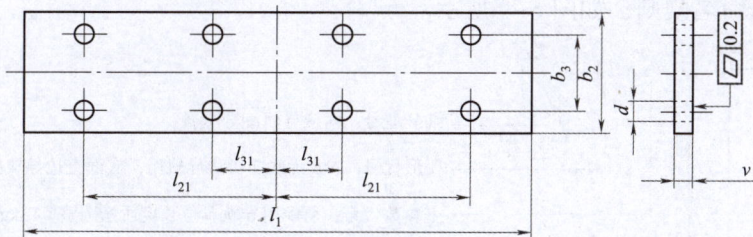

图 6-7 T 型导轨连接板尺寸

表 6-6 T 型导轨连接板尺寸和公差

型号和公差	d	l_1	l_{21}	l_{31}	b_2	b_3	v
（T75/B）	13	250	105	25	70	42	10
T89/B	13	305	114.3	38.1	90	57.2	13

续表

型号和公差	d	l_1	l_{21}	l_{31}	b_2	b_3	v
（T127-1/B）	17	305	114.3	38.1	130	79.4	18
（T127-1/BE）	17	305	114.3	38.1	130	79.4	28
T127-2/B	17	305	114.3	38.1	130	79.4	18
T127-2/BE	17	305	114.3	38.1	130	79.4	28
公差	—	+3 0	±0.2	±0.2	—	±0.2	+3 0

6.2.4　对重和平衡重用空心导轨

1）电梯对重和平衡重设计的空心导轨的命名规则。

电梯对重和平衡重所采用的空心导轨根据其外形特征分为平底直边和折弯两种款式，而连接部件则分为实心连接件和空心连接件两种款式。这类导轨适用于不需要安装安全钳的电梯对重系统。

导轨及其连接件的命名体系由类别、组别、款式代号等主要参数、变形代号以及详细型号构成，具体命名规则如图 6-8 所示。

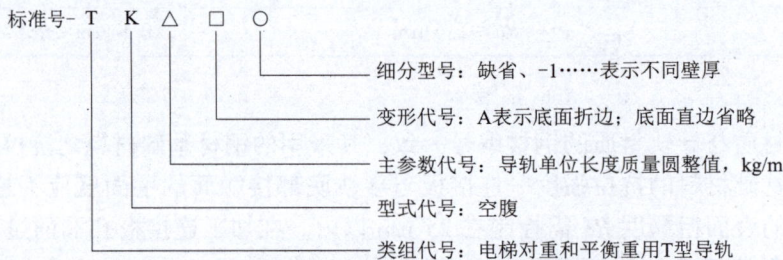

标准号-T K △ □ ○

- 细分型号：缺省、-1……表示不同壁厚
- 变形代号：A表示底面折边；底面直边省略
- 主参数代号：导轨单位长度质量圆整值，kg/m
- 型式代号：空腹
- 类组代号：电梯对重和平衡重用T型导轨

图 6-8　空心导轨型号具体命名规则

连接件型号命名规则，如图 6-9 所示。

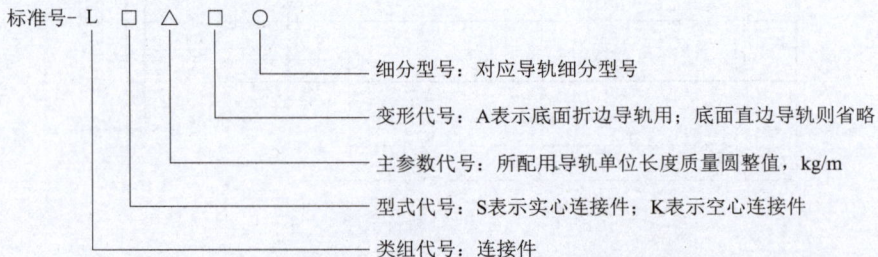

标准号-L □ △ □ ○

- 细分型号：对应导轨细分型号
- 变形代号：A表示底面折边导轨用；底面直边导轨则省略
- 主参数代号：所配用导轨单位长度质量圆整值，kg/m
- 型式代号：S表示实心连接件；K表示空心连接件
- 类组代号：连接件

图 6-9　连接件型号命名规则

标记示例：

1）5 kg/m 底面直边对重和平衡重用空心导轨：

导轨 GB/T 30977-TK5

2）5 kg/m 壁厚 3.0 mm 的底面折边对重和平衡重用空心导轨：

导轨 GB/T 30977-TK5A-1

3）3 kg/m 底面折边对重和平衡重用空心导轨：

导轨 GB/T 30977-TK3A

4）导轨 GB/T 30977-TK5 用空心连接件：

连接件 GB/T 30977-LK5

5）导轨 GB/T 30977-TK5A-1 用实心连接件：

连接件 GB/T 30977-LS5A-1

6）导轨 GB/T 30977-TK3A 用实心连接件：

连接件 GB/T 30977-LS3A

2）针对电梯对重和平衡重的空心导轨，其型号及相关的技术规格，空心导轨的尺寸如表 6-7 所示，技术规格如表 6-8 所示。空心导轨的横截面与连接孔位如图 6-10 所示，连接件尺与连接孔位如图 6-11 所示，而导轨与连接部件的公差标准则列于表 6-9 和表 6-10 中。

表 6-7 空心导轨符号名称和相应的计量单位

符号	名称	单位
b_1	导轨底面宽度	mm
b_2	连接件底面宽度	mm
b_3	连接横向孔距	mm
c	导轨顶平面的宽度	mm
d	孔的直径	mm
e	导轨底面到导轨重心距离	cm
f	导轨壁厚	mm
h_1	导轨高度	mm
h_2	导轨底部折边高度	mm
h_3	连接件高度	mm
$I_x x$	导轨横截面对 X-X 轴的惯性矩	cm^4
I_{yy}	导轨横截面对 Y-Y 轴的惯性矩	cm^4
i_{xx}	导轨横截面对 X-X 轴的惯性半径	cm
i_{yy}	导轨横截面对 Y-Y 轴的惯性半径	cm
k	导轨导向面宽度	mm
L_1	连接件长度	mm
L_2	在导轨的纵向，导轨端部至最远孔中心线的距离；或从连接件纵向中心线至最远孔中心线的距离	mm
L_3	在导轨的纵向，导轨端部至最近孔中心线的距离；或从连接件纵向中心线到最近孔中心线的距离	mm

符号	名称	单位
n	导向面高度	mm
k_1	连接件宽度	mm
P	实心连接件底部厚度	mm
q	导轨单位长度质量	mm
r_1	导轨底部圆角半径	mm
r_2	连接件底部圆角半径	mm
S	导轨的横截面积	cm^2
u	空心连接件板料厚度	mm
W_{xx}	对 X-X 轴的截面模量	cm^3
W_{yy}	对 Y-Y 轴的截面模量	cm^3
α	n 段导向面与同侧底面间的夹角	

表 6-8 导轨型号与技术参数

型号	S/cm^2	q/(kg·m^{-1})	e/cm	I_{xx}/cm^4	W_{xx}/cm^3	i_{xx}/cm	I_{yy}/cm^4	W_{yy}/cm^3	i_{yy}/cm
TK3	3.88	3.05	2.10	16.43	4.21	2.06	12.09	2.78	1.76
TK5	5.76	4.52	2.09	23.47	6.00	2.02	17.90	4.11	1.76
TK8	10.73	8.42	3.00	77.49	15.50	2.69	42.42	8.48	1.99
TK3A	4.33	3.40	2.11	17.59	4.52	2.02	13.66	3.50	1.78
TK5A-1	5.80	4.55	2.12	22.86	5.89	1.99	17.50	4.49	1.74
TK5A	6.16	4.84	2.12	24.14	6.22	1.98	18.37	4.71	1.73

表 6-9 导轨主要尺寸参数   mm

型号	b_1	c	f	h_1	h_2	k	n	l_2	l_3	d	r_1	a
TK3	87±1.00	≥1.8	2	60	3	16.4	25	180	20	14	3	90°
TK5	87±1.00	≥1.8	3	60	4.5	16.4	25	180	20	14	3	90°
TK8	100±2.00	≥4	4.5	80	4.5	22	30	200	25		6	90°
TK3A	78±1.00	≥1.8	2.2	60	10	16.4	75	75	25	11.5	3	90°
TK5A-1	78±1.00	≥1.8	3	60	10	16.4	75	75	25	11.5	3	90°
TK5A	78±1.00	≥1.8	3.2	60	10	16.4	75	75	25	11.5	3	90°
公差			+0.29 -0.15	0 -0.50		±0.40		±0.50	±0.30			+60′ +20′

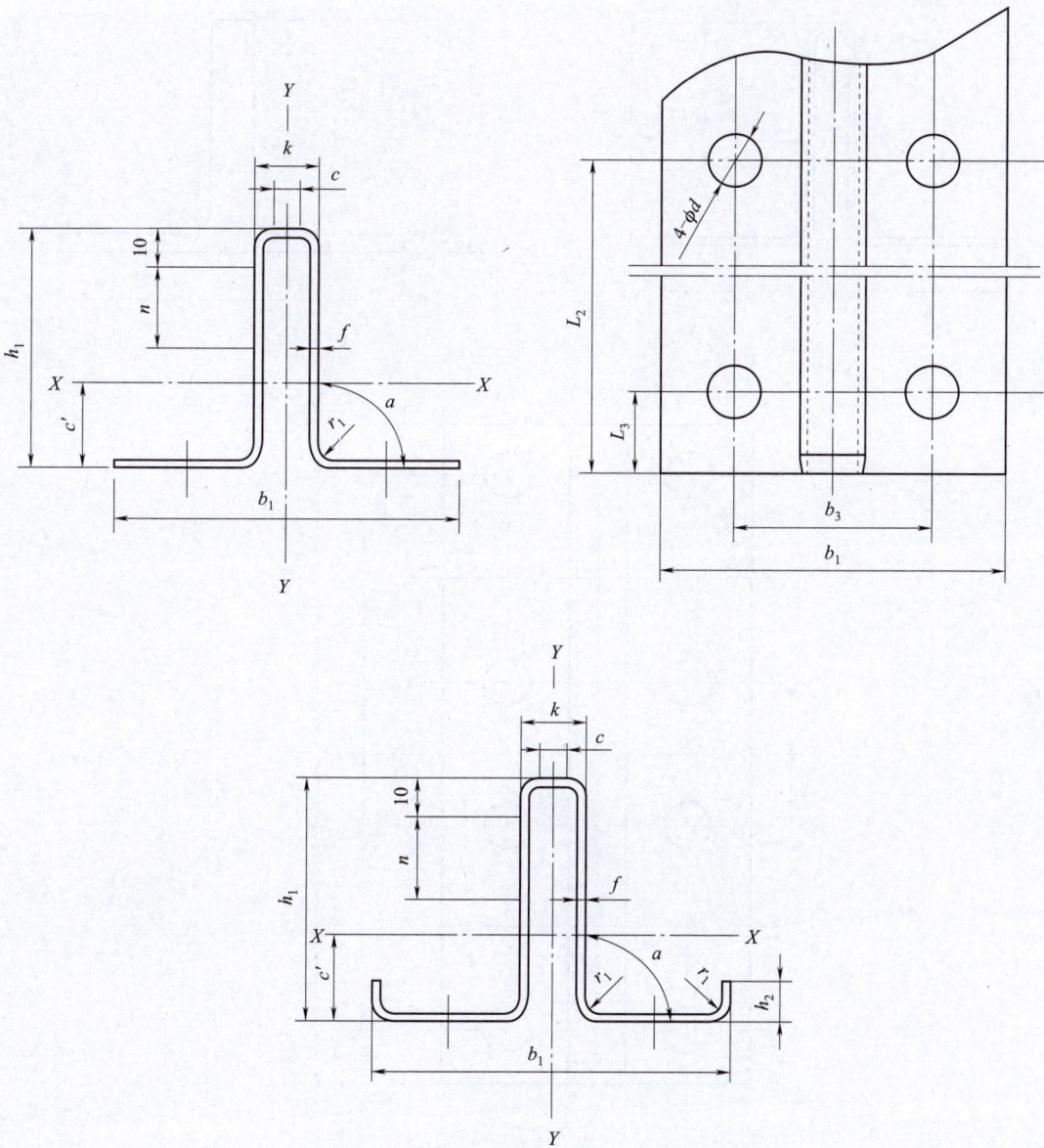

图 6-10 导轨横截面与连接孔位尺寸

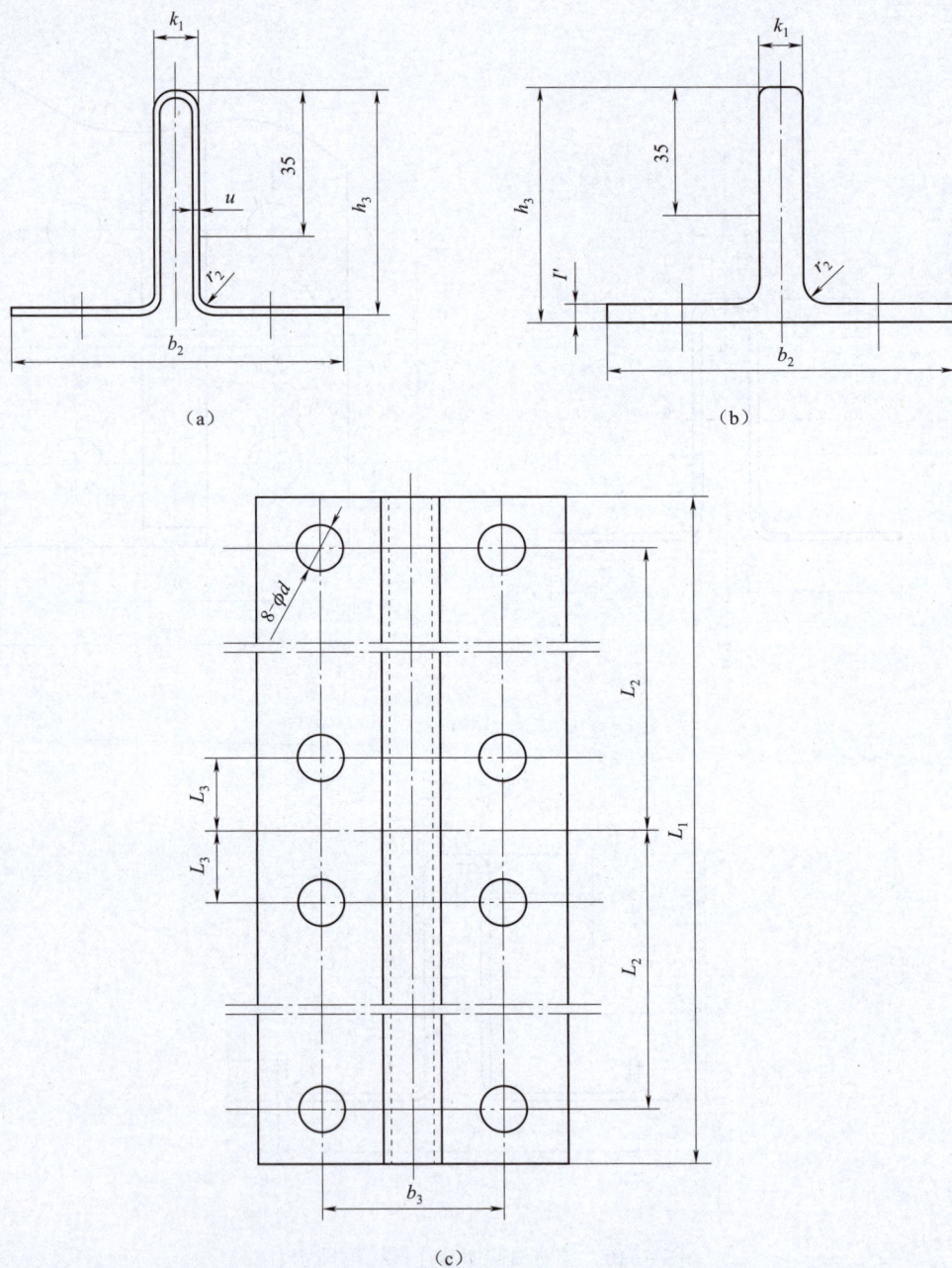

（a）

（b）

（c）

图 6-11 空心与实心连接件横截面及连接件孔位尺寸

（a）空心连接件截面示例；（b）实心连接件截面示例；（c）连接件孔位尺寸

表 6-10　连接件尺寸和公差　　　　　　　　　　　　　　mm

型号	b_2	h_3	k_1	u	p	b_3	r_2	d	l_1	l_2	l_3
LK3（LS3）	87	50	12	3		50	4		400	180	20
LK5（LS5）		58	10	4.5	4.5		5	14			
LK8（LS8）	102	76	12.6	4.5		64	5		450	200	25
LK3A（LS3A）		50	12	3			4				
LK5A-1（LS5A-1）	78	58	10.4	4.5	4.5	44	5	11.5	200		25
LK5A（LS5A）		58	10	4.5	4.5		5				
公差		±0.20				±0.5			±1.5	±0.5	±0.3

　　对重导轨应选用机械性能不逊于 Q235A 等级的钢板，连接件的材料强度需符合或超过导轨材料强度的标准。导轨的制作应采用冷弯工艺。空心连接件建议采用冷弯工艺进行制造，而实心连接件则推荐通过机械加工和焊接等工艺来制造。导轨和连接件应无裂纹、划伤、毛刺及其他瑕疵；镀锌层不得出现起皮、起泡和脱落现象；凹面处的麻点每米长度内不超过 5 个，且累计面积不超过 1 cm²。镀锌层的厚度不得低于 6 μm。导轨导向面的纵向和横向表面粗糙度均需达到 $Ra\leqslant6.3$ μm。连接件连接面的表面粗糙度应为 $Ra\leqslant12.5$ μm。在导轨顶面与导向面 5 m 范围内，沿导轨长度方向的扭曲度在两侧导向面上不得超过 2.0 mm，在顶面导向面上也不得超过 2.0 mm，具体如图 6-12 所示。导轨导向面全长度以及任意 1 m 间距的相对扭曲度不得超过 1.0 mm，如图 6-13 所示。导轨端面对同侧 200 mm 长度内底面的垂直度偏差不应超过 0.30 mm，如图 6-14 所示；导轨底面两端边相对于导向面中心线的垂直度偏差不应超过 0.30 mm，如图 6-15 所示。导轨两端各 200 mm 长度内导向面中心线相对于导轨底平面的垂直度偏差不应超过 0.20 mm，如图 6-16 所示。连接件同侧的两个连接面垂直度偏差不应超过 0.6mm，如图 6-17 所示。

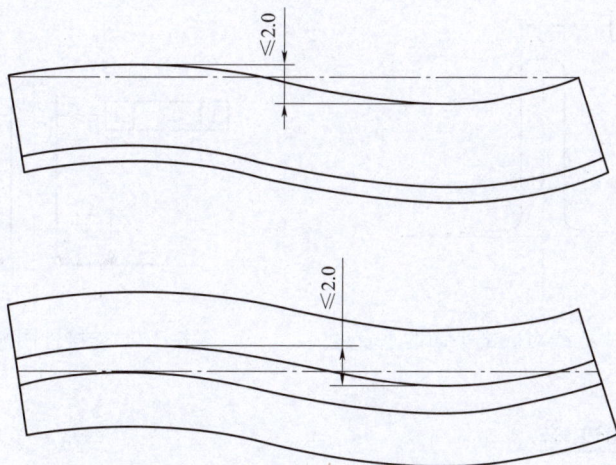

图 6-12　顶面、导向面扭曲度

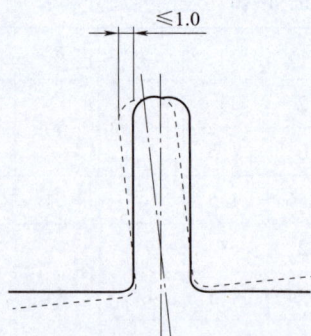

图 6-13　导向面相对扭曲度（实线与虚线为相对扭曲度最大的 2 个横截面的简图）

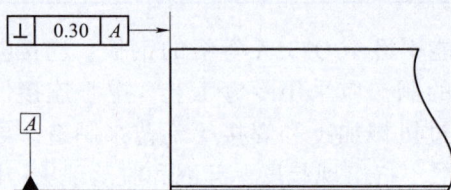

图 6-14　端面对底平面垂直面

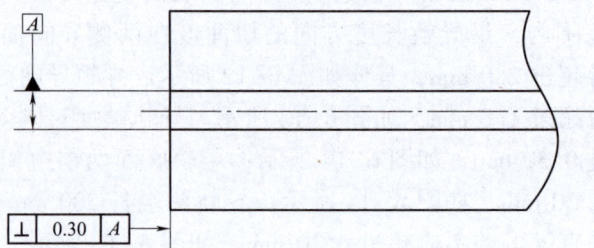

图 6-15　底面端边对导向面中心线垂直度

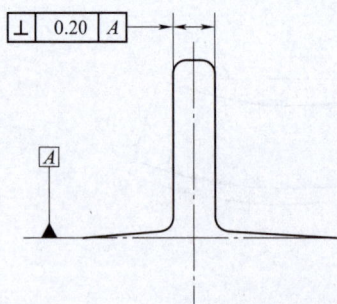

图 6-16　导向面中心线对底部平面的垂直度

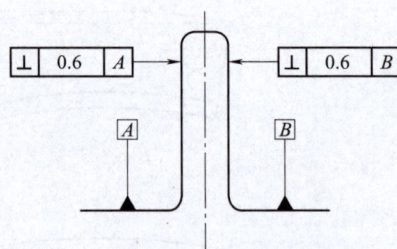

图 6-17　连接件同侧连接面垂直度

6.2.5　导轨的连接

根据国家标准，每根 T 型导轨的标准长度通常为 3~5 m，这些导轨在井道空间内是从下到上安装的。因此，需要将两根导轨的端部加工成凹凸相配的榫槽结构，如图 6-18 所示，以便它们能够相互对接，并用连接板将两根导轨牢固地连接起来，如图 6-19 所示。连接板的宽度需与导轨匹配，其长度和厚度则随导轨宽度的不同而有所变化；导轨越宽，连接板的长度和厚度也应相应增加。在接头处，不应出现连续的缝隙（但可允许不超过 0.5mm 的局部缝隙），接头处的强度和刚性应能承受电梯的偏重力和安全钳动作时的冲击力，这些性能与连接板的厚度、连接螺栓的直径和数量、连接板与导轨螺栓孔的尺寸等因素有关。每根导轨的端部至少需要四个螺栓与连接板固定，如图 6-20 所示。导轨的安装质量会直接影响电梯的运行表现。

图 6-18　导轨端部的榫头和榫槽

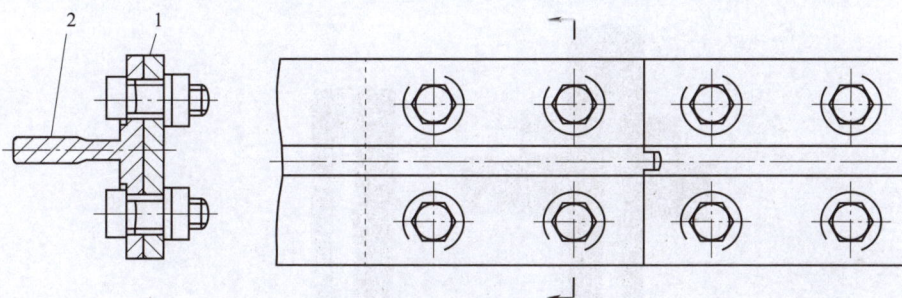

图 6-19　导轨之间的连接

1—连接扳；2—导轨

图 6-20　导轨连接固定

127

6.3　导轨支架

导轨支架

导轨支架的功能是承载导轨。首先将电梯轿厢和对重的导轨支架牢固地安装在井道墙壁上，然后将轿厢和对重导轨分别固定在这些相应的导轨支架上。导轨支架负责确定导轨的空间位置，并承担导轨传递的各种力量，因此导轨支架需要具备良好的刚性，不易发生形变，且固定要稳固可靠。通常在井道内每隔 2~2.5 m 安装一个导轨支架，每根导轨至少配备两个导轨支架。

导轨支架分为轿厢导轨支架和对重导轨支架两类，在乘客电梯中，轿厢所用的金属导轨支架通常采用如图 6-21 所示的设计。导轨支架的固定方式包括对穿螺栓固定、预埋螺栓固定、埋入式固定、焊接式固定、膨胀螺栓式固定等，如图 6-22 所示。用于固定导轨的金属导轨支架不仅需要具备一定的强度，同时也需要具备一定的调节能力，以补偿电梯井道修建过程中可能出现的误差。

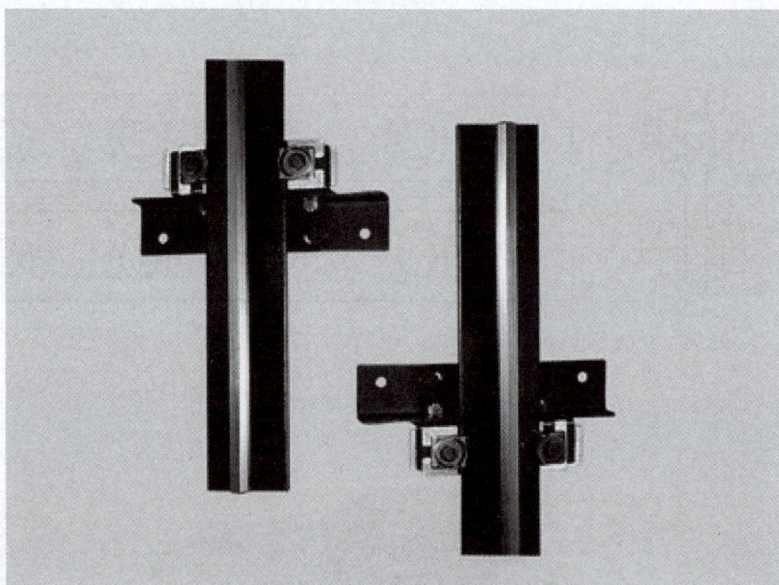

图 6-21　导轨支架

轿厢和对重导轨在导轨支架上必须使用压导板进行固定，这样做是为了便于应对建筑物自然沉降、混凝土收缩以及建筑误差等因素所引发的问题。

使用图 6-23 所示的压导板，应配用的螺栓如图 6-24 所示。

如图 6-25 展示的是使用压导板将导轨固定在金属导轨支架上的情形。

图 6-23 所示的压导板，在电梯安装过程中能够对一定范围内的导轨形变进行矫正，然而它无法适应建筑物的自然沉降或混凝土收缩等情况，一旦这些情况出现，导轨可能会发生形变，进而影响电梯的正常运作。这类压导板通常适用于建筑物高度较低、电梯速度不快的场合。

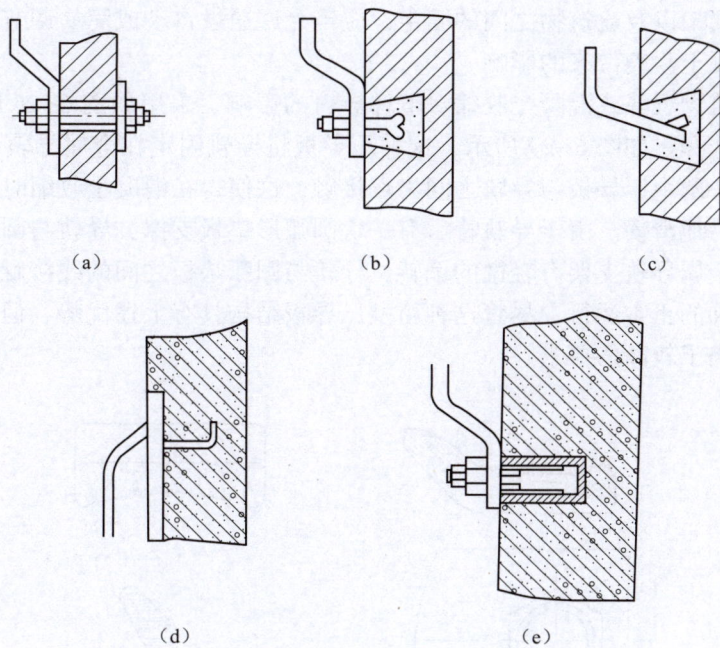

图 6-22　导轨支架固定方式

（a）对穿螺栓固定；（b）预埋螺栓固定；
（c）埋入式固定；（d）焊接式固定；（e）膨胀螺栓式固定

图 6-23　压导板（一）

图 6-24　螺栓

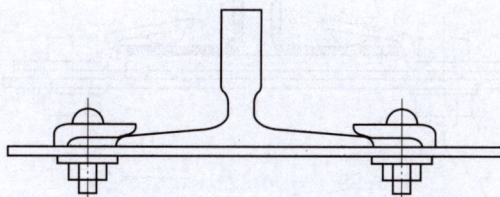

图 6-25　压导示意图（一）

导轨与导轨支架以及建筑物之间的固定，应当允许通过自动或简易调节方式来补偿建筑物自然沉降或混凝土收缩带来的影响。

为了减轻建筑物沉降或混凝土收缩对电梯导轨的影响，采用如图6-26所示的压导板结构是一个较好的选择。如图6-27所示，这种压导板将导轨固定在金属导轨支架上。使用这种压导板结构后，两个压导板与导轨之间为点接触，这使得在混凝土收缩时，导轨能够在压导板之间较为容易地滑动。由于导轨背后有一块圆弧形垫板支撑，导轨与圆弧垫板之间为线接触，因此即使金属导轨支架有轻微的偏转，导轨与圆弧垫板之间的线接触关系依旧保持稳定，不会干扰电梯的正常运行。尽管这种新型压导板结构具有上述优势，但它对导轨的加工精度和直线度提出了较高的要求。

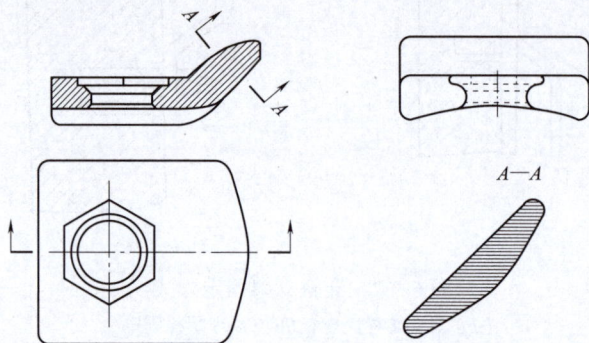

图6-26　压导板（二）

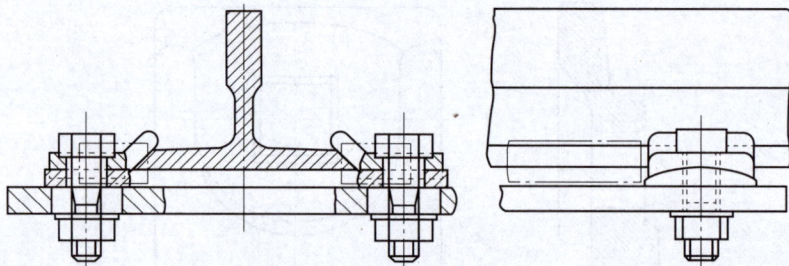

图6-27　压导示意图（二）

如图6-28展示的是一种适用于对重导轨的压导方式，其中两个压导板与导轨之间为点接触，以适应建筑物沉降或混凝土收缩对电梯导轨的影响。

图6-28　对重导轨压导示意图

6.4　导靴

6.4.1　导靴概述

1. 作用与位置

为了避免轿厢在牵引钢丝绳上发生扭转以及在不均匀负荷下的倾斜，确保电梯的轿门地坎、层门地坎、井道壁以及操纵系统的各个组件之间保持稳定的位置关系，轿厢轿架的四个角落配备了四只可以沿导轨滑行或滚动的导靴。其中两只上导靴安装在轿厢的上横梁上，而两只下导靴则固定在安全钳的底座上。

2. 构成

导靴分为滑动导靴和滚动导靴两种类型。滑动导靴通常由带有凹槽的靴头、靴身和靴座构成，在靴头的凹槽中通常会镶嵌有耐磨损的靴衬。靴头可以是固定的，也可以是活动的（浮动式）；而滚动导靴则通过三个滚轮沿着导轨进行滚动运行。

6.4.2　导靴与导轨受力分析

在电梯的正常运行状态下，导轨始终承受着与导靴相互作用的力，因为只有当轿厢和平衡重装置的悬挂中心与它们的重心完全位于同一条垂直线上时，导靴几乎不会受力。在这种情况下，载荷是垂直作用的，并且仅通过悬挂装置承担，但这种理想状态实际上几乎不会出现。在通常情况下，由于轿厢的偏载作用，导靴会与导轨保持接触，也就是说，轿厢在宽度和深度方向上的偏重力会传递到导轨上。特别是对于轿厢的导轨来说，由于轿厢的载荷总是与悬挂中心有一定的偏移，这导致轿厢导靴在运行中承受 F_x 和 F_y 两个方向的偏重力。

计算作用在导轨端工作面上的偏重力 F_x 的方法如下：

$$F_x = Qe/H$$

式中：

Q——电梯额定载重量，kg；

e——载荷在轿厢宽度方向的偏心距，mm；

H——轿厢上下导靴间距，mm。

作用在导轨侧工作面上的偏重力 F_y 的计算：

$$F_y = Qe'/2H$$

式中：

e'——载荷在轿厢深度方向的偏心距，mm；

其他符号含义同上式。

在轿厢宽度方向偏重作用下，力矩 Qe 通过轿厢对角两个导靴作用在导轨上；在深度方向，力矩 Qe' 就是以全部四个导靴作用在导轨上，故在偏心距相等时（即 $e = e'$），有 $F_y = 0.5F_x$。

6.4.3 导靴的种类

1. 导靴分类

导靴

1）按运动方式分类

滑动
- 刚性（固定式）
  - 简单型滑动导靴
    - 无靴衬
    - 有靴衬
  - 铸铁座滑动导靴
  - 焊接结构滑动导靴
- 弹性（浮动式）
  - 弹簧式滑动导靴
  - 橡胶弹簧式滑动导靴

滚动——滚动导靴

2）按靴衬结构
- 单体式——靴衬由同一种减磨材料制成（如尼龙）
- 复合式——靴衬由高强度基材和耐磨涂层制成

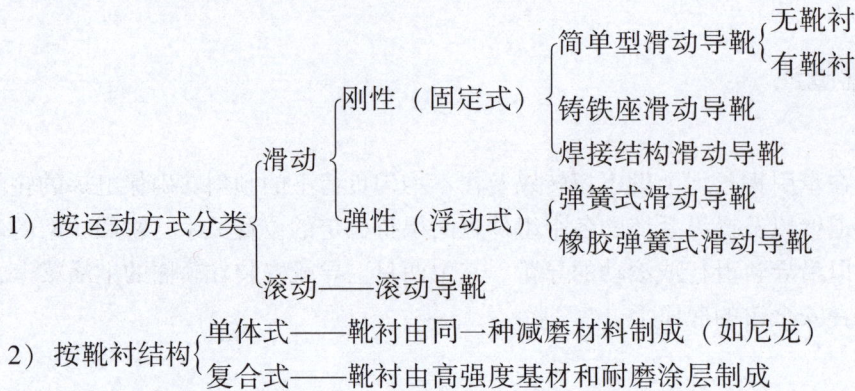

2. 刚性（固定式）滑动导靴

固定式滑动导靴的靴头是固定不动的，它通过靴头内的凹槽与导轨的工作面相配合，三个配合面需要保留一定的间隙（0.5~1.0 mm）。

（1）简单型无靴衬滑动导靴

这种导靴的结构较为简单，靴头和靴座是一体成型的，通常由一块铸铁经过刨削加工制作而成，如图 6-29 所示。这种导靴的靴头凹槽与导轨的接触面需要达到较高的加工精度和较低的表面粗糙度，并且需要定期涂抹适量的润滑油脂，以增强其润滑性能。

（2）带靴衬的简单型滑动导靴

这种导靴的整体构造与简单型无靴衬滑动导靴相似，不同之处在于靴头的凹槽内镶嵌有由减磨材料如尼龙等制成的靴衬，在必要时可以单独更换靴衬，如图 6-30 所示。

固定式导靴的靴头没有可调节的部件，是固定不动的。导靴与导轨之间必须保持一定的间隙，随着使用时间的增加，这个间隙会变得越来越大，可能导致轿厢在运行时产生摇晃甚至冲击。因此，固定式导靴仅适用于额定速度不超过 0.63 m/s 的轿厢或对重装置。

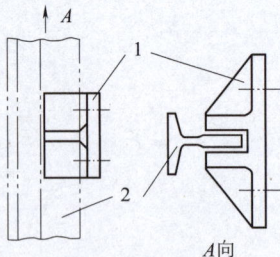

图 6-29 简单型无靴衬滑动导靴
1—导靴；2—导轨

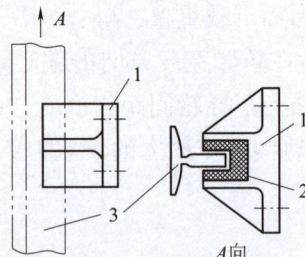

图 6-30 简单型有靴衬滑动导靴
1—导靴；2—尼龙靴衬；3—导轨

简单型滑动导靴外观如图6-31所示。

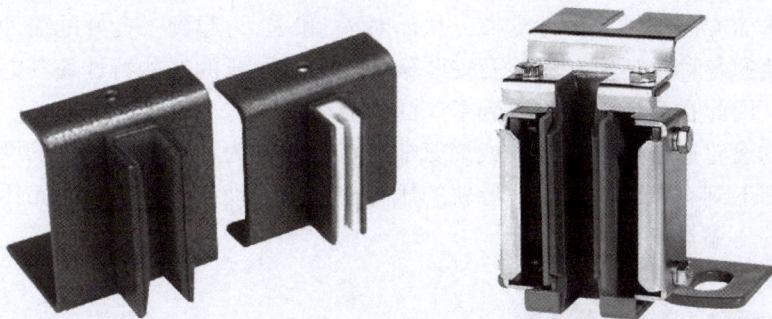

图6-31 简单型滑动导靴外观

3. 弹性（浮动式）滑动导靴

这类导靴包括弹簧式滑动导靴（见图6-32）和橡胶弹簧式滑动导靴（见图6-33），弹性滑动导靴由靴座、靴头、靴衬、靴轴、压缩弹簧或橡胶弹簧、调节套件或调节螺母等部件构成。靴头是可浮动的，在弹簧力的作用下，靴衬底部始终紧贴在导轨的端面上，这样可以使轿厢保持较为稳定的水平状态，并且在运行过程中能够吸收振动和冲击。弹性滑动导靴在运行时需要润滑，这不仅可以减少摩擦阻力，还能延长靴衬的使用寿命，同时降低运行噪声，提升电梯运行的舒适度。这种导靴适用于额定速度在1 m/s以下的电梯。

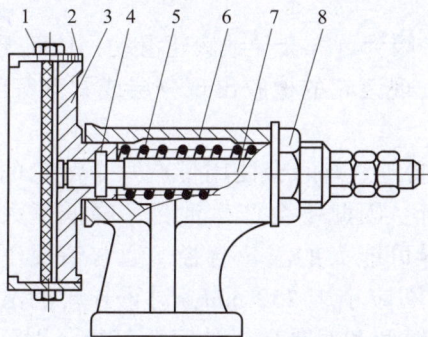

图6-32 弹簧式滑动导靴
1—靴衬；2—座盖；3—靴头；4—销；
5—弹簧；6—靴座；7—靴轴；8—六角扁螺母

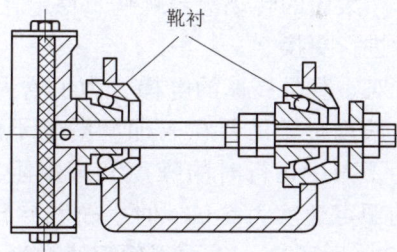

图6-33 橡胶弹簧式滑动导靴

4. 滚动导靴

无论是铸铁还是尼龙等高分子耐磨材料制成的靴衬，在刚性滑动导靴和弹性滑动导靴的电梯运行过程中，靴衬与导轨之间总会存在摩擦力，且间隙会因磨损而逐渐增大。这一现象不仅加重了曳引机的负担，也是导致轿厢运行时产生振动和噪声的一个因素。为了降低导靴与导轨之间的摩擦力，节约能源，并提升乘坐的舒适度，在运行速度$V>2.0$ m/s的高速电梯中，通常使用滚动导靴。

滚动导靴由滚轮、弹簧、靴座、摇臂等部件构成，如图6-34所示。滚动导靴使用三个滚轮来替代滑动导靴的三个工作面，这三个滚轮在弹簧力的作用下紧贴在导轨的三个工作面上，当电梯运行时，滚轮在导轨面上滚动。

通过以滚动摩擦替代滑动摩擦，滚动导靴显著减少了摩擦损耗和能量消耗；同时，它在导轨的三个工作面方向提供了弹性支撑，从而对 F_x 和 F_y 力起到了良好的缓冲作用，并且能够自动补偿导轨的各种几何形状误差及安装偏差。滚动导靴的这些特性使其能够适应高速电梯的运行需求，因此在高速电梯中得到了广泛的应用。

滚动导靴的滚轮通常由硬质橡胶或聚氨酯材料制成，为了增加与导轨的摩擦力和降低噪声，滚轮的轮圈上刻有花纹。滚轮对导轨的压力作用与滑动导靴相似，初始压力的大小可以通过调节弹簧的压缩量来调整。

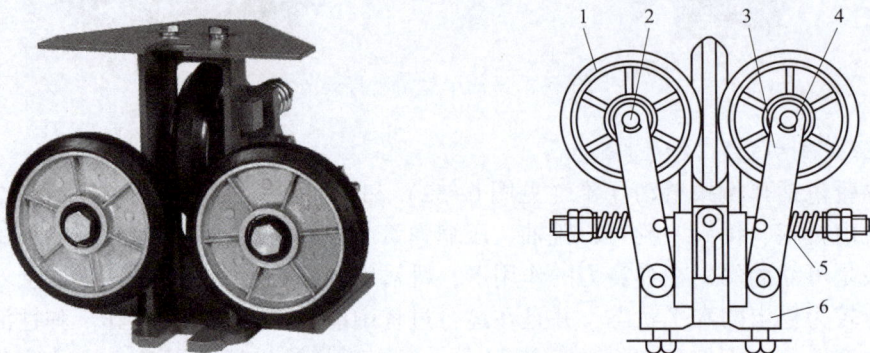

图 6-34 滚动导靴
1—滚轮；2—轮轴；3—摇臂；4—轴承；5—弹簧；6—靴座

滚动导靴不应当在导轨的工作面上涂抹润滑油，因为这样会导致滚轮滑动，从而无法正常工作；滚轮的转动应当顺畅、稳定且可靠，如果发现滚轮的橡胶出现分层或剥落等问题，就必须进行更换。

针对重载且高速的电梯，为了增强导靴的承载能力，有时会使用带有六个滚轮的滚动导靴。滚动导靴需要在未加润滑的干燥导轨上运行，因此不会产生油污，降低了火灾风险。为了减少运行时的噪声和摩擦阻力，应选择尽可能大的滚轮直径。通常情况下，当电梯的额定速度为 5 m/s 时，轿厢导靴的滚轮直径不应小于 250 mm，对重导靴的滚轮直径不应小于 150 mm；而当额定速度为 2.5 m/s 时，轿厢和对重导靴的滚轮直径分别至少应为 150 mm 和 75 mm。

6.5 重量平衡系统

重量平衡系统

6.5.1 重量平衡系统的功能及其组成

重量平衡系统的作用是确保对重与轿厢之间达到相对平衡，即便在电梯运行过程中载重量不断变化，也能使两者之间的重量差保持在较小的范围内，从而保证电梯曳引传动系统的平稳和正常运作。重量平衡系统通常由对重装置和重量补偿装置两部分构成，如图 6-35 所示。

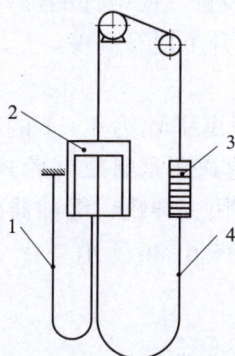

图 6-35　重量平衡系统
1—随行电缆；2—轿厢；3—对重装置；4—重量补偿装置

对重（也称为平衡重）悬挂在曳引绳的另一侧，与轿厢相对平衡，并通过曳引绳作用于曳引轮，确保有足够的驱动力。由于轿厢的载重量是变化的，所以两侧的重量不可能始终相等且处于完全平衡状态。通常情况下，只有当轿厢的载重量达到额定载重量的 50% 时，对重侧和轿厢侧才处于完全平衡，此时的载重量被称为电梯的平衡点，这时曳引绳两端的静荷重相等，电梯处于最佳工作状态。然而，在电梯运行的多数情况下，曳引绳两端的荷重是不相等且变化的，因此对重的作用只能使两侧的荷重差保持在较小范围内变化。

此外，在电梯运行过程中，当轿厢位于最低层、对重升至最高层时，曳引绳的大部分长度会转移到轿厢一侧，曳引绳的自重大部分也集中在轿厢一侧；相反，当轿厢位于最高层时，曳引绳的长度和自重大部分会转移到对重一侧。同时，电梯随行控制电缆一端固定在井道高度的中部，另一端悬挂在轿厢底部，其长度和自重也会随电梯运行而转移，这些因素都会影响轿厢和对重的平衡。特别是在电梯提升高度超过 30 m 时，两侧的平衡变化变得显著，因此必须增设重量补偿装置来控制这种变化。

重量补偿装置是悬挂在轿厢和对重底面的补偿链条或补偿绳。在电梯运行时，补偿装置长度的变化趋势与曳引绳长度变化相反，当轿厢位于最高层时，曳引绳大部分位于对重侧，而补偿链（绳）大部分位于轿厢侧；当轿厢位于最低层时，情况则相反，从而实现了轿厢一侧和对重一侧的补偿平衡。例如，在 60 m 高的建筑物内使用的电梯，使用 6 根 $\phi13$ mm 的曳引绳，其中绳的总重约 360 kg，随着轿厢和对重位置的变化，这个重量将不断在曳引轮的两侧变化，对电梯安全运行的影响是相当大的。

6.5.2　对重装置

1. 对重装置的功能

1）对重装置能够相对平衡轿厢和部分电梯载荷的重量，从而减少曳引机功率的损耗；当轿厢负载与对重相匹配时，还可以减小曳引绳与曳引轮之间的曳引力，延长曳引绳的使用寿命。

2）对重的存在确保了曳引绳与曳引轮槽之间的压力，从而保证了曳引力的产生。

3）由于曳引式电梯配备了对重装置，如果轿厢或对重撞击在缓冲器上，曳引绳对曳引轮的压力会消失，电梯将失去曳引条件，从而避免了冲顶事故的发生。

4）由于曳引式电梯设置了对重装置，使电梯的提升高度不再受强制式驱动电梯中卷筒尺寸的限制和速度的不稳定，因此提升了提升高度。

2. 对重装置的类型及其结构

对重装置通常分为无反绳轮式（曳引比为 1∶1 的电梯）和有反绳轮式（曳引比为非 1∶1 的电梯）两类。无论是无反绳轮式还是有反绳轮式的对重装置，它们的结构组成基本相同。对重装置通常由对重架、对重块、导靴、缓冲器碰块、压块以及与轿厢相连的曳引绳和反绳轮组成，各部件的安装位置如图 6-36 所示。

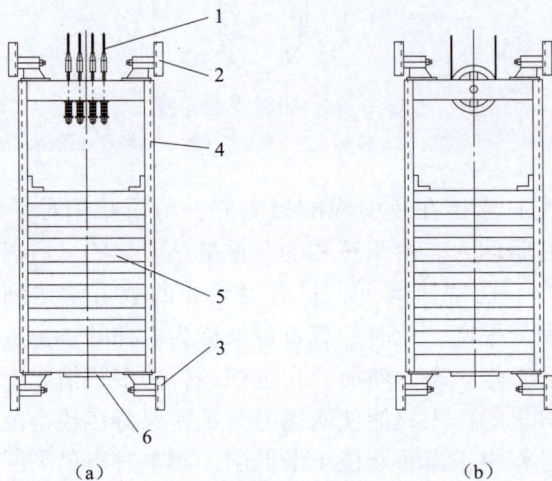

图 6-36　对重装置
（a）无反绳轮；（b）有反绳轮
1—曳引绳；2，3—导靴；4—对重架；5—对重块；6—缓冲器碰块

对重架通常由槽钢等材料制成，其高度一般不宜超过轿厢的高度，对重块由铸铁制造（部分电梯采用加重混凝土对重块），安装在对重架上后，需要用压板压紧，以防运行中移位和振动并产生噪声。

常见的对重架、对重块（砣块）规格如表 6-11 所示。

表 6-11　常见的对重架、对重块（砣块）规格

项目	规格尺寸				
对重块长度/mm	500	760	760	910	1 105
对重块宽度/mm	110	200	250	300	400
对重块厚度/mm	75	75	75	75	40
对重块质量/kg	27	71	87	125	149
对重架槽钢型号	8	14	14	18	22

注：对重块还有以质量为规格的，一般有 50 kg、75 kg、100 kg、125 kg 等几种，分别适用于 1 000 kg、2 000 kg、3 000 kg、5 000 kg 载重量的电梯。

3. 对重质量计算

对重的总质量通常以下面的基本公式计算：

$$P_D = G + QK_P$$

式中：

P_D——对重装置的总质量，kg；

G——轿厢净重，kg；

Q——电梯额定载重量，kg；

K_P——平衡系数（一般取 $0.45 \sim 0.5$）。

平衡系数的选择原则：曳引绳两端重量差的最小化，以使电梯尽可能接近最佳的工作状态。

当电梯的对重装置和轿厢侧完全平衡时，只需克服各部分的摩擦力就能运行，且电梯的运行将非常平稳，平层精度也会很高。因此，在选择平衡系数 K_P 时，应尽量使电梯经常处于接近平衡的状态。根据 GB/T 10058—2023《电梯技术条件》的规定，对于经常处于轻载状态的电梯，平衡系数 K_P 可以取 $0.4 \sim 0.45$；而对于经常处于重载状态的电梯，平衡系数 K_P 应取 0.5。这样的选择有利于节省能源，延长电梯机件的使用寿命。

【例 6.1】一部电梯额定载重量为 1 100 kg，轿厢净重为 1 400 kg，若平衡系数取 0.45，则对重装置的总质量 P_D 为多少 kg？

解：已知

$$G = 1\ 400\ \text{kg}, \quad Q = 1\ 100\ \text{kg}, \quad K_P = 0.45$$

代入下式

$$P_D = G + QK_P = 1\ 400 + 1\ 100 \times 0.45 = 1\ 895\ \text{kg}$$

在安装电梯时，安装人员会根据电梯随附的技术文件计算出对重装置的总质量。接着，他们会根据每个对重铁块的质量来决定放入对重架中的铁块数量。如果对重装置的质量过轻或过重，都会给电梯的调试工作带来困难，进而影响电梯的整体性能和使用效果，甚至可能引发冲顶或蹲底事故。

6.5.3　重量补偿装置

1. 重量补偿装置的种类

（1）补偿链

这种重量补偿装置以铁链为主要材料，为了降低电梯运行时铁链链环之间的碰撞噪声，通常会在铁链环中穿入麻绳。补偿链在电梯中的应用通常是一端固定在轿厢下方，另一端固定在对重装置下方，其结构示意图如图 6-37 所示。这种重量补偿装置的特点是结构简单、成本较低，但不适用于速度超过 1.75 m/s 的电梯。

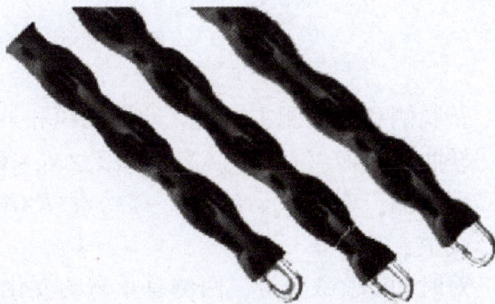

图 6-37　补偿链结构示意图

（2）补偿绳

这种重量补偿装置以钢丝绳为主要材料，通过钢丝绳绳夹和挂绳架，一端固定在轿厢底梁上，另一端固定在对重架上。这种重量补偿装置的特点是电梯运行稳定、噪声小，因此常用于速度超过 1.75 m/s 的电梯；缺点是装置较为复杂，成本相对较高，并且除了补偿绳外，还需要张紧装置等附件。张紧装置必须确保在电梯运行时，张紧轮能够沿导向轨上下自由移动，并能张紧补偿绳。在正常运行状态下，张紧轮处于垂直浮动状态，本身可以转动。

（3）补偿缆

补偿缆是一种新型的密度较高的重量补偿装置，图6-38所示为补偿缆截面图。补偿缆的中间部分是低碳钢制成的环链，环链周围填充金属颗粒和聚乙烯等高分子材料的混合物，最外层制成圆形塑料保护链套，要求链套具有防火、防氧化、耐磨性能。这种补偿缆的质量密度较高，最重的每米可达6 kg，最大悬挂长度可达200 m，运行噪声小，适用于各种中、高速电梯的补偿装置。

2. 补偿重量的计算

如图6-39所示，补偿链的作用主要是平衡轿厢和配重两侧的主钢索、厢尾电缆的重量，故电梯两侧主钢索、厢尾电缆和补偿链的重量的变化量相等（假设系统的起点为轿厢在最低楼）。

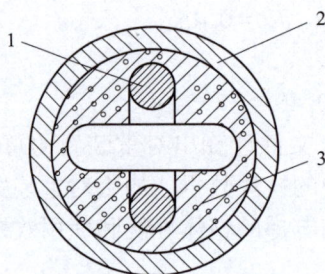

图6-38 补偿缆截面图
1—链条；2—保护链套；3—金属颗粒和聚乙烯混合物

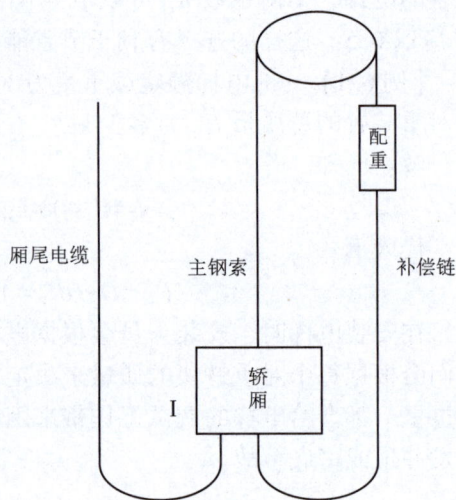

图6-39 补偿链示意图

轿厢侧和配重侧主钢索、厢尾电缆和补偿链的总重量如下

轿厢侧：$W=(C_p \times N_{cp} \times X)/r+(T_c \times N_{tc} \times X)/2/r+R \times N_{ro} \times (L_t-X)$

配重侧：$W=(C_p \times N_{cp} \times (L_t-X))/r+R \times N_{ro} \times X$

式中：$X=v \times t$

对时间t求微分得，两侧总重量的变化量

轿厢侧：$W'=(C_p \times N_{cp} \times v)/r+(T_c \times N_{tc} \times v)/2/r-R \times N_{ro} \times v$

配重侧：$W'=-(C_p \times N_{cp} \times v)/r+R \times N_{ro} \times v$

轿厢侧W'=配重侧W'

则 $$C_p=(4 \times r \times R \times N_{ro}-T_c \times N_{tc})/4/N_{cp}$$

式中：

L_t——升降行程，m；

N_{tc}——厢尾电缆数；

N_{ro}——主钢索数；

N_{cp}——补偿链根数；

T_c——厢尾电缆单位质量，kg/m；

R——主钢索单位质量，kg/m；

X——轿厢相对于系统起点的坐标，mm；

r——挂索比；

C_p——补偿链的单位质量，kg/m。

补偿绳（链）单位长度质量 Q_b = 曳引绳单位长度质量 Q_y + 1/4Q_d（随行电缆单位长度质量）

对重的重量应修正为：$G=P+(0.45\sim0.5)Q+1/4HQ_d$

式中：

H——电梯的提升高度。

单根补偿链长度 $L=H+2P_D+(\pi-2)R-800$。

式中：

H 为电梯的提升高度；

P_D 为底坑深度；

R 为补偿链的最小弯曲半径。

3. 常用补偿方法

（1）单侧补偿法

重量补偿装置一端连接在轿厢底部，另一端悬挂在井道壁的中部，如图 6-40 所示。采用这种方法时，对重的质量需加上曳引绳的总重 T_y。

其中，对重的质量 $W=G+KQ+T_y$

重量补偿装置（补偿链或补偿绳）的质量可按下式计算（不考虑随行电缆质量）：

重量补偿装置的质量 $T_y=T_p$

式中：

G——轿厢自重，kg；

Q——轿厢额定载重量，kg；

K——电梯平衡系数，一般取 0.4~0.5；

T_y——曳引绳总质量，kg；

T_p——补偿装置质量，kg。

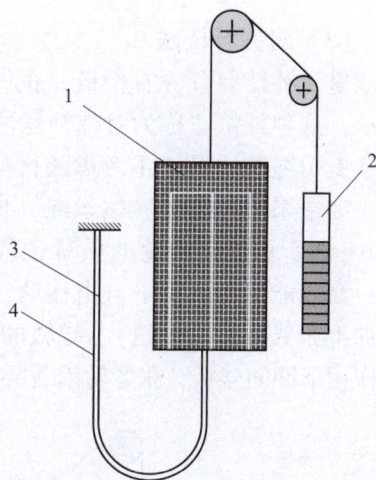

图 6-40　单侧补偿法
1—轿厢；2—对重；
3—随行电缆；4—重量补偿装置

采用单侧补偿法，轿厢满载运行，不论轿厢处于何位置，曳引绳两端的负重差均为 $Q(1-K)$；当轿厢空载时，曳引绳两端负重差均为 KQ。这种方法比较简单，但由于要增加对重的质量，因此要使曳引轮的悬挂总质量增加。

（2）双侧补偿法

轿厢和对重各自设置重量补偿装置，如图 6-41 所示，其安装方法与单侧补偿法基本相同。采用这种方法时，对重不需要增加质量，每侧补偿装置的质量可按下式计算（不考虑随行电缆质量）：

每侧补偿装置的质量　　　　　　$T_p=T_y$

两侧共需补偿装置的质量为

$$2T_p = 2T_y$$

式中，T_p 为补偿装置质量；T_y 为曳引绳总质量。

综上考虑，采用补偿绳对称补偿法。

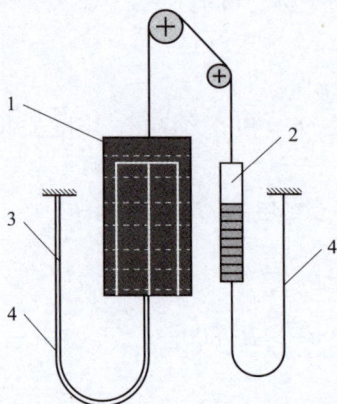

图 6-41　双侧补偿法

1—轿厢；2—对重；3—随行电缆；4—重量补偿装置

（3）对称补偿法

重量补偿装置（补偿链）的一端悬挂在轿厢底部，另一端挂在对重的底部，如图 6-42 所示，这种补偿法称为对称补偿法。其优点是不需要增加对重的质量，重量补偿装置的质量等于曳引绳总质量（不考虑随行电缆质量），也不需要增加井道的空间。

如果采用补偿绳（钢丝绳）的对称补偿法，还需要在井道的底坑架设张紧轮装置，如图 6-43 所示，张紧轮的质量也应该包括在补偿绳内。张紧轮装置设有导轨，在电梯运行时，必须能沿导轨上下自由移动，并且要有足够的质量张紧补偿绳（在计算补偿绳质量时，应加上张紧装置的质量）。导轨的上部装有一个行程开关，在电梯发生碰撞时，对重在惯性力作用下冲向楼板，张紧轮沿着导轨被提起，导轨上部的行程开关动作，切断电梯控制电路。

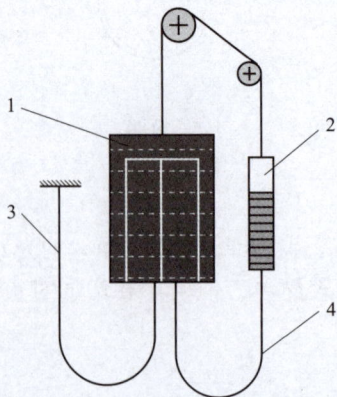

图 6-42　用补偿链的对称补偿法

1—轿厢；2—对重；
3—随行电缆；4—重量补偿装置

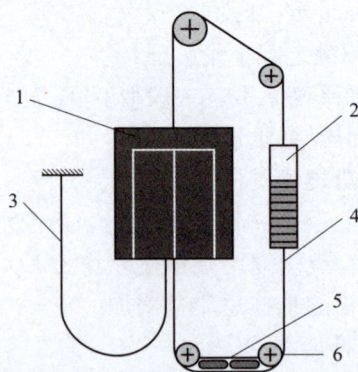

图 6-43　用补偿绳的对称补偿法

1—轿厢；2—对重；3—随行电缆；
4—重量补偿装置；5—张紧轮导轨；6—张紧轮

6.5.4　随行电缆与中间接线箱

1. 随行电缆

随行电缆是连接电梯机房电气设备与轿厢、井道以及层门等位置电气设备的导线。它的一端固定在电梯正常提升高度的一半加上 1.5～1.7 m 处的井道墙壁（电缆支架）上，另一端固定在轿厢底部的电缆支架上。有些情况下，电缆直接从机房引至中间接线箱，随着轿厢的上下移动而升降。

2. 中间接线箱

中间接线箱用于连接从机房引来的导线与楼层分线箱以及随行电缆。它安装在电梯正常运行高度的一半加上 1.5～1.7 m 处的井道墙壁上。中间接线箱内部设有用于压接的端子板，由铁皮制成的接线箱应能良好接地，其接地电阻不应超过 44 Ω。

模块总结

在本模块的学习中，同学们需要理解并掌握导向和重量平衡系统的构成及其工作原理。

导向系统包括导轨、导靴和导轨支架等部件。该系统的功能是限制轿厢和对重的移动自由度，确保它们只能沿着导轨进行垂直移动。

导轨被安装在导轨支架上，导轨支架是用来支撑和固定导轨的组件，并与井道壁连接。导靴安装在轿厢和对重架上，它们与导轨配合，迫使轿厢和对重的运动方向与导轨的垂直方向一致。

重量平衡系统由对重和重量补偿装置构成。对重由对重架和对重块组成，其作用是平衡轿厢的自重和部分额定载重。重量补偿装置是为了补偿高层电梯中轿厢和对重侧曳引绳长度的变化对电梯平衡设计产生的影响。

课后习题

一、选择题

1. T 型导轨底宽 $b=75$，那该导轨就是（　　）导轨。

A. T75/B　　　　　　B. T89/B　　　　　　C. T90/B　　　　　　D. T127/B

2. 导轨连接板连接螺栓数目一般每边不少于（　　）个。

A. 1　　　　　　　　B. 2　　　　　　　　C. 3　　　　　　　　D. 4

3. 导轨的固定方法多采用（　　）。

A. 焊接连接法　　　B. 螺栓连接法　　　C. 压板固定法　　　D. 预埋连接法

4. 每根导轨上至少应设置几个导轨支架，两相邻导轨支架之间距离不得大于多少 m？（　　）

A. 1，1.5　　　　　B. 1，2　　　　　　C. 2，2.5　　　　　D. 2，3

5. 随行电缆一端安装在轿底，另一端安装在电梯正常提升高度的哪里加上多少 m 处的井道壁电缆架上？（　　）

A. 1/2, 1.5~1.7　　B. 1/3, 1.5~1.7　　C. 1/2, 2~2.2　　　D. 1/3, 2~2.2

6. 当电梯提升高度超过（　　　）m时，必须增设重量补偿装置来控制建筑。

A. 10　　　　　　　　B. 20　　　　　　　　C. 30　　　　　　　　D. 40

二、填空题

1. 不论是轿厢导向还是对重导向，均由_____、_____、_____组成。

2. 重量平衡系统分为两个部分，即_____与_____。

3. 根据导靴在导轨上运动方式的不同，导靴分为_____、_____两类。

4. 导轨支架在井道墙壁上的固定方法有_____、_____、_____、_____、_____。

5. 重量补偿装置的种类有_____、_____、_____。

6. 电梯对重装置通常由_____、_____两部分组成。

三、计算题

1、一台乘客电梯，额定载重量为1 600 kg，轿厢自重为1 350 kg，平衡系数设为0.5。

求：（1）该电梯最多容纳乘客多少人？

（2）对重的总质量应为多少？

四、简答题

1. 导向系统的功能是什么？其主体构件是什么？

2. 电梯导轨有何作用？导轨的技术性能要求有哪些？请说明。

3. 导轨支架一般采用哪几种方式固定？导轨在导轨支架上固定时通常采用什么方法？为什么采用此方法？

4. 导靴的功能与组成是什么？导靴主要分为几个种类？

5. 重量平衡系统有什么功能？其主要组成部分是什么？

6. 对重有什么作用？

7. 重量补偿装置有哪些种类？常见的补偿方法有哪几种？

模块七

电气控制系统

学习导论

电梯的启动、运行、减速制动以及停站等操作均遵循轿厢内指令和层站召唤信号的要求。此外，辅助的选层定向、平层（包括再平层）、开关门、检修运行以及安全保护等动作，都是由电气控制系统的逻辑控制来执行的。因此，电气控制系统不仅是电梯的核心，决定了电梯的运行性能，而且还是确保安全运行和功能扩展的基础之一。

问题与思考

1. 我们乘坐的电梯是由谁来控制的？
2. 电梯自动运行的幕后英雄是谁？
3. 在维修过程中，电梯为什么会不动了？
4. 如何保证控制柜的散热？
5. 控制柜安装后如何进行测试和验收？

学习目标

知识目标
1. 掌握电梯电气控制系统的组成；
2. 掌握电梯电气控制系统的基本功能；
3. 掌握电梯的几种运行状态及其关系。

能力目标
1. 会描述电梯电气控制系统组成与功能；
2. 会操作电梯配电箱；
3. 会安装电梯控制柜；
4. 会敷设电梯电缆；
5. 会分析不同状况下电梯运行逻辑。

素养目标
1. 养成职业道德素养和规范操作习惯；
2. 养成逻辑思维、综合分析、概括表达、终身学习等能力；
3. 培养学生崇尚科学、追求真理的精神，锐意进取的品质，独立思考的学习习惯；
4. 通过学习和体验，使学生树立正确的世界观、人生观、价值观。

7.1　电梯电气控制系统组成与功能

电梯电气控制系统
组成与功能（上）

电梯电气控制系统
组成与功能（下）

7.1.1　电气控制系统的组成

电梯的电气控制主要包括对曳引电动机的启动、减速、停止、运行方向、选层停车、层楼显示、层站召唤、轿厢内指令、安全保护等信号的处理和管理，以及对开、关门电动机的控制。电气控制系统在控制电梯上、下运行与开、关门运行逻辑的同时，还负责运行状态的显示、照明以及报警等功能，以实现电梯运行的复杂逻辑控制。

电梯电气控制系统的主要控制部件如图7-1所示。

电梯运行操作由驱动部件曳引机以及门机完成，外呼信号由厅外呼梯板输入，轿内指令由轿内操纵箱输入，它将轿顶各种开、关控制信号及门机控制运行反馈信号送至轿顶板，全部指令及开、关状态信号都输入到一体机，一体机完成各种逻辑判断后输出显示及控制曳引机和门机的运行。因此，可以看出一体机是整个系统的核心逻辑控制器件。

7.1.2　电气控制的基本功能

1. 自动开、关门功能

电梯自动开、关门的原理是通过控制系统对门电动机进行控制，实现电梯门的开启和关闭。当电梯内部和外部的按钮按下时，控制系统会接收到信号。控制系统根据接收到的信号，控制电动机的运转。电动机通过带动滑轮系统，使门片向外打开或向内关闭。开、关门系统在开、关门过程中运行噪声不得大于65 dB（A级）。开门时间一般为2.5~4 s，关门时间一般为3~5 s。电梯开、关门系统如图7-2所示。

2. 呼梯控制功能

电梯的呼梯功能是由电梯电气控制系统来控制的。当用户按下呼梯按钮时，电梯电气控制系统接收到信号后，会根据当前电梯的运动状态和楼层位置进行呼梯处理，让电梯合理地前往用户所在楼层开关门，并随乘客需求前往目标楼层。电梯的呼梯功能通常分为两种类

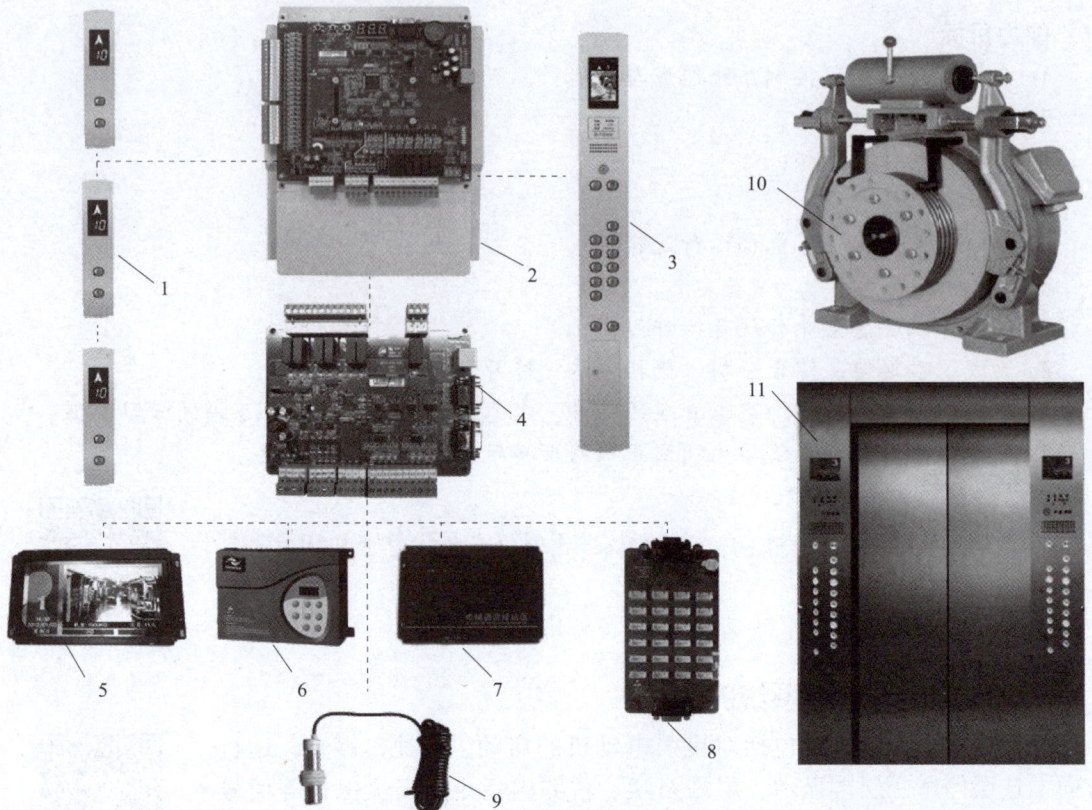

图 7-1 电梯电气控制系统的主要控制部件

1—厅外呼梯板；2—一体机；3—轿内操作箱；4—轿顶板；5—轿内液晶显示；
6—门机变频器语音；7—报站器；8—轿内指令板；9—井道位置检测开关；10—曳引机；11—门系统

型：外呼和内呼。外呼是通过该层站电梯厅门旁的厅外呼梯板上的上、下两个按钮发出呼叫信号，通常称为"外呼梯"信号。内呼通过轿内操作箱上的选层按钮实现，通常称为"轿内呼梯"信号。这两个信号也是位置信号，其作用是与电梯的位置信号进行比较，从而决定电梯的运行方向是上行还是下行。电梯呼梯显示如图 7-3 所示。

3. 运行方向控制功能

电梯运行方向是根据乘客电梯轿厢内电梯厅门旁的厅外呼梯板上或轿内操作箱上的选层按钮产生的信号与电梯所处楼层位置信号来进行比较和判断的，凡是存在电梯现行位置以上方向轿内或厅外召唤信号，则电梯选定上行方向；反之，选定下行方向。电梯运行充分必要条件之一是有确定的电梯运行方向。电梯运行方向如图 7-4 所示。

4. 制动减速控制功能

在电梯即将到达预定层站前的特定位置，必须启动制动减速程序，使电梯的运行速度逐渐降低直至完全停止，这就是电梯制动减速控制的基本功能。当电梯接收到明确的停车指令，并到达指定的减速位置时，会立即启动减速制动，这一过程被称为"顺向截梯"控制。而当电梯需要响应与运行方向相反的远端层站厅外召唤信号时，同样会在到达相应的减速位置后立即启动制动减速，这种控制被称为"最远反向截梯"控制。电梯减速还包括以下情况：

图 7-2 电梯开、关门系统

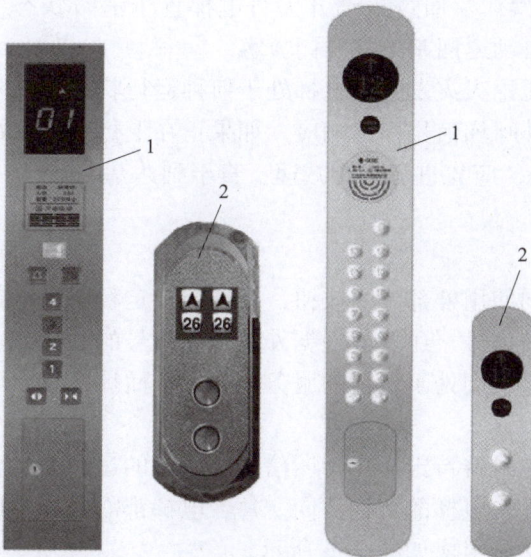

图 7-3 电梯呼梯显示
1—轿内操作箱；2—厅外呼梯板

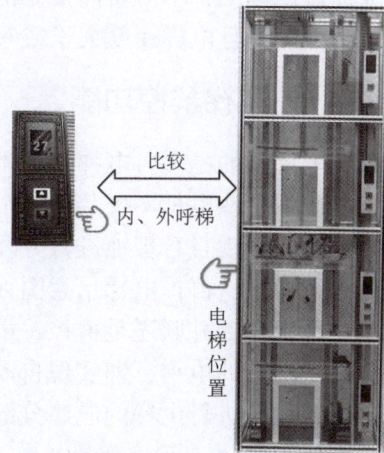

图 7-4 电梯运行方向

147

1）在电梯满载或处于专用直驶模式时，只有在到达由内选信号确定的层站减速位置时，才会启动制动减速程序，这种控制被称为"专用直驶"控制。

2）如果电梯控制系统出现故障，未能在预定层站进行减速，电梯会继续向底层或顶层端站行驶，直到到达端站附近的强迫缓速开关位置，此时电梯才会开始制动减速，这种控制称为"端站强迫减速"控制。

3）曳引电动机配备过热保护装置，当电梯长时间运行或制动减速控制失效导致电梯以低速驶向邻近层站或端站时，过热保护装置会触发，使电梯制动减速，这一控制方式被称为"电动机过热保护"控制。

5. 平层停车控制功能

一旦电梯开始执行制动减速，它将进入自动平层停车阶段，此时系统会适时且精确地发送平层停车信号，以确保电梯能够精确地停靠在目标楼层的平面上。如果在平层过程中由于某种意外原因导致平层磁感应器出现故障，控制系统应具备自动反向低速运行的能力，直到磁感应器再次进入隔磁板，从而完成再平层控制功能。

6. 检修运行控制功能

电梯的检修状态运行可以在轿厢内部、轿顶或控制柜上进行操作。在轿顶操作时，轿厢内部及控制柜的检修操作将失效，这是为了保障在轿顶操作人员的人身安全和设备安全。电梯的检修运行是在所有安全保护装置及其电路（包括电气保护和机械保护）均有效的情况下进行的。在检修状态下，自动开、关门电路和正常快速运行电路将被切断，开、关门操作和检修运行操作只能进行点动控制。检修运行的行程不应超过正常行程范围，并且应设置一个停止开关。

7. 电梯消防控制功能

在建筑物发生火灾时，底层大厅的人员可以通过值班室的消防控制开关或位于底层电梯层门旁边的消防控制开关盒上的玻璃窗进行操作，通过拨动开关将电梯置于消防状态。此时，无论电梯处于何种运动状态，都将立即自动返回基站并开门放客。

进入消防状态运行的电梯简称消防梯。无论火灾发生时电梯处于何种运行状态，消防梯都将立即返回基站，不对轿内指令信号和厅外呼梯信号作出响应。如果正在上行的电梯在紧急情况下停车，且电梯速度大于或等于 2 m/s，应先进行强行减速，直至到达基站停车。

7.1.3 电梯群控功能

群控电梯指的是多台电梯并排排列，共同使用外部呼叫按钮，并按照既定程序进行集中调度和控制。这些电梯不仅共享一个外部呼叫信号，还能够根据外部呼叫信号的数量和电梯的负载情况，自动且合理地进行分配，以确保它们处于最佳的服务状态，从而提升整个电梯群组的运行效率。群控电梯示意图如图 7-5 所示。

无论是电梯的并联还是群控，最终目标都是将特定楼层呼叫信号所指示的运行方向合理地分配给最适合的电梯，即实现自动调配以优化电梯的运行方向。每台电梯都需要配备群控调度模块，用于进行电梯的应答分配。群控系统组成如图 7-6 所示。

1. 两台电梯并联控制调度原则

在正常情况下，一台电梯在基站待命，另一台电梯停留在最后一个停靠的楼层，通常被称为自由梯或忙梯。如果某个楼层有召唤信号，忙梯会立即响应并前往该楼层接载乘客。

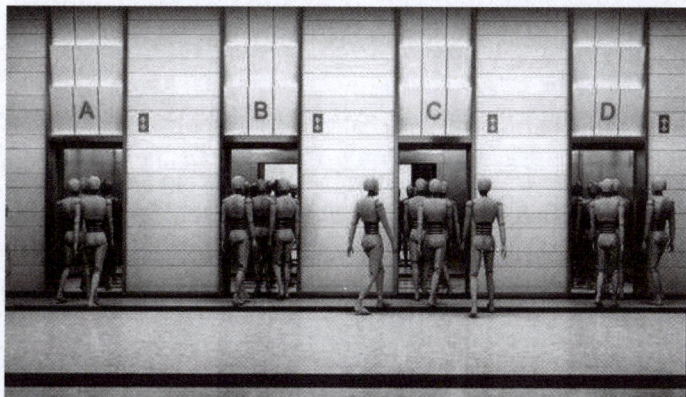

图 7-5　群控电梯示意图

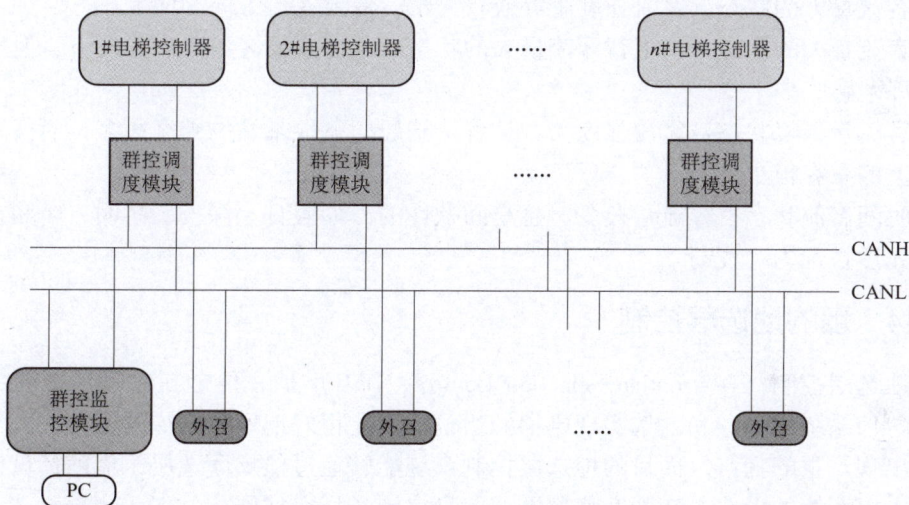

图 7-6　群控系统组成

当两台电梯因轿内指令到达基站并关闭门待命时，应遵循先到先行的原则。例如，如果 A 电梯先到达基站，而 B 电梯后到达，那么 A 电梯将立即启动，运行到预先指定的中间楼层待命，并成为自由梯，而 B 电梯则成为基站梯。

当 A 电梯正在向上运行时，如果其上方有来自任何方向的召唤信号，或者其下方有向下的召唤信号，A 电梯会完成这些行程。而 B 电梯则留在基站，不响应召唤。但如果在 A 电梯的下方有向上的召唤信号，则基站的 B 电梯应答该信号并发车上行接载乘客，此时 B 电梯也成为自由梯。

当 A 电梯正在向下运行时，如果其上方有向上的或向下的召唤信号，基站的 B 电梯应答并发车上行接载乘客。但如果在 A 电梯的下方有来自任何方向的召唤信号，则 B 电梯不应答，由 A 电梯完成。

当 A 电梯正在运行时，如果其他楼层的厅外召唤信号较多，而基站的 B 电梯又没有发车条件，在 30~60 s 后，如果召唤信号仍然存在，则通过延误时间继电器让 B 电梯发车运行。同样，如果本应由 A 电梯应答厅外召唤信号并运行，但由于如电梯门锁等故障而不能运行时，经过 30~60 s 的延误时间后，让 B 电梯（基站梯）发车运行。

2. 多台群控电梯调度原则

根据客流量大小、楼层高度及其停站数等因素来决定多台群控电梯的调度原则。根据当前技术水平，为了减少乘客等待电梯的时间，电梯群控系统可以设置为 4 个程序、6 个程序和无程序（即随机程序）工作状态。

6 个程序的工作状态包括：

上行客流量顶峰状态：这种状态下，从下端基站向上的乘客非常拥挤，电梯将大量乘客快速输送到大楼内的各个楼层。这时，楼层之间的相互交通较少，向下外出的乘客也较少。

客流量平衡状态：客流强度中等或较繁忙，一定数量的乘客从下端基站到大楼内各层，另一部分乘客从大楼内各层到下端基站外出，同时，还有相当数量的乘客在楼层之间上、下往返，因此，上、下客流几乎相等。

上行客流量大的状态：客流强度中等或较繁忙，主要客流方向为向上。

下行客流量大的状态：与上行客流量大的状态相反，主要客流方向为向下，但仍然属于客流非顶峰范畴。

下行客流量顶峰状态：客流强度大，从各个楼层向下端基站的乘客很多，而楼层间相互往来及向上的乘客很少。

空闲时间客流状态：客流量极少，且是间歇性的，如假日、深夜、黎明。轿厢在下端基站按到达先后被选为"先行"。

7.1.4 目的地选层控制

目的地选层控制（Destination Selection Control，DSC）是一种全新的电梯群控系统。传统的电梯群控系统靠外呼和内选实现电梯的运输，不能很好地发挥电梯的运力，尤其在高峰时刻，会出现严重的拥堵。而目的地选层控制系统能够通过候梯厅选层，借助计算机的精确计算能力，以图解的形式告知乘客哪部电梯能最快到达指定楼层。

目的地选层控制能够实现门禁功能，为大厦的管理提供诸多方便。同时能够实现刷卡和密码双重管理，为 VIP 以及残疾人提供更优质服务。通过目的地选层控制系统，乘客能够在进入厅站之前通过厅外选层装置选择各自的目的楼层，系统会直接引导乘客前往所分配的电梯。目的地选层控制调度如图 7-7 所示。

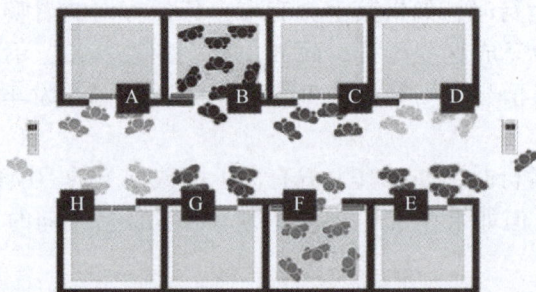

图 7-7　目的地选层控制调度

目的地选层厅外选层装置如图 7-8 所示，目的地选层控制装置如图 7-9 所示。

（a）　　　　　　　　　　　　　　　（b）

图 7-8　目的地选层厅外选层装置
（a）数字输入式呼梯盒；（b）刷卡式呼梯盒

　　每台电梯厅门侧电梯服务楼层指示器所显示的是电梯将要到达的楼层，如图 7-9（a）所示。乘客在厅外呼梯盒［见图 7-9（b）］上直接按相应楼层按钮，系统将分配乘客乘坐电梯并给予提示。轿内显示面板上提示电梯现在位置和运行方向及该电梯所要前往的楼层。乘客进入电梯后不需要再按下楼层按钮，只需要注意观察轿内运行方向及服务楼层指示器，如图 7-9（c）所示，上方提示电梯现在位置及运行方向。

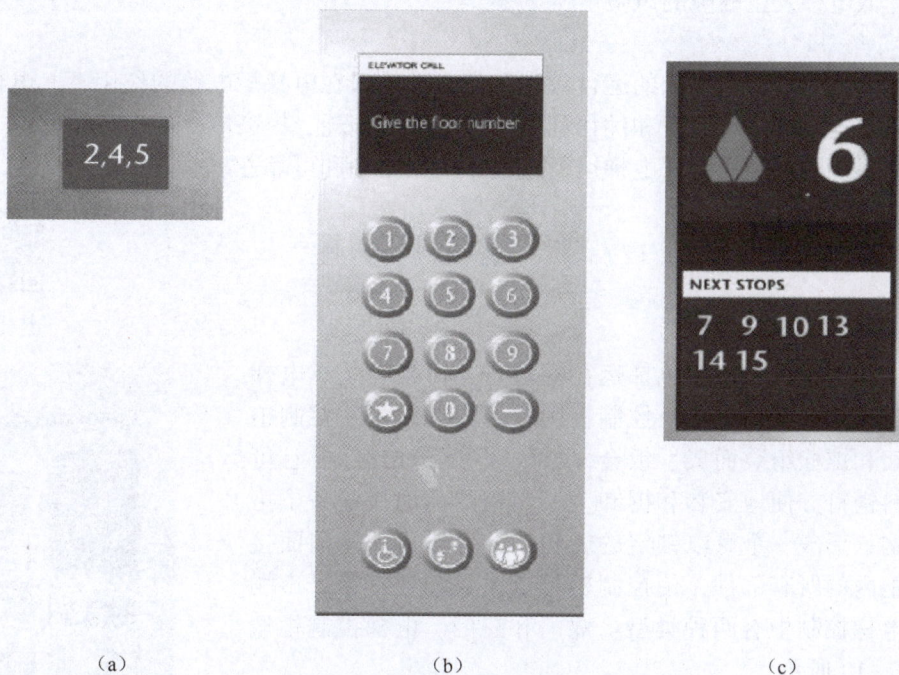

（a）　　　　　　　　　　　（b）　　　　　　　　　　　（c）

图 7-9　目的地选层控制装置
（a）服务楼层指示器（厅站）；（b）厅外呼梯盒；（c）轿内运行方向和服务楼层指示器

7.2　电梯配电装置

电梯配电装置

电梯配电箱是电梯安全运行不可或缺的组成部分。它是电梯安全运行所具备的电气设备，主要负责为电梯提供稳定的电力供应，保证电梯的正常运行。

电梯配电箱主要由进线口、熔断器、隔离开关、接触器、保护器、变压器等组成。其中，进线口用于将电源引入配电箱内部，熔断器用于过载保护，隔离开关用于切断电源，接触器用于控制电力开关，保护器用于实现电梯的过流、过压、欠压保护，变压器则用于电源的变换，将高压交流电源变为电梯所需的低压直流电源，保证电梯的正常运转。电梯配电箱是电梯安全运行的重要组成部分，具有以下重要作用。

1. 提供安全稳定的电力供应

电梯配电箱能够为电梯提供安全稳定的电力供应，保证电梯的正常运行。在供电质量不稳定或者供电电压不足的情况下，电梯配电箱能够通过自身的保护措施，有效地保障电梯不受损害，并且能够保证电梯的稳定运行。

2. 实现对电梯系统的控制和保护

电梯配电箱能够实现对电梯系统的控制和保护，包括对电梯电路的断电开关、控制器的保护、电机的保护等。通过对电梯系统各个环节的控制和保护，能够保障电梯的正常运行，并且能够降低电梯发生故障的风险。

3. 提高电梯的运行效率和安全性能

电梯配电箱能够提高电梯的运行效率和安全性能。在电梯配电箱的作用下，电梯系统能够实现对电梯电力的合理调配和优化利用，减少电能损耗，提高电梯的运行效率，并且能够提供对电梯系统的保护，保证电梯运行过程中的安全性和可靠性。

7.3　电梯控制柜

电梯控制柜

电梯控制柜是用来指挥电梯运行的设备，通常安装在电梯机房内，对于无机房的电梯，控制柜则放置在井道中。控制柜由钣金框架和螺栓组装而成。钣金框架的尺寸标准化，并且可以使用塑料销钉方便地安装和拆卸。控制柜的前面板配备了可旋转的销钩，形成一个可以锁定的旋转门，这样可以从前面接触到控制柜内的所有部件，使控制柜可以紧靠墙壁安装。市场上常见的电梯控制柜有两种类型：双门和三门。电梯控制柜概述图如图 7-10 所示。

控制柜的安装应确保维修的便利性和巡视的安全性，并严格按照设计图纸指定的位置进行施工。如果图纸没有明确指定安装位置，应根据机房的大小和安装方式进行合理布局。为了防止机房积水，控制柜在安装时应稳固地放置在高度 100~150 mm

图 7-10　电梯控制柜概述图

处的水泥墩上。通常，首先用砖块将控制柜垫高到所需高度，然后敷设电线管或电线槽。在电线管或电线槽敷设完成后，再浇筑水泥墩，以确保控制柜稳固地安装在水泥墩上。控制柜在安装时应满足以下要求：

1）与门、窗保持足够的距离，门、窗与控制柜前方的距离不应小于 1 000 mm；

2）控制柜成排安装，且宽度超过 5 m 时，两端应留出通道，通道宽度不应小于 600 mm；

3）控制柜与机房内机械设备的安装距离不宜小于 500 mm；

4）控制柜安装后的垂直度偏差不应超过 3/1 000。

7.4　电缆敷设

电缆敷设

电梯安装中电缆敷设是一个非常关键的环节，因为电缆负责电梯内部信号、电力等的传输和控制，正确安装电缆可以保障电梯运行的安全和稳定，对于业主来说也能明显提高乘客的乘坐体验，因此在电梯安装过程中，合理敷设电缆是非常关键的一个环节。电缆敷设方法有以下几步。

1. 确定敷设路径

首先需要确定电缆敷设的路径，一般情况下，建议在电梯井道中敷设电缆，这样可以避免外部环境对电缆造成的影响，同时也便于检修和维护，安全性也更高。

2. 电缆敷设规范

电缆敷设应遵循规范，减少弯曲，同时尽量保持电缆水平，以避免因为电缆不规范的敷设导致电缆损坏，或导致电梯运行不稳定的情况。电缆的敷设也需要注意和其他电线、管道等配件分开，以避免互相干扰。

3. 化解电缆间短路隐患

为了防止电缆之间短路，在敷设电缆的时候，需要加强电缆之间的隔离，采用纵向间隔和横向间隔的方法，以避免电缆未知的交叉和干扰。

4. 确保人身安全

在敷设电缆的过程中，需要采取安全保障措施，以保证人员的安全。在敷设电缆的过程中，要确保工人穿着符合安全要求的装备，避免因为敷设过程中的意外被电缆放倒，导致人员受伤。

7.5　电梯运行逻辑

电梯运行逻辑

7.5.1　电梯运行条件

无论电梯属于哪种类型、品牌，采用何种控制方式，为了确保在运送乘客或货物时能够安全、可靠地运行，电梯必须满足以下基本条件：

1）电梯轿门以及各楼层电梯层门必须完全关闭，这是保障乘客、操作员等人身安全的最关键环节。

2）电梯的所有机械和电气安全保护系统必须有效且可靠，这是保证电梯设备正常运行和乘客、操作员等人身安全的最重要保障。

3）必须严格按照各类电梯的安全技术规范进行操作，这是确保电梯安全可靠运行的最基本要求。

7.5.2 电梯运行过程

电梯正常运行时，乘客通常借助按钮、磁卡控制等输入乘客想要到达楼层的信号，电梯电气控制系统收到信号指示后，电梯将乘客安全、快速地送到目的楼层。电梯正常运行过程如下：

1）当用户通过按下电梯门外的上行或下行按钮，向控制系统发出呼梯信号时，控制系统会记录用户的呼梯方向，并准备响应。

2）控制系统根据当前电梯的位置和用户呼梯的方向，决定哪台电梯响应呼梯信号，通常系统会选择最接近用户所在楼层的电梯进行响应。

3）被选中的电梯会启动电动机，使轿厢沿导轨向用户所在楼层移动，在移动过程中，电梯门保持关闭状态。

4）当电梯到达用户所在楼层时，电梯门会自动打开，用户可以进入或离开电梯。

5）在用户进入或离开电梯后，电梯门关闭并继续向下一个目标楼层移动，如果没有其他呼梯信号，电梯会返回基站（通常是底层或顶层）等待下一个呼梯信号。

在特殊情况下，如停电或故障，电梯会自动启动紧急制动系统，将轿厢停在最近的楼层并打开电梯门，以便乘客安全离开，此外，电梯需要定期维护和检查，以确保其安全性和可靠性。

7.6 电梯物联网系统

电梯物联网系统

电梯物联网是一个旨在解决电梯安全挑战的概念，它通过先进的物联网技术，将电梯互相连接并接入互联网，使电梯、质量监督部门、房产企业、整梯制造商、维保公司、配件供应商、物业公司和业主之间能够进行高效的信息和数据交换。通过这种方式，实现了对电梯的智能监管，提升了电梯使用的安全性，并确保了乘客的生命安全。

电梯从采购、出厂、建档、安装、验收、维保、故障报警到年检等整个生命周期的信息，都可以在电梯物联网平台上得到管理。各个部门根据其用户权限访问不同的信息，各种应用在电梯物联网平台上运行，实现了有权限的信息和知识共享。电梯物联网系统如图7-11所示。

安装在各个远端电梯上的电梯监控终端的数据采集系统，如图7-12所示，主要负责收集电梯的运行数据。该系统通过微处理器对非常态数据进行分析，并通过3G、GPRS、以太网或RS485等通信方式传输数据至服务器。服务器对这些数据进行综合处理，实现电梯的故障报警、困人救援、日常管理、质量评估、隐患防范以及多媒体传输等功能，从而提供综合性的电梯管理平台。

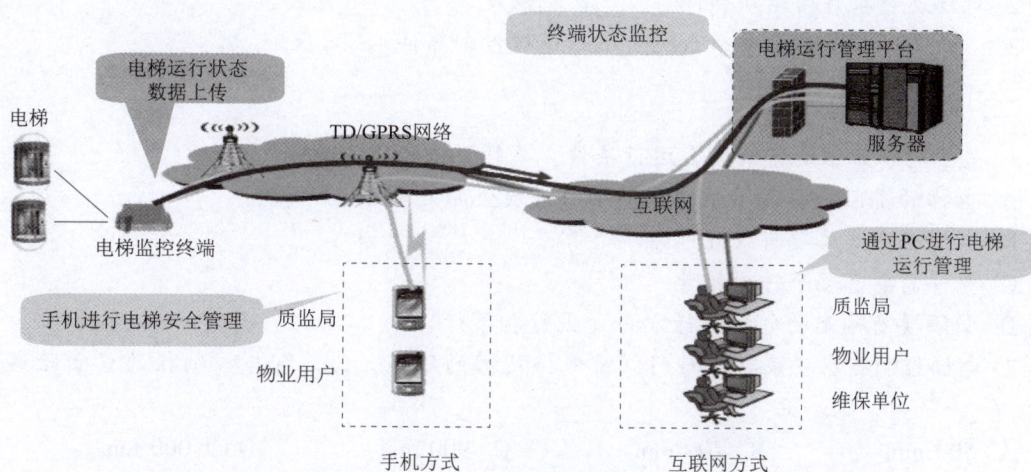

图 7-11 电梯物联网系统

图 7-12 电梯物联网数据采集系统

模块总结

本模块主要讲述了电梯电气控制系统组成与基本功能、电梯配电装置、电梯控制柜、电缆敷设、电梯运行逻辑以及电梯物联网系统。通过本模块学习，学生能够了解电梯电气控制系统的组成及功能，进而分析不同状况下电梯基本运行逻辑。

课后习题

一、填空题

1. 电梯正常运行时的方向判断是_____信号与_____信号相比较来确定的。

2. 电梯运行操作由驱动部件_____以及_____完成。

3. _____是电梯整个系统的核心逻辑控制器件。

二、单项选择题

1. 关于电梯正常运行的安全运行条件，下列说法错误的是（　　　）。

A. 电梯的轿门和各个层站的电梯层门必须全部关闭好

B. 电梯安全回路要有效且可靠

C. 电梯需要有多个呼梯信号

D. 必须要有确定的电梯运行方向（上行和下行）

2. 电梯控制柜在安装时应与门、窗保持足够的距离，门、窗与控制柜的正面距离应不小于（　　　）。

A. 500 mm B. 700 mm C. 900 mm D. 1 000 mm

三、判断题

1. 电梯处于检修状态下，轿厢内按钮能够控制电梯上、下运行。（　　　）

2. 乘坐目的地选层控制的电梯，进入指定电梯无须按下需要到达楼层的按钮。（　　　）

3. 控制柜与机房内机械设备的安装距离应大于500 mm。（　　　）

模块八

安全保护系统

学习导论

电梯是高层建筑中必不可少的垂直运输工具，其运行质量直接关系到人员的生命安全以及货物的完好，所以电梯运行的安全性必须放在首位。根据电梯事故统计，电梯可能存在的事故危险有剪切、挤压、被困等，为保障电梯的安全运行，从电梯设计、制造、安装及日常维保等各个环节都要充分考虑防止危险发生，并针对各种可能发生的危险，设置专门的安全装置。根据 GB 7588—2020《电梯制造与安装安全规范》中的规定，现代电梯必须设有完善的安全保护系统，包括一系列的机械安全装置和电气安全装置，以防止任何不安全情况的发生，包括曳引钢丝绳、限速器、安全钳、缓冲器、限位开关、防止超载系统及完善严格的开关门系统等安全保障。

问题与思考

1. 我们乘坐的电梯有什么安全风险？
2. 电梯真的会急速下坠吗？
3. 被困电梯有多危险？
4. 是什么导致了电梯事故？
5. 电梯的保护措施可靠吗？
6. 电梯都有哪些保护措施呢？

学习目标

知识目标

1. 掌握电梯安全保护装置有哪些功能及类型；
2. 掌握超速保护装置（限速器和安全钳）的动作原理及结构；
3. 掌握终端限位保护装置缓冲器的种类及工作原理；
4. 掌握端站限位开关的工作原理及结构；
5. 掌握电梯电气安全保护原理。

技能目标

1. 能现场指认电梯安全保护装置；
2. 能描述电梯各安全保护装置的结构及工作原理；
3. 能描述限速器与安全钳的联动原理。

素养目标

1. 培养学生的安全意识；
2. 培养学生一丝不苟的工匠精神；
3. 培养学生团结协作的能力。

8.1 电梯安全保护装置的功能及类型

电梯安全保护装置
的功能及类型

8.1.1 电梯的不安全状态及易发生的故障和事故

1. 电梯的不安全状态

电梯的安全隐患主要包括超速、失控、越位、冲顶、蹲底、不安全运行、非正常停止和关门障碍等。这些隐患可能引发电梯故障或事故，电梯的安全隐患如下：

超速：电梯的速度超过额定速度的 115%。

失控：无法通过正常控制手段使电梯停止运行。

越位：电梯在顶层或底层端站的位置超出正常平层范围。

冲顶：轿厢加速冲向井道顶部，与对重块撞击缓冲器。

蹲底：轿厢从井道底部跌落。

不安全运行：包括超载运行、厅门或轿门未关闭运行、限速器失效状态下运行、电动机故障或相序错误运行等。

非正常停止：由于主电路、控制电路或安全装置故障，导致电梯在运行中突然停止。

关门障碍：门安全保护装置失效或电梯在关门过程中受到人或物体的阻碍，导致门无法关闭，影响电梯的正常启动。

2. 电梯易发生的故障及事故

以上介绍的电梯不安全运行状态极易导致电梯故障或事故，从故障及事故统计情况来看，电梯的故障和事故大体上有剪切、挤压、坠落、被困、火灾、电击、材料失效及意外卷入等。

如图 8-1 所示，这些事故的具体特征为：

1）剪切。如人员肢体一部分在轿厢，另一部分在层站，当轿厢失控时造成身体被剪切。

2）挤压。如人员遇到故障被困电梯时自行脱困，造成肢体卡在轿厢与井道、轿厢与层门之间而被挤压。

3）坠落。如人员从井道或者电梯厅掉入电梯井道中造成伤亡。

（a）　　　　　　　　　　　　　　　　　　　（b）

图 8-1　电梯典型事故
（a）挤压；（b）被困

4）被困。这是人们最常见的一种故障，由于各种原因导致电梯突然停梯，人员被困在电梯轿厢内。

5）火灾。如电梯自身着火或者受外界火灾的影响。

6）电击。如电梯的控制系统受雷击或受电网电压波动的影响。

7）材料失效。如由于磨损、腐蚀、损伤等因素导致零部件的破坏或失效。

8）意外卷入。如电梯运动旋转部件曳引轮、限速器轮等，保护罩未盖或松动，人员或物品有被卷入的危险。

8.1.2　电梯安全保护系统

为了确保电梯运行中的安全，电梯研究人员针对电梯可能发生的挤压、撞击、剪切、坠落、电击等潜在危险，设计出了多种机械、电气安全保护装置，以确保电梯正常运行。根据电梯安全标准的要求，任何种类的电梯均要符合标准中的安全保护要求。

1. 保护对象

（1）保护的人员

包括电梯使用人员，维护和检查人员，电梯井道、机房和滑轮间（如有）外面的人员。使用人员不单指乘客，同时还应包括运送货物时伴随的人员等；维护和检查人员包括维修、保养以及试验等工作人员；不但要保护使用电梯和检查、维护电梯的人员，同时对在电梯设备、井道和机房附近活动的人员（如观光电梯敞开式井道外的行人）也要提供必要的保护。

（2）保护的物体

指轿厢中的装载物、电梯的零部件、安装电梯的建筑。应注意的是，不但要保护电梯所运送货物和电梯设备本身的安全，同时也要考虑建筑物的安全。

2. 电梯安全保护装置的类型

电梯的安全保护装置分为机械和电气两大类，其中大部分机械类安全保护装置与相应的电气开关配合使用，共同完成电梯的安全保护功能。

超速（失控）保护装置：包括限速器和安全钳。

超越上、下极限工作位置保护装置：包括强迫换速开关、限位开关和极限开关。这三个开关分别起到强迫减速、切断控制电路和切断动力电源的三级保护作用。

蹲底（与冲顶）保护装置：包括缓冲器。

层门、轿门门锁电气联锁装置：确保门安全关闭，否则电梯不能运行。

近门安全保护装置：包括层门、轿门设置的光电检测或超声波检测装置、门安全触板等。这些装置保证门在关闭过程中不会夹伤乘客或货物，并在关门受阻时保持门处于开启状态。

电梯不安全运行防止系统：包括轿厢超载控制装置、限速器断绳开关、安全钳误动作开关、轿顶安全窗和轿厢安全门开关等。

供电系统断相、错相保护装置：包括相序保护继电器等。

停电或电气系统发生故障时，轿厢慢速移动装置。

报警装置：包括在轿厢内与外联系的警铃、电话等。

除了上述安全装置外，还会设置轿顶安全护栏、轿厢护脚板、底坑对重侧防护栏等设施。

电梯安全系统关联图如图 8-2 所示。

总而言之，电梯的安全保障体系主要由机械安全设施和电气安全设施两大类构成。然而，机械安全设施的正常运作也离不开电气部分的协作与连锁反应，以确保电梯的稳定与安全性。接下来的内容将对此进行详尽的阐述。另外，除了上述详尽的安全措施，根据质监局的规定，电梯必须每 15 天进行一次维护保养，并且每年接受一次安全检测，只有这样，电梯才能投入使用，确保其安全性。

8.1.3　电梯安全保护装置的动作关联关系

从图 8-2 可以观察到，一旦电梯发生紧急故障，分布在整个电梯系统中的安全开关会被激活，从而切断电梯的控制电路，使曳引机的制动器启动，进而停止电梯的运行。在电梯遇到极端情况，例如曳引绳断裂，导致轿厢沿着井道坠落时，一旦达到限速器的动作速度，限速器将激活安全钳，使轿厢在导轨上停止。如果轿厢超出顶楼或底楼的位置，首先会激活

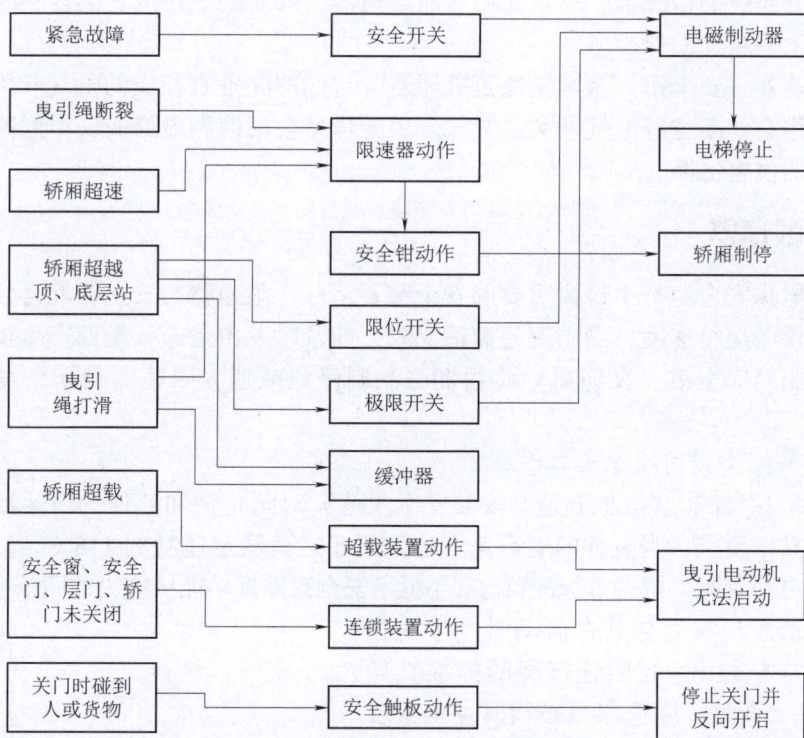

图 8-2　电梯安全系统关联图

强迫换速开关以降低速度；如果这一措施无效，则会触发限位开关，通过电梯控制线路使曳引机停止；如果轿厢仍未停止，将采用机械手段强制切断电源，迫使曳引机断电并使制动器启动以停止轿厢。当曳引绳在曳引轮上打滑，导致轿厢速度超过限度时，限速器将激活安全钳以停止轿厢；如果打滑后轿厢速度未达到限速器的触发速度，轿厢最终会触及缓冲器并减速停止。当轿厢超载达到一定程度时，超载开关会被触发，切断控制电路，使电梯无法启动。如果安全窗、安全门、层门或轿门未能正确锁定，电梯控制电路将无法接通，这会导致电梯在运行中紧急停车或无法启动。当层门在关闭过程中，如果安全触板遇到障碍，门机会立即停止关门并反向打开，经过短暂延时后再次尝试关门，直到门可靠锁闭，电梯才能启动运行。

8.2　超速保护装置

超速保护装置

电梯的失控或超速现象可以分为上升超速和下降超速两种情况，相应地，电梯的超速防护系统也分为上升超速保护装置和下降超速保护装置两种类型。

当电梯出现失控或超速状况时，限速器、安全钳和张紧轮三者协同作用，以控制电梯的下降速度。在超速发生时，通过机械和电气手段共同作用，使轿厢停止运动。限速器负责检测轿厢的超速情况，通常安装在机房或井道顶部，并且与安全钳联合使用。张紧装置位于井道底坑，通过压导板固定在导轨上。当电梯超速并且速度达到临界点时，限速器发挥检测和操控的功能。安全钳则在限速器的控制下，强制轿厢停止，作为执行机构。

在电梯上升超速的情况下，可以使用双向限速器、双向安全钳或者结合夹绳器等其他保护装置来实现上升超速的保护。

无论是限速器、安全钳、张紧轮还是夹绳器，它们都配备有相应的电气开关。一旦发生超速，机械动作会切断这些电气开关，电气开关的信号会反馈到电梯的安全回路中，从而切断电梯曳引机的供电电路。

8.2.1 限速器

限速器是电梯安全运行中最为重要的安全装置之一，限速器与安全钳配合使用，可随时监测、控制电梯的运行速度，当出现超速情况时，能及时发出信号，继而产生机械动作，切断控制电路或驱动安全钳（夹绳器）将轿厢强制制停或减速，限速器是指令发出者并非执行者。

1. 限速器与安全钳的组成及工作原理

GB/T 7588.1—2020《电梯制造与安装安全规范》对防止轿厢超速的限速器启动速度及其标准提出了具体要求：当电梯的运行速度达到或超过其额定速度的 115% 时，限速器应启动；在限速器启动瞬间，限速器绳的拉力需不低于安全钳发挥功能所需力的两倍或至少 300 N；限速器绳的最低断裂拉力与其在启动时产生的拉力之安全系数应超过 8，且限速器绳的标准直径不得小于 6 mm；此外，限速器绳必须通过张紧装置进行张紧，并在张紧轮上配备导向装置。

图 8-3 展示了限速器与安全钳的组合方式及其工作机理。限速器系统由限速器本身、限速器绳及其绳头、限速器绳的张紧装置等部分构成；通常，限速器被安装在电梯机房内，限速器绳经过限速器轮后，穿越机房地板上的限速器绳孔，垂直贯穿整个井道高度，最终连接底坑中的限速器绳张紧轮，形成一个闭合回路；限速器绳的端部与轿厢顶部的连杆系统相连，并通过一系列安全钳的操作杆与安全钳相接；在电梯正常运作时，轿厢与限速器绳以相同的速度上、下移动，两者之间不发生相对运动，限速器绳在两个绳轮之间运转。

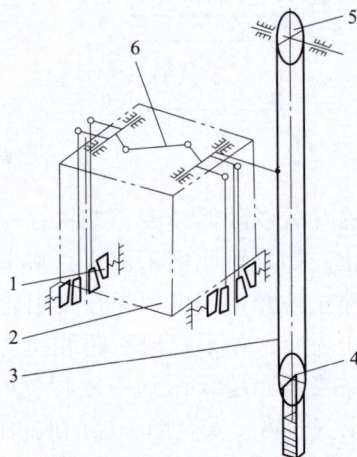

图 8-3 限速器与安全钳的
组合方式及其工作机理

1—安全钳；2—轿厢；3—限速器绳；4—张紧装置；
5—限速器；6—安全钳操纵拉杆系统

动作流程如下：一旦电梯发生超速并触及限速器的预设值，限速器内的夹绳装置启动，固定限速器绳，使其无法继续移动。由于轿厢仍在移动，这导致两者之间产生相对运动，限速器绳通过安全钳的操作杆拉动安全钳的制动部件，这些制动部件紧密地夹住导轨，利用产生的摩擦力将轿厢平稳地停靠在导轨上，确保电梯的安全性。

对于传统电梯，必须配备限速器以实时监测和控制轿厢的下行动态超速。然而，随着电梯的使用，人们发现轿厢上行动态超速并撞击电梯井顶部的情况也时有发生，尤其是在轿厢空载或负载极轻时，若重侧的重量超过轿厢，一旦制动器失灵或曳引机的轴、键、销断裂，或是由于曳引轮的绳槽严重磨损导致曳引绳打滑，轿厢便可能发生上行超速。因此，根据

GB/T 7588.1—2020 的规定，曳引驱动电梯应当安装上行超速保护装置，该装置包含速度监控和减速元件，能够检测轿厢的上行失控速度。当轿厢速度达到或超过电梯额定速度的115%时，该装置应能使轿厢停止，或至少将其速度降低到对重缓冲器允许的使用范围内。该保护装置应作用于轿厢、对重、钢丝绳系统（悬挂绳或补偿绳）或曳引轮上，并在动作时触发电气安全装置或使控制电路断电，从而使电动机停止运转，并使制动器动作。

2. 限速器的分类

按照不同的分类方法，限速器可以分为不同的类型。常见的限速器类型及特点如表 8-1所示。本章介绍几种常用的限速器。

表 8-1 常见的限速器类型及特点

分类方式	类型		特点
检测超速原理	离心式	刚性甩锤式	限速器绳的瞬时动作，无缓冲，不适合高速运行的电梯，配合瞬时式安全钳，适用速度为 1 m/s 以下
		弹性甩锤式	甩锤产生离心力动作，夹持钢丝绳部分加了弹簧缓冲，适用于各种速度
		甩球式	离心力通过甩球产生
		甩片式	离心力通过甩片产生
	惯性（摆锤）式	上摆杆凸轮棘爪式	配合安全钳为瞬时式，适用速度为 1 m/s 以下
		下摆杆凸轮棘爪式	
钢丝绳与绳槽动作方式	夹持式	刚性夹持式	通过夹持限速器绳的方式动作，夹持无缓冲，适用速度为 1 m/s 以下
		弹性夹持式	通过夹持限速器绳的方式动作，夹持部件加了弹簧，起到缓冲作用，适用各种速度
		摩擦式	通过摩擦方式使限速器钢丝绳动作，适用速度为 1 m/s 以下
有无机房	有机房限速器		限速器安装在机房内，张紧轮安装在底坑
	无机房限速器		限速器安装在井道顶部，限速器需要设置复位开关
安装位置	上置式限速器		限速器安装在顶部，张紧轮安装在底坑
	下置式限速器		限速器安装在底坑，张紧轮安装在井道顶部，用得很少
超速保护动作方向	单向限速器		只对电梯下行超速保护
	双向限速器		对电梯向上和向下运行都能进行超速保护，配合使用双向安全钳
新型限速器	电子限速器		限速器安装在井道顶部，通过编码器测速能进行速度加速器精确测量，可配合完成意外移动保护功能

（1）离心式限速器

离心式限速器（见图 8-4）基于离心力与转速之间的相互关系进行设计，在电梯运行速度达到预先设定的阈值时，绳轮上的离心重块会被甩至能够激活限速器的位置，进而引发限速器的响应，以此完成速度的监控。常见的离心重块包括甩锤、甩片和甩球等形式。接下来，将阐述刚性甩锤式限速器的构造及其工作原理。

刚性甩锤式限速器是一种离心式限速器，也被称为刚性夹持式限速器，其结构如图 8-5 所示。在限速器静止状态下，甩锤在弹簧力的作用下保持向中心靠拢的位置，此时甩锤的棘爪与制动圆盘上的棘齿之间存在一定的间隙。当电梯下行时，轿厢通过限速器绳带动绳轮顺时针旋转，若轿厢速度正常，离心力将使甩锤绕销轴向外摆动并与弹簧力达到平衡，棘爪与棘齿之间的间隙减小。一旦轿厢超速达到限速器的预设速度，在离心力的作用下，甩锤向外摆动至棘爪与制动圆盘的棘齿相啮合，从而带动偏心拨叉也顺时针摆动。由于拨叉的摆动中心与限速器绳轮及制动圆盘的旋转中心存在偏心距，偏心拨叉转动一定角度后，夹绳钳会逐渐压紧限速器钢丝绳，直至钢丝绳无法移动。此时，尽管轿厢仍在下降，但已被紧紧夹住的限速器绳将提升安全钳的操作拉杆，使轿厢两侧的安全钳楔块同时动作，将超速下滑的轿厢固定在导轨上。

图 8-4　离心式限速器

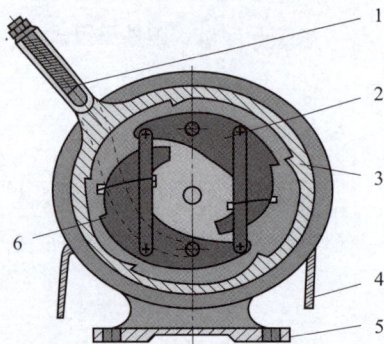

图 8-5　刚性甩锤式限速器结构
1—夹绳钳；2—甩锤；3—棘齿；4—钢丝绳；5—支座；6—棘爪

限速器的夹绳钳对钢丝绳的压力是固定不变的，一旦钢丝绳被夹住，钳夹力会逐渐增强。通常情况下，夹绳钳上端的压缩弹簧在夹持钢丝绳时可以提供一定的缓冲，但这对钢丝绳的损伤较大，因此得名刚性甩锤式。这种限速器仅适用于速度不超过 0.63 m/s 的低速电梯，并且必须配合使用瞬时式安全钳。

（2）摆锤式限速器

摆锤式限速器是一种上摆杆凸轮棘爪式限速器。如图 8-6 所示，摆杆位于限速器的较高位置，而凸轮设计为八边形，配备了 8 个棘爪，这使它对超速的反应更加敏感和精确。其工作原理是，绳轮上的八边形凸轮在旋转时与摆杆末端的滚轮接触，摆杆的摆动频率与绳轮的转速直接相关。随着绳轮转速的增加，凸轮推动摆锤摆动的频率和振幅也随之增大。一旦摆锤的振动频率超出预设值，摆锤所连接的制动机构将激活超速开关，导致动作。当绳轮的转速达到限速器设定的极限速度时，绳轮将被制动停止。此时，摆锤的棘爪会嵌入绳轮的止动爪中，进而使限速器停止运作。

（3）单向限速器

单向限速器如图 8-7 所示，其只对电梯下行超速进行保护，动作原理及结构与前面介绍的限速器相同。在电梯向下运行过程中进行超速保护。

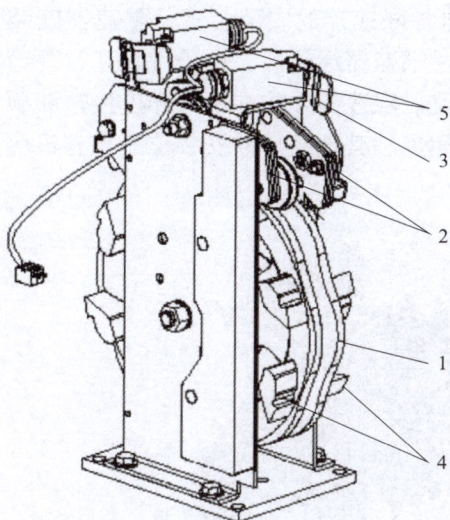

图 8-6　摆锤式限速器
1—凸轮；2—摆杆；3—摆杆转轴；
4—棘爪；5—超速电气开关

图 8-7　单向限速器

（4）双向限速器

双向限速器（见图 8-8）对电梯上、下运行过程中的超速都能进行保护。双向限速器的动作与单向是一样的，都是靠离心力引发动作的（有一种共振型的很少见）。限速器棘爪一般比单向的多一个倒钩或者反向棘爪，楔块多一个反向的楔块。下行制动与下行制动安全钳配套使用，上、下两个方向都能卡住限速器钢丝绳引发安全钳动作。

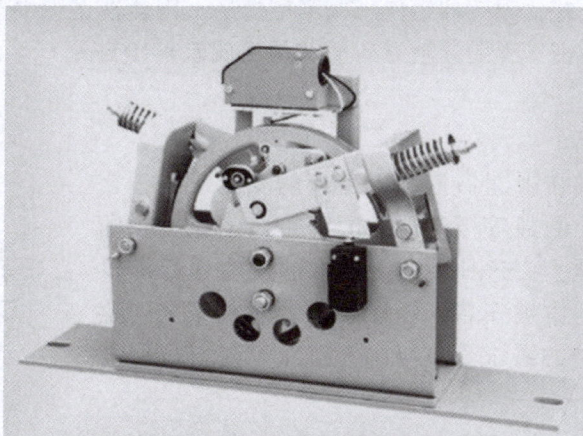

图 8-8　双向限速器

3. 限速器的安装

如图 8-9（a）所示为有机房电梯限速器的安装位置，其中限速器位于机房内，张紧轮则置于底坑中。安全钳的斜拉臂与轿厢的安全钳机构相连接。限速器绳经过限速器绳轮后，通过机房地板上预留的限速器绳孔，垂直穿过整个井道的高度，最终连接底坑中的限速器绳张紧轮，形成一个闭合回路。限速器绳的端部与轿厢顶部的连杆系统相接，并通过安全钳的操作拉杆与安全钳连接。如图 8-9（b）所示为无机房电梯限速器的安装位置，限速器安装在井道的顶部，限速器支架固定在导轨上。限速器绳绕过限速器绳轮后，也是垂直穿过井道的全部高度，延伸到底坑中的限速器绳张紧轮，形成回路。限速器绳的端部同样连接轿厢顶的连杆系统，并通过一系列安全钳的操作拉杆与安全钳相连。其他组件的安装位置与有机房限速器保持一致。

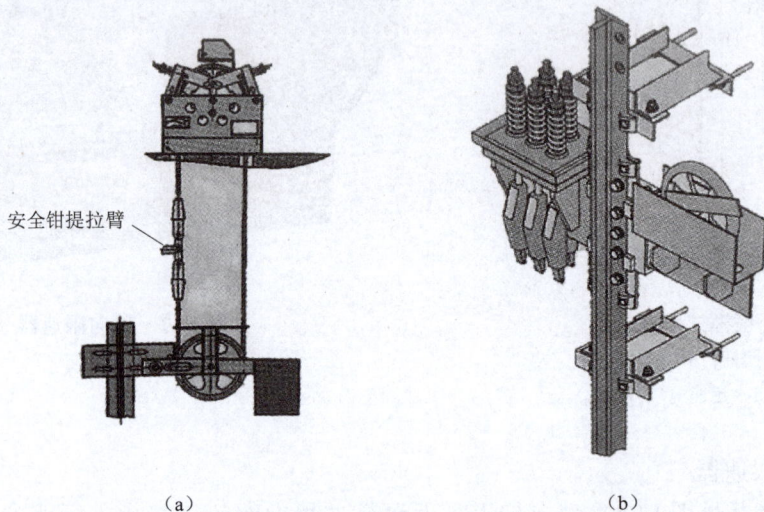

（a）　　　　　　　　　　　　　　　　（b）

图 8-9　限速器安装示意图
（a）有机房电梯限速器的安装位置；（b）无机房电梯限速器的安装位置

限速器安装要求铅垂度≤0.5mm，安装位置正确、底座牢固、出厂动作速度快、整定铅封完好，限速器接地良好，限速器钢丝绳张紧度合适，限速器运行中不得与轿厢或对重等相碰、运转平稳、限速器钢丝绳距导轨导向面及顶面偏差≤10 mm。

8.2.2　安全钳

电梯安全钳是一种在限速器控制下工作的安全设备，它能够在电梯发生超速、断绳等极端严重故障时，迅速使轿厢紧急停止并固定在导轨上。这种装置为电梯的安全运行提供了至关重要的保障，通常被安装在轿厢架或者对重架上。鉴于对轿厢上行超速保护的需求日益增加，目前双向安全钳的应用也变得更加广泛。

1. 安全钳种类与结构特点

根据制动元件结构的不同，安全钳可以分为楔块型、偏心轮型和滚柱型这三种类型；从制停时的减速度（即制停距离）来看，可以分为瞬时式和渐进式。这些安全钳的选择是根据电梯的额定速度和具体用途来决定的。

（1）瞬时式安全钳

图 8-10 所示为楔块型瞬时式安全钳。瞬时式安全钳也被

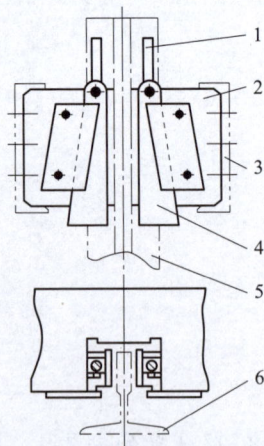

图 8-10　楔块型瞬时式安全钳
1—拉杆；2—安全钳座；
3—轿厢下梁；4—楔（钳）块；
5—导轨；6—盖板

称作刚性急停型安全钳。其承载结构具备刚性特征，在动作时会产生巨大的制停力，使轿厢迅速停止。瞬时式安全钳的特点是制停距离短，但轿厢会遭受剧烈冲击。在制停过程中，楔块或其他形式的卡块会迅速切入导轨表面，导致轿厢瞬间停止。滚柱型瞬时安全钳的制停时间为 0.1 s 左右；而楔块型瞬时式安全钳在制停力最大时制停时间仅约为 0.01 s，整个制停距离也只有几毫米到几十毫米，轿厢的最大制停减速度可以达到 $5g \sim 10g$，甚至更高，而一般人员能够承受的瞬时减速度不超过 $2.5g$。由于这些特点，电梯及其内部的乘客或货物在瞬时式安全钳作用下会受到极其剧烈的冲击，可能会造成人员或货物的损伤。因此，瞬时式安全钳仅适用于额定速度不超过 0.63 m/s 的电梯（某些国家的规定为 0.75 m/s 以下）。

（2）渐进式安全钳

渐进式安全钳也称作滑移动作式安全钳，或称为弹性滑移型安全钳。这种安全钳能够将制动力控制在一定范围内，并允许轿厢在制动过程中有一定的滑移距离。其制动力是逐渐可控地增加或维持恒定，从而避免制停减速度过大。

渐进式安全钳与瞬时式安全钳的根本差异在于，渐进式安全钳在制动开始后，其制动力不是完全刚性的，而是加入了弹性元件，这样安全钳的制动元件对导轨的压力就有了缓冲的空间。在一段较长的距离内逐渐制停轿厢，有效地降低了制动减速度，确保了人员或货物的安全。渐进式安全钳通常用于额定速度超过 0.63 m/s 的各种电梯。

如图 8-11 所示，楔块型渐进式安全钳的结构原理与瞬时式安全钳的主要区别在于，其钳座是弹性结构（带有弹簧装置）。当楔块被拉杆提起并与导轨接触产生制动作用时，楔块通过导向滚柱将推力传递给导向楔块。导向楔块的后部装有弹性元件（弹簧），这使楔块对导轨的压力具有一定的弹性，从而实现相对柔和

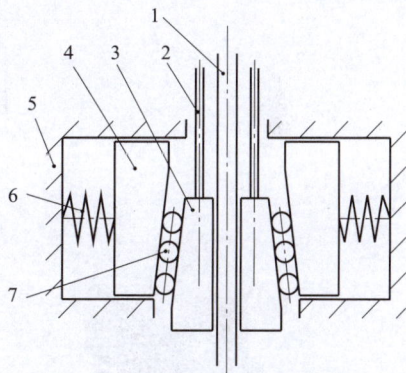

图 8-11 楔块型渐进式安全钳

1—导轨；2—拉杆；3—楔块；4—导向楔块；5—钳座；6—弹性元件；7—导向滚柱

的制动效果。加入导向滚柱可以减少动作时的摩擦力，使安全钳在动作后更容易复位。

（3）双向安全钳

图 8-12 所示为双向安全钳，其被安装在轿厢的下梁上。当轿厢无论是上升还是下降的速度达到限速器的触发速度时，限速器将启动，从而拉动下行（或上行）方向的安全钳动作，使轿厢减速并最终停止，其减速度不得超过重力加速度 g。该安全钳的下行和上行夹紧机构中的第一导向块和第二导向块两侧均安装有水平设置的 U 形弹簧。第一导向块和第二导向块分别固定在 U 形弹簧开口端的内侧，而 U 形弹簧的弯曲部分位于下行和上行夹紧机构的后方。水平安装的 U 形弹簧连接了对置的导向块，并通过自由端对导向块施加弹性力。导向块与钳座内壁之间的间隙足够大，可以安装较厚的 U 形弹簧，从而显著增强弹簧的弹力，适用于货梯以及需要增大载重的其他电梯的安全使用。同时，通过单个 U 形弹簧同时对

图 8-12 双向安全钳

两侧的夹紧机构施加夹紧力，可以使两侧的夹紧动作更加平衡和稳定，提升了使用的稳定性。另外，双向安全钳虽然采用共同的操纵机构，但在动作时彼此独立，不会互相干扰，两个安全钳的制动力可以分别进行调整和设定。

2. 安全钳的安装

轿厢下梁两端头各设置一只安全钳，对重一般不设置安全钳，但在特殊情况下（如井道下方有人能达到的建筑物或空间存在），则必须设置对重安全钳。对重安全钳安装在对重上，其工作原理与轿厢安全钳一样，但当对重用于轿厢上行超速保护时，必须采用渐进式安全钳。如图8-13所示，轿厢安全钳钳体安装在轿底下梁两侧导轨位置，安全钳拉杆机构安装在轿顶或轿底都可以。

安全钳与导轨两侧间隙及安全楔块高度差要符合要求，两侧楔块动作要同步，安全钳铅封应完好，安全钳动作时，必须保证有一个电气安全装置动作。安全钳电气开关安装在轿顶安全钳拉杆位置，安全钳的释放应由专职人员进行。

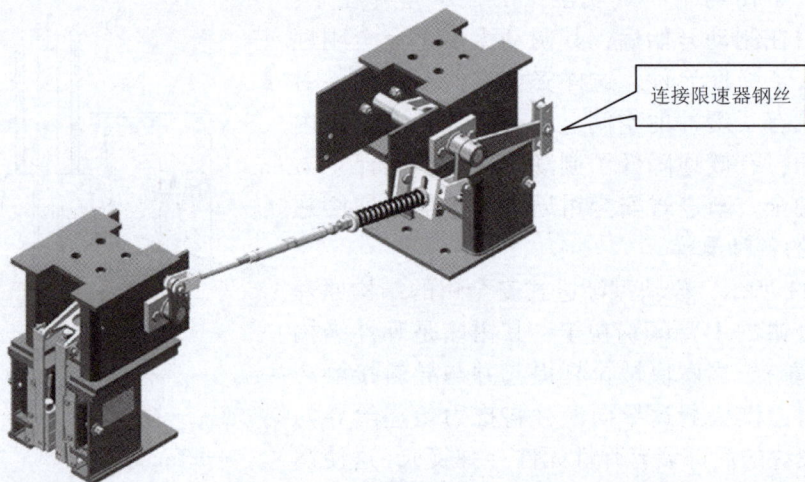

连接限速器钢丝

图8-13 安全钳安装示意图

3. 安全钳使用条件

制停减速度是指电梯在安全钳制动过程中所经历的平均减速度。如果制停减速度过大，会导致猛烈的冲击，从而对人员、货物以及电梯本身造成损害，因此需要对安全钳使电梯制停时的减速度进行限制。根据GB 7588—2020的规定，滑移动作安全钳在制动时的平均减速度应当为 $0.2g \sim 1g$，并且标准中还明确了各种安全钳的使用条件。

1）对于额定速度大于0.63 m/s的电梯，轿厢应当配备渐进式安全钳。而对于额定速度等于或小于0.63 m/s的电梯，轿厢可以使用瞬时式安全钳。

2）如果轿厢安装了多套安全钳，那么这些安全钳都应当是渐进式的。

3）当额定速度大于1 m/s时，对重的安全钳必须是渐进式的，在其他情况下，则可以使用瞬时式的。

4）轿厢和对重的安全钳的操作应当分别由各自的限速器控制。如果额定速度等于或小于1 m/s，对重的安全钳可以通过悬挂机构的断裂或通过一根安全绳来触发。

5）不允许使用电气、液压或气动装置来操控安全钳。

8.2.3　张紧轮

张紧轮（见图 8-14）的钢丝绳绕着限速器并与安全钳连杆拉臂相连，组成限速器-安全钳保护装置，起限速保护作用，张紧轮下方设置有张紧轮开关，当钢丝绳松动断裂，或重锤下移超出范围，张紧轮开关将切断电梯安全回路，电梯不能运行。

张紧轮种类：摆臂式限速器张紧装置和垂直式限速器张紧装置。

图 8-14　张紧轮

重锤通过摆臂与张紧轮连接，张紧轮与重锤在水平方向。张紧轮钢丝绳如果拉长或断裂，重锤下移同时带动张紧轮断绳，电气安全开关动作切断电梯安全回路，电梯停止运行，如图 8-15 所示。

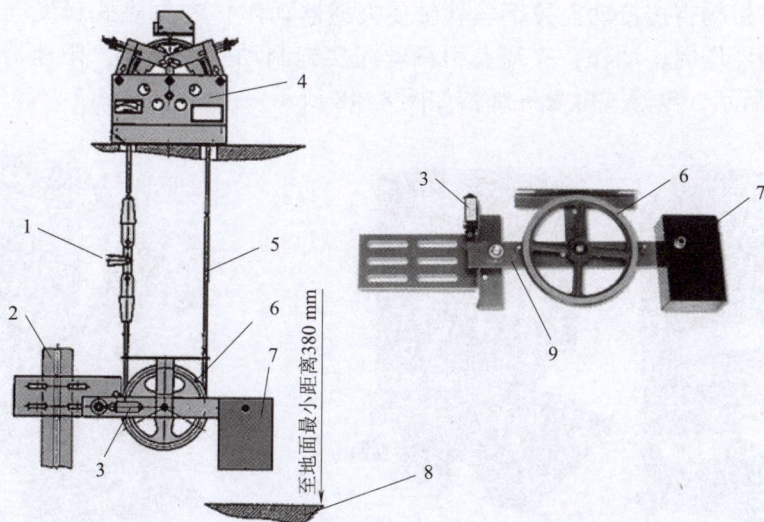

图 8-15　摆臂式限速器张紧装置

1—安全钳操纵杆；2—导轨；3—断绳开关；4—限速器；5—限速器钢丝绳；
6—张紧轮；7—重锤；8—底坑地面；9—重锤摆臂

垂直式限速器张紧装置如图 8-16 所示，重锤的作用性质与摆臂式相同，重锤位置在张紧轮垂直下方，起到张紧钢丝绳的作用，前者防补偿链跳动、摆动，后者张紧给限速器钢丝绳一个向下的拉力以加大钢丝绳与限速器轮间的摩擦力。

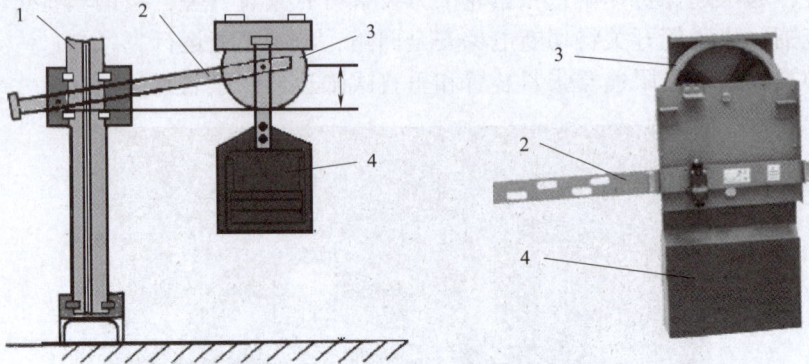

图 8-16　垂直式限速器张紧装置
1—导轨；2—重锤摆臂；3—张紧轮；4—重锤

8.2.4　夹绳器

根据 GB/T 7588.1—2020《电梯制造与安装安全规范》，曳引驱动电梯必须配备上行超速保护装置，以确保在轿厢上行超速时能够使电梯停止或将其速度降至对重缓冲器的允许范围内。该装置应安装在轿厢、对重、钢丝绳系统（包括曳引钢丝绳或补偿绳）、曳引轮的位置上。

夹绳器是将制动力直接施加在曳引钢丝绳上的设备，通常安装在机房内的曳引轮和导向轮之间的曳引机机架上，也有安装在导向轮下部的，但必须确保安装稳固可靠。

根据夹绳器触发装置的不同，夹绳器分为两种类型：限速器机械式触发（通过闸线拉动，限速器动作机构直接带动提拉钢丝软轴使夹绳器动作）和电磁式触发（超速后限速器发出信号，夹绳器压绳块动作，夹绳曳引钢丝绳实施制动）夹绳器。限速器机械式触发夹绳器如图 8-17 所示。电磁式触发夹绳器如图 8-18 所示。

图 8-17　限速器机械式触发夹绳器　　　　图 8-18　电磁式触发夹绳器

8.3 冲顶或蹲底保护装置

冲顶或蹲底保护装置

如果限速器与安全钳也失效了怎么办？电梯会直接掉到底吗？为避免电梯超越极限位置发生冲顶或蹲底，在电梯中使用了轿厢缓冲器、对重缓冲器及终端限位保护装置。在井道内上、下端站附近安装了强迫换速开关、限位开关、极限开关等组成的终端限位装置。

8.3.1 缓冲器

当电梯出现失控并冲向井道顶部或底部时，缓冲器会吸收并耗散电梯的冲击能量，从而使电梯安全地减速并在底坑处停止，发挥缓冲的功能。缓冲器作为电梯安全保护系统的最终防线，用于减轻电梯本身或轿厢内人员可能遭受的直接冲击。

缓冲器充当电梯极限位置的安全设备。当电梯超出其正常运行范围并达到极限位置时，缓冲器将吸收或消除电梯的动能，确保轿厢或对重安全地减速直至完全停止。

1. 缓冲器的种类

电梯使用的缓冲器分为两大类：蓄能型和耗能型。蓄能型缓冲器包括弹簧缓冲器和聚氨酯缓冲器，而耗能型缓冲器主要是指液压缓冲器。蓄能型缓冲器适用于低速（<1 m/s）电梯，而耗能型缓冲器则可用于所有类型的电梯。

（1）弹簧缓冲器

如图 8-19 所示，弹簧缓冲器在电梯到达底部时，通过弹簧来减缓轿厢的速度。然而，由于弹簧在被压缩后需要恢复原状，这会对轿厢产生反作用力，且无法吸收轿厢下落的势能。因此，在遭受轿厢或对重的高速撞击时，会产生强烈的反弹冲击。弹簧缓冲器仅适用于额定速度不超过 1 m/s 的电梯，其最小行程不得小于 65 mm，并应在静载荷达到轿厢自重与额定载重之和（或对重质量）的 2.5~4 倍时达到这一行程。缓冲器的缓冲距离为 200~350 mm。由于弹簧缓冲器对电梯的冲击反弹力较大，且容易生锈，目前其使用已较为少见，基本上已被淘汰。

图 8-19　弹簧缓冲器

（2）聚氨酯缓冲器

如图 8-20 所示，聚氨酯缓冲器是利用聚氨酯材料中的微小气泡结构来吸收能量并实现缓冲的，其作用过程类似于一个装有多个气囊阻尼的弹簧。当以 115% 的额定速度撞击时，缓冲器在作用期间的平均减速度不应超过 2.5g（g 为重力加速度），作用时间不超过 0.48 s，反弹速度不得超过 1 m/s，且不会产生永久变形。聚氨酯缓冲器具有质量轻、安装便捷、无须维护、缓冲效果优良、耐冲击和抗压性能强、缓冲过程中无噪声、无火花、防爆性能好、安全稳定等特点，因此在低速电梯中得到广泛应用。

图 8-20　聚氨酯缓冲器

（3）液压缓冲器

液压缓冲器是当今普遍使用的缓冲器类型。它通过液体的流动阻尼来吸收轿厢或对重的冲击力，并表现出优异的缓冲性能。在轿厢或对重的减速过程中，动能被转化为油的热能，从而使电梯以预定的减速度平稳停止。在相同的工作条件下，液压缓冲器的行程通常比弹簧缓冲器短得多，其阻尼力几乎保持恒定。如图 8-21 所示，液压缓冲器由液压缸、橡胶缓冲垫、缓冲器电气开关、开关碰杆和复位弹簧组成。液压缓冲器内部结构如图 8-22 所示，当轿厢或对重撞击缓冲器时，柱塞向下移动，压缩液压缸内的油，将电梯的动能传递给液压油。液压油通过环形节流孔喷向柱塞腔，在通过节流孔时，由于流动面积的突然减小，形成涡流，液体内质点之间的碰撞和摩擦产生热量，消耗掉电梯的冲击动能，确保电梯安全可靠地减速停车。当液压缓冲器启动时，如图 8-21 所示的缓冲器电气开关立即动作，以在其他安全装置失效的情况下，切断安全回路，确保系统的安全性。

当轿厢或对重离开缓冲器时，柱塞在复位弹簧的弹力作用下恢复到正常工作状态，液压油重新回流到液压缸内。

2. 缓冲器的安装

缓冲器通常安装在电梯的底坑中，一般设置一对，一个位于对重架下方，另一个位于轿厢架下方。有些电梯会在轿厢架下方安装两个缓冲器。

当轿厢下方安装两个缓冲器时，两个缓冲器顶面的高度差应≤2 mm，撞击板与缓冲器中心的偏差应≤20 mm。为了确保缓冲器的良好接地，液压缓冲器的柱塞应涂上油脂以提供保护，且其垂直度≤0.5%。

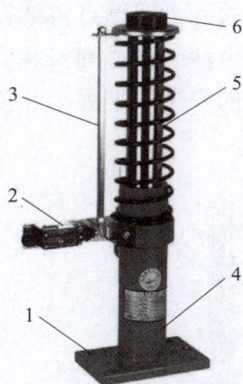

图 8-21　液压缓冲器
1—底座；2—缓冲器电气开关；3—开关碰杆；
4—液压缸；5—复位弹簧；6—橡胶缓冲垫

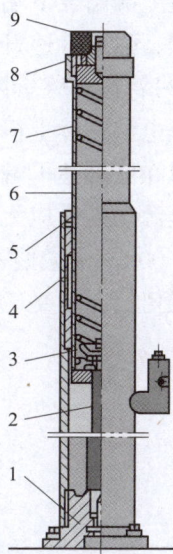

图 8-22　液压缓冲器内部结构
1—液压缸；2—油孔立柱；3—挡油圈；4—液压缸；5—密封盖；
6—柱塞；7—复位弹簧；8—通气孔螺栓；9—橡胶缓冲垫

　　液压缓冲器所用的油应符合标准且在油位指示范围内，无泄漏。在安装聚氨酯缓冲器时，应留出足够的空间，以防止与其他结构发生碰撞或挤压。缓冲器应在常温下存放，放置在通风且干燥的地方。一旦发现聚氨酯缓冲器出现干裂或脱落现象，应及时更换。聚氨酯缓冲器的使用规范包括定期检测，避免在低温（-40 ℃以下）、高温（超过 80 ℃）或湿度超过 85%的环境中使用，以及避免在强酸或强碱的环境中使用。在安装或更换缓冲器时，应参考使用说明书和图示。缓冲器安装后，检测方法是在轿厢空载状态下，以检修速度下降，将缓冲器完全压缩。从轿厢开始离开缓冲器的一瞬间开始计时，直到缓冲器恢复到原状所需的时间应小于 120 s，以符合标准要求。

3. 缓冲器常见故障与排除方法

　　在电梯中，由于缓冲器动作导致的故障并不常见，多数问题源于保养不足。如果在保养过程中能确保不遗漏任何步骤，通常可以预防故障的发生。

　　对于液压缓冲器，如果用力向下压，通常会使安全开关动作。如果安全开关未能正常动作，可以进行适当的调整。缓冲器在动作后能自动回位，但如果不能回位，需要检查液压缸是否缺油，安全开关的接线是否牢固，以及整体结构是否有松动。

　　对于聚氨酯缓冲器，主要需检查是否存在松动、老化或裂纹。如果发现有老化现象，应立即更换。

8.3.2　电梯终端限位保护装置

　　终端限位保护装置的作用是防止由于电梯电气系统失效，轿厢在到达顶层或底层平层位置后继续运行（即冲顶或蹲底），从而引发超出安全运行范围的故障。该装置主要由强迫换速开关、限位开关、极限开关等三个开关及其对应的撞弓、碰轮等机构组成，如图 8-23 所示。当轿厢到达上端站或下端站的减速位置时，轿厢上的撞弓应先接触到强迫换速开关。如果电梯没有减速，强迫换速开关将触发，迫使电梯减速。如果轿厢越位（超过平层位置一定距离后），撞弓将撞击终端限位开关的凸轮，导致常闭触点断开，切断方向信号，使电梯停止，从而防止电梯继续上行（在上端站）或下行（在下端站）。如果在已到达上端站后轿厢继续上行，或在已到达下端站后轿厢继续下行，极限开关的常闭触点将被打开，强制切断主电路和控制电源。撞弓应无扭曲、变形，且开关动作应灵活。撞弓的安装应垂直，偏差不超过长度的 1/1 000，最大偏差不超过 3 mm。开关和撞弓的安装应牢固，开关碰轮与撞弓应可靠连接，在任何情况下碰轮边距碰铁边不得小于 5 mm。

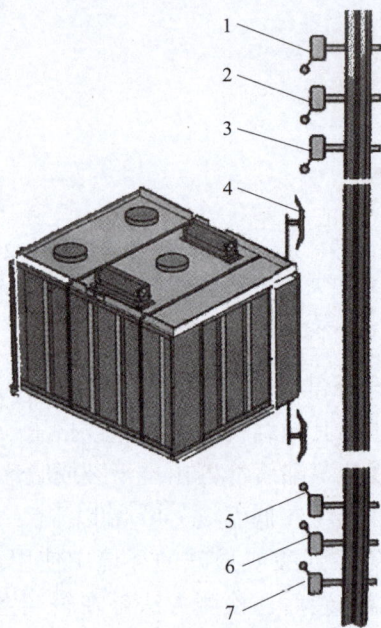

图 8-23　终端限位保护装置
1—上极限开关；2—上限位开关；3—上强迫换速开关；4—开关打板；
5—下强迫换速开关；6—下限位开关；7—下极限开关

1. 强迫换速开关

对于运行速度不超过 1.5 m/s 的电梯，其上、下端站各配备一个换速开关；而对于运行速度超过 1.5 m/s 的快速电梯或高速电梯，其上、下端站则设有两个或更多的换速开关。强迫换速开关是防止越程的第一道防线，通常位于端站正常换速开关之后。当电梯到达最高层或最低层需要减速的位置时，撞弓会撞击碰轮，导致开关断开，从而切断快车运行继电器的电源，但不会使电梯停止运行，而是进入减速模式。强迫换速开关的安装位置应在轿厢平层感应器超过上、下端站地坎 50~80 mm 的位置。

2. 限位开关

限位开关是防止越程的第二道防线。当轿厢在端站未正确停层并触动限位开关时，上限位开关或下限位开关会被轿厢打板动作，立即切断方向控制电路，使电梯停止运行。然而，这仅仅是为了防止电梯向危险方向继续运行，电梯仍然可以向安全方向运行。例如，在上行运行过程中，如果上限位开关被动作，电梯将无法上行，但可以下行。限位开关的安装位置应在轿厢地坎超过上、下端站地坎 30~50 mm 的位置。

3. 极限开关

极限开关是防止越程的第三道保护。端站极限开关的保护有两种形式，一种是机械式的，通过钢丝绳和滚轮拉动开关，断开总电源；另一种是与减速、限位开关结构相同的极限开关，当限位开关动作后若电梯仍不能停止运行时，则触动极限开关切断电路，使驱动主机迅速停止运转。对于交流调压调速电梯和变频调速电梯，极限开关动作后，应能使驱动主机迅速停止运转，对单速或双速电梯应切断主电路或主接触器线圈电路。极限开关的动作应能防止电梯在两个方向的运行，而且不经过专业人员调整，电梯不能自动恢复运行。极限开关在轿厢超越平层位置 50~200 mm 时就迅速断开，这样就避免了事故的发生。

极限开关的安装位置应尽量靠近端站，但必须确保与限位开关不联动，并且必须在对重（或轿厢）接触缓冲器之前动作，并在缓冲器被压缩期间保持极限开关的保护作用。极限开关一般安装在轿厢地坎超越上、下端站地坎 150 mm 处。限位开关和极限开关必须符合电气安全触点的要求，不能使用普通的行程开关和磁开关、干簧管开关等传感装置。

8.4　电梯轿厢意外移动保护装置

电梯轿厢意外移动保护装置

轿厢意外移动（Unintended Car Movement，UCM）指的是电梯在平层区域且门开启时，没有指令的情况下轿厢离开层站的移动，这种移动不包括装、卸载引起的移动。这类非正常移动被称为电梯的意外移动。

轿厢意外移动保护装置（Unintended Car Movement Protection，UCMP）的作用是在电梯层门未锁定且轿门未关闭的情况下，当轿厢安全运行所依赖的驱动主机或驱动控制系统的任何一个元件失效时，防止或停止轿厢离开层站的意外移动。该装置应具备检测轿厢意外移动的能力，能够使轿厢停止移动，并保持其停止状态。

8.4.1　电梯意外移动的原因

1. 电气方面的原因

电梯的启动、加速、运行、减速、停止、开门，以及所有的指令和信号，都是通过电气控制装置来执行的，无论是逻辑电路、计算机系统还是可编程逻辑控制器（PLC），一旦系统中的部件或程序出现问题，电梯就可能出现错误的动作。

轿门和层门的电气联锁装置失效：如果轿门或层门的电气联锁装置失效，可能会导致轿厢意外移动。尤其是当轿门和层门的电气联锁装置同时失效时，电梯在到达指定楼层并开门后，只要电梯接收到内呼或外呼信号，电梯就会立即启动，前往呼叫的楼层。这是轿厢意外移动事故中最严重的情况之一，可能会导致人员受到剪切、挤压或坠落等严重伤害。

2. 制动器方面的原因

制动器的制动轮和闸瓦上存在油污，这在老旧电梯上的老式制动器中尤为常见，也是导致事故的主要原因之一。当制动力矩不足以使电梯轿厢停止时，就会发生开门溜车的情况。

3. 曳引机方面的原因

曳引式电梯的垂直运动依赖于曳引轮与钢丝绳之间的摩擦力。根据曳引条件公式，曳引轮和钢丝绳的缺陷会直接影响电梯的曳引性能。曳引机作为电梯的动力源，其部件的缺陷也会直接影响电梯的运行状态。

1）曳引轮缺陷。曳引轮的绳槽严重磨损，甚至出现变形，轮槽上有油污。

2）曳引绳缺陷。曳引钢丝绳选型不当，磨损严重，直径减小，钢丝绳上有油污。

3）悬臂式曳引轮轴断裂。曳引轮轴断裂时，无论电梯处于何种状态，轿厢都会下降。

4）蜗轮缺陷。曳引机的蜗轮出现断齿，连接蜗轮的套筒法兰破裂，导致传动失效。

4. 人为原因

电梯的使用和维护单位的人员违规使用或操作电梯，导致轿厢意外移动的情况发生。

1）轿门和层门电气联锁装置的电路被人为短接。电梯的安装和维护人员为了调试和排查故障的方便，故意短接轿门和层门电气联锁装置的电路，但之后忘记拆除短接线，导致电梯恢复正常运行后发生开门走车的严重后果。

2）电梯超载使用。一些老式载货电梯没有超载保护装置，或者有的电梯超载保护装置失效后没有及时修复，导致电梯在超载状态下运行，轿厢平层开门后出现溜车，或者曳引钢丝绳在曳引轮槽中打滑。

3）平衡系数过小。由于电梯安装人员调试不精确，或者电梯用户在电梯投入使用后私自改造轿厢，导致平衡系数过小。在同样额定载重量且超载保护装置失效的情况下，轿厢在向下运行时很容易产生下坠现象，并在电梯平层开门时发生溜车。

4）救援操作不当。电梯发生关人事件后，救援人员之间配合不协调。在层门和轿门已经打开并放人时，其他进入机房的人员进行松闸盘车操作，造成人员剪切、挤压等事故。

8.4.2 轿厢意外移动装置的要求

GB/T 7588.1—2020 规定 UCMP 装置应在下列距离内制停轿厢，如图 8-24 所示，①与检测到轿厢意外移动的层站的距离不大于 1.20 m；②层门地坎与轿厢护脚板最低部分之间的垂直距离不大于 0.20 m；③设置井道围壁时，轿厢地坎与面对轿厢入口的井道壁最低部件之间的距离不大于 0.20 m；④轿厢地坎与层门门楣之间或层门地坎与轿厢门楣之间的垂直距离不小于 1.00 m。轿厢载有不超过 100% 额定载重量的任何载荷且平层位置从静止开始移动的情况下，应满足上述值。

该装置的制停部件在制停过程中，不应使轿厢减速度超过：①空轿厢向上意外移动时为 $1g$（g 为重力加速度）；②向下意外移动时为自由坠落保护装置动作时允许的减速度。最迟在轿厢离开开锁区域时，应由符合 GB/T 7588.1—2020 中 15.6.7 要求的电气安全装置检测到轿厢意外移动。

该装置在动作时，应促使符合 GB/T 7588.1—2020 标准中 5.6.7 条款所规定的电气安全装置启动。当该装置被触发或其自监测功能显示制停部件失效时，应由合格的专业人员来释放或复位电梯。释放该装置无须接近轿厢、对重或平衡重。释放后，该装置应恢复到工作状态。如果该装置需要外部能量来驱动，当能量不足时，应使电梯停止并保持在停止状态。此要求不适用于带导向的压缩弹簧。轿厢意外移动保护装置是安全组件，必须按照规定进行型式试验。

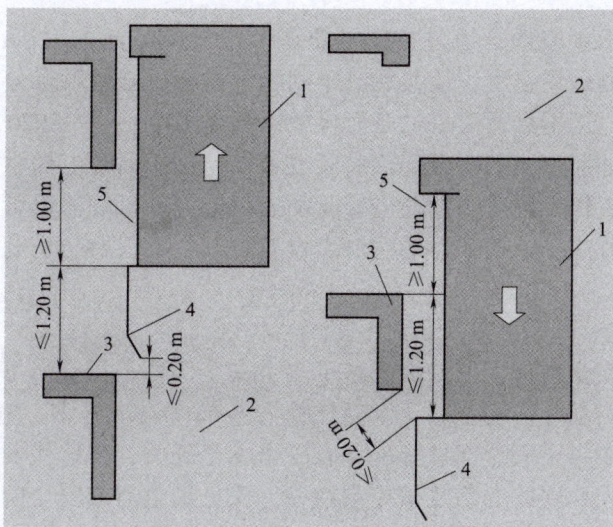

图 8-24　轿厢意外移动——向上和向下移动

（a）向上移动；（b）向下移动

1—轿厢；2—井道；3—层站；4—轿厢护脚板；5—轿厢入口

8.4.3　轿厢意外移动监控装置典型系统

1）由平层感应器+安全电路板组成的检测子系统，由制动器组成的制停子系统。

2）由平层感应器+安全电路板组成的检测子系统，由作用于异步电动机的夹轮器或者作用于导轨的夹轨器构成制停子系统。

3）由电子限速器构成检测子系统，由双向安全钳或夹绳器构成制停子系统。

8.5　电梯电气安全保护装置

电梯电气安全保护装置

8.5.1　电梯电气安全装置

1. 主回路

电梯的主回路涉及直接控制曳引电动机启动、停止和正反转的电路部分。由交流或直流电源直接供电的电动机，必须通过两个独立的接触器来切断电路，这两个接触器的触点应串联在电源电路中。当电梯停止运行时，如果其中一个接触器的触点没有打开，为了避免电梯再次启动，最迟应等待下一次运行方向改变。因此，在主回路中，电梯电动机的运行或停止必须由两个参与电梯运行控制的接触器的触点来控制，这两个接触器由不同的电气装置或电路控制。如果这两个接触器不是独立控制的，而是由同一个电气装置控制，那么就可能出现两个接触器的触点都无法打开的风险。

2. 电气制动回路

电气制动回路的工作原理是通过控制电路调节电压或电流的大小，以减少磁场中的电流，从而降低磁铁中的磁场强度，使其无法牢固吸附铁芯，导致触点分离，断开主回路，从而保护电动机不会因电压不足或失去电压而烧毁。根据 GB 7588—2020，至少需要两个独立的电气装置来完成制动器电流的断开。这些装置可以与用于断开电梯驱动主机电流的电气装置合并，但必须独立工作。同时，切断电梯驱动主机电流的接触器也可以控制切断制动器电流的电气装置。如果其中一个接触器的主触点没有打开，不仅要防止电梯再次运行，制动器也应保持关闭状态。

3. 安全回路

为了确保电梯的安全运行，电梯上配备了多个安全部件。只有当每个安全部件都处于正常状态时，电梯才能启动并运行；一旦发现任何安全部件出现异常，电梯会立即停止运行。安全回路指的是电梯中每个安全部件都配备有一个安全开关，将这些安全开关串联起来，形成电梯的安全回路。安全回路的信号被控制在一个安全继电器或安全模块上。只有当所有安全开关都闭合时，安全继电器才会吸合，或者安全模块接收到正常信号，电梯才能通电运行。电梯控制屏上可以显示安全回路的状态。根据 GB 7588—2020，电梯的电气安全装置在表 8-2 中有明确规定，这些安全装置的检查功能需要相应的电气安全动作机构和开关来实现，这些开关共同构成了电梯的安全回路。

表 8-2　电气安全装置

GB 7588—2020 章条	所检查的位置
5.2.2.2.2	检查检修门、井道安全门及检修活板门的关闭位置
5.7.3.4a)	底坑停止装置
6.4.5	滑轮间停止装置
7.7.3.1	检查层门的锁紧状况
7.7.4.1	检查层门的闭合位置
7.7.6.2	检查无锁门扇的闭合位置
8.9.2	检查轿门的闭合位置
8.12.4.2	检查轿厢安全窗和轿厢安全门的锁紧状况
8.15b)	轿顶停止装置
9.5.3	检查钢丝绳或链条的非正常相对伸长（使用两根钢丝绳或链条时）
9.6.1e)	检查补偿绳的张紧
9.6.2	检查补偿绳防跳装置
9.8.8	检查安全钳的动作
9.9.11.1	检查限速器的超速开关

4. 门联锁回路

在轿厢开始运行之前，层门应被有效地锁定在关闭状态，但层门锁定之前，可以进行轿厢运行前的准备操作。层门锁定必须由一个符合规定的电气安全装置来确认。如果任何一个层门或多个层门中的任何一扇门打开，在正常操作下，电梯不应启动或继续运行，但可以进行轿厢运行前的准备操作。同样，如果轿门或多扇轿门中的任何一扇门打开，在正常情况下，电梯也不应启动或继续运行，但可以进行轿厢运行前的准备操作。只有当所有层门和轿门完全关闭，并接通所有触点，使门联锁继电器动作后，电梯才能具备充分的运行条件。在平层控制和对位操作的情况下，可以在平层和允许的范围内开着层门和轿门运行，但不能有电气装置将层门和轿门的触点并联。

8.5.2 检修及紧急电动运行装置

在电梯的电气系统中，检修控制电路扮演着关键角色。在电梯正常运行时，检修控制电路并不工作，但当维修人员需要进行电梯的维护或故障排除时，检修控制电路就变得至关重要，因为它可以用来控制电梯轿厢以低速运行。电梯的轿顶、轿厢内部和控制柜中都设有检修运行开关，如图8-25所示。检修开关通常位于电梯机房、轿顶和轿厢操纵箱中，但它们在操作顺序上存在优先级，顺序为轿顶、轿厢、机房，并且各自之间互锁，以确保在维修和救援过程中，同一时间内只能在一个位置操作电梯。当轿顶检修开关处于检修模式时，其他位置的检修开关将失效，只能由轿顶检修开关控制电梯。检修运行的行程不应超过正常的行程范围，并且检修运行的上、下端站限位开关应确保检修人员在轿顶和底坑时的绝对安全。因此，只有在所有安全保护装置及其电路都处于可靠有效状态，且电梯的轿门及各个层站的层门都已关闭时，才能进行检修运行。检修运行时还应配备一个停止开关。电梯轿顶检修盒如图8-26所示。当转换开关切换到检修模式时，轿顶检修开关生效，在慢速上行时，按下公共按钮和上行按钮；在慢速下行时，按下公共按钮和下行按钮。

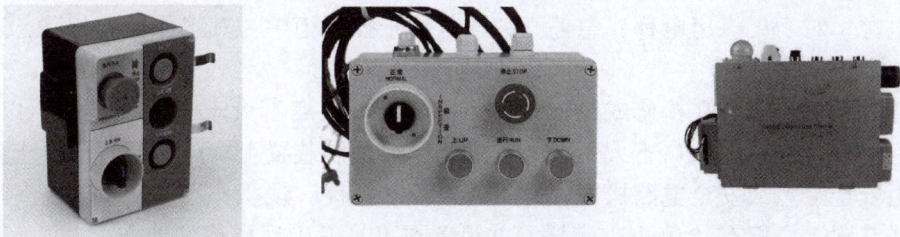

图 8-25 几种电梯轿顶检修盒

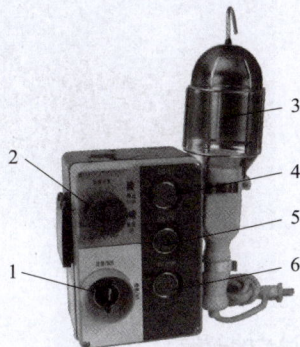

图 8-26 电梯轿顶检修盒

1—轿顶检修开关；2—轿顶急停；3—照明装置；4—检修上行按钮；5—公共按钮；6—检修下行按钮

1. 轿顶检修运行

将电梯切换到轿顶检修运行状态后，正常运行、紧急电动操作和对接操作都会失效。电梯进入检修状态时，必须断开自动开关门电路和正常快速运行电路，不再响应正常运行指令。在检修状态下，开关门操作和检修运行操作都只能是点动操作，电梯只能以点动控制慢速上、下运行。电梯在检修时的运行速度不应超过 0.63 m/s。此外，只有在同时按下下行按钮和中间公共按钮时，电梯才能向下慢行。在检修运行状态下，工作人员可以放心工作，不必担心外部乘客呼叫电梯导致电梯运行。检修运行是最高级别的操作。只有取消检修运行，电梯才能转换到其他运行状态。

2. 紧急电动运行

为了救助乘客，电梯应当配备紧急操作装置，这使轿厢可以慢速移动，从而实现救援被困乘客的目的。为此，电梯通常配备了紧急电动运行装置，通常安装在控制柜内，在解救被困乘客时可以使用。在电梯进行检修运行时，紧急电动运行应该处于断开状态。在紧急电动运行时，应使安全钳、限速器、轿厢上行超速保护装置、极限开关和缓冲器上的电气安全装置失效。这样，当电梯发生限速器安全钳联动或者电梯轿厢冲顶或蹲底时，可以通过紧急电动运行操作使电梯离开故障位置。例如，如果电梯困人，可以迅速将人释放出来，或者及时将故障电梯恢复正常。

8.5.3 电梯急停开关

如图 8-27 所示，电梯在控制柜、轿顶、底坑和轿厢都配备了急停开关，这些开关用于在维修过程中或紧急情况下使电梯停止运行。对于有机房电梯，急停开关通常安装在曳引机附近，以便在电梯出现问题时能够迅速按下急停开关，使曳引机迅速断电并夹紧，从而切断所有电路电源。对于无机房电梯，急停开关通常位于控制柜中，其工作原理相同，通常与抱闸扳手相邻。

轿顶急停开关应安装在检修或维护人员入口附近，距离不大于 1 m 的位置，以便接近。该装置也可以安装在紧邻入口不大于 1 m 的检修运行控制装置上。停止装置的要求包括：停止装置应由安全触点或安全电路构成，并具有双稳态特性，误操作不能使电梯恢复运行。停止装置上或其附近应标有"停止"字样，并设置在不易发生误操作的地方。

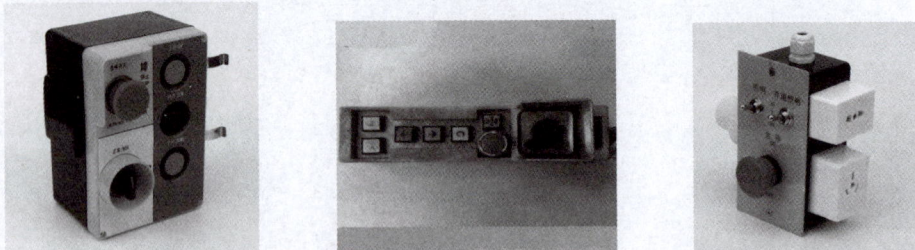

图 8-27 电梯急停开关

8.5.4 紧急报警装置及对讲装置

在电梯使用过程中，如果发生故障导致停机、停电困人等紧急情况，或者维修人员在井道中遇困时，为了帮助被困人员向轿厢外求援，及时与外界联系并配合维修人员实施救援，电梯轿厢内配备了紧急报警装置和五方对讲系统。

五方对讲系统将轿厢分机、机房分机、轿顶分机、底坑分机和值班监控室主机分别安装在电梯轿厢、电梯机房、电梯轿顶、电梯底坑和物业值班室。乘客可以通过轻按轿厢内的"电话"键向值班室发出呼叫信号。在电梯正常保养时，按"警铃"键即可与机房进行通话，以便于维修时沟通。接到呼叫电话时，主机上可以显示发出呼叫电话的电梯位置，以便及时救援，并具备回拨功能。如果电梯行程超过 30 m，轿厢和机房之间应设置由紧急电源供电的对讲系统。

8.6　其他安全防护装置

其他安全防护装置

8.6.1　旋转部件防护

为了防止人身伤害、钢丝绳或链条因松弛而脱离轮槽或链轮、异物进入钢丝绳与轮槽或链条与链轮之间，电梯的曳引轮、滑轮、限速器等旋转部件，无论是位于机房（机器设备间）内的，还是井道内的，以及轿厢上的滑轮与钢丝绳形成传动的部件，都必须配备防护装置，如图 8-28 所示。这些部件应该涂成黄色以引起注意，防止人或物体被卷入导致故障或事故。所选用的防护装置应能够清晰地看到旋转部件，且不妨碍检查和维护工作。如果防护装置是网孔状的，图 8-28 中主机防护罩所示，为了不阻碍盘车开关和盘车装置的安装，应在盘车部分的上部留有缺口，其网孔尺寸和安全距离应符合 GB 23821—2022 的要求。防护装置只有在更换钢丝绳或链条、更换绳轮或链轮、重新加工绳槽的情况下才能拆除。

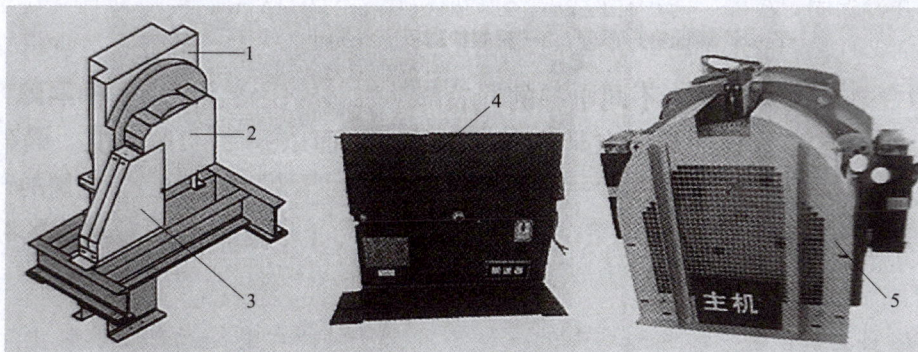

图 8-28　电梯旋转部件防护

1—曳引轮防护罩；2—曳引机防护罩；3—导向轮防护罩；4—限速器防护罩；5—主机防护罩

8.6.2　移动部件防护

轿厢和对重是电梯运行时进行上下往复运动的移动部件。这些部件在井道内运行，因此需要采取适当的防护措施。如图 8-29 所示，为了确保维修人员在轿顶的安全作业，轿厢顶部安装了轿顶防护栏。为了防止坠落，轿厢下部厅门侧设置了轿厢护脚板。如果对重反绳轮位于人员易于接触的区域，则需要给对重反绳轮加上防护网。在装有多台电梯的井道中，不同电梯的运动部件之间应设置隔障，这些隔障应至少从轿厢、对重（或平衡重）行程的最低点延伸到最低层站楼面以上2.50 m的高度。隔障应有足够的宽度以防止人员从一个底坑进入另一个底坑；如果轿厢顶部边缘和相邻电梯的运动部件之间的水平距离小于0.5 m，隔障应贯穿整个井道。对重（或平衡重）的运行区域应使用刚性隔障进行保护。轿厢及其相关部件与对重（或平衡重）之间的距离不应小于50 mm。

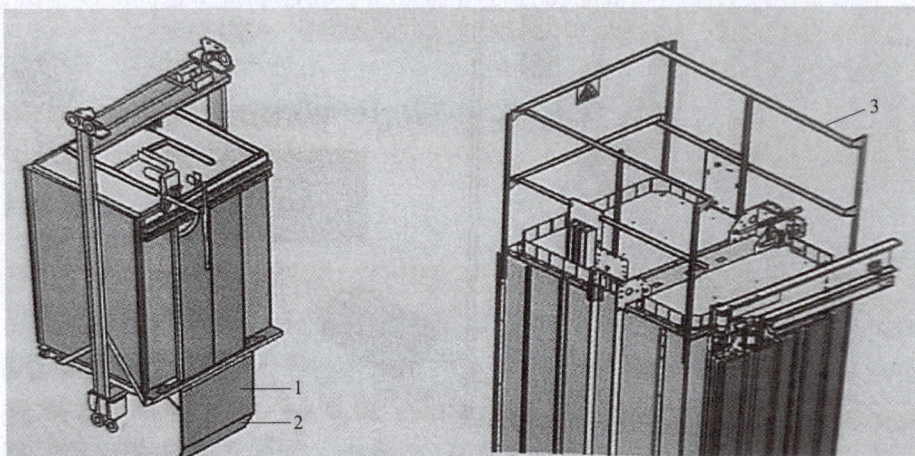

图 8-29　移动部件防护装置
1—轿厢护脚板垂直部分；2—轿厢护脚板倾斜部分；3—轿顶防护栏

1. 轿顶防护栏

根据国家标准规定，当井道壁与轿顶外侧的水平自由距离超过0.3 m时，轿顶必须安装防护栏，并确保固定牢固。防护栏应设置在轿顶边缘最大0.15 m之内，并且其扶手外缘与井道中任何部件之间的水平距离不得小于0.10 m。防护栏的入口应确保人员进出安全且方便。防护栏由扶手、高度为0.10 m的护脚板、中间栏杆以及固定在防护栏上的警示标志或相关须知组成。轿顶防护栏的最高部分，在轿厢投影面内且水平距离0.40 m范围内和防护栏外水平距离0.10 m范围内，高度应至少为0.30 m；在轿厢投影面内且水平距离超过0.40 m的区域内，任何倾斜方向距离，应至少为0.50 m。当自由距离不超过0.85 m时，扶手高度不应低于0.70 m；当自由距离超过0.85 m时，扶手高度不应低于1.10 m。

2. 轿厢护脚板

护脚板是安装在电梯轿厢地坎下的一种装置，其设计目的是保护乘客在上、下电梯时的安全，避免脚部受伤。护脚板的宽度应与对应层站入口的净宽度相等。护脚板垂直部分应设计成斜面，斜面向下延伸，其与水平面的夹角应大于60°，以确保在水平面上的投影深度不少于20 mm。这样的设计可以防止轿厢在到达最低层站时，护脚板对底坑工作人员造成伤害。

3. 对重（或平衡重）防护网

轿厢体积较大，维修人员在底坑中作业时会小心注意轿厢的位置。但随着轿厢上升，其与底坑工作人员的距离增加，对重也会向底坑方向移动。维修人员可能会忽视对重的状态，从而造成危险。因此，需要设置隔障，将运行区域与维修人员可以到达的区域隔离开，以保护底坑中的维修人员不受到伤害。

在电梯运行区域应使用刚性隔障进行防护，该隔障从电梯底坑地面上不大于0.30 m处向上延伸至至少2.50 m的高度，宽度至少应等于对重（或平衡重）宽度两边各加0.10 m。如果隔障是网孔型的，它必须是刚性的。

在特殊情况下，为了满足底坑安装的电梯部件的位置要求，可以在隔障上开尽可能小的缺口。如果在设计上使用了带有网孔的网，且不是由刚性网制造，网孔大小为10 mm×10 mm，网丝直径为2 mm，那么在安装后，其强度非常低，很容易被推到对重的运行空间中，这不符合标准要求。

🔄 课后习题

一、判断题

1. 电梯超载运行，厅门未关闭运行，电动机错、断相运行等均属于不安全运行状态。
（　　）

2. 电梯运行过程中突然停梯，下坠到底层开门可能是电梯的低速自救功能。（　　）

3. 瞬时式安全钳适用于电梯额定速度低于0.63 m/s的电梯。（　　）

二、填空题

1. 电梯检修运行速度应不大于_____ m/s，电梯低速自救速度应不大于_____ m/s。

2. 蓄能型缓冲器只能用于额定速度_____的电梯。

3. 弹簧缓冲器适用于额定速度小于或等于_____ m/s的电梯。

4. 制停子系统是执行意外移动保护的部件，指作用在_____、_____、_____、_____或只有两个支撑的曳引轮轴上的起到意外移动后制停电梯的部件。

5. 紧急电动运行时，可以使_____、_____、_____、_____、_____安全开关失效。

6. 每一轿厢地坎上均需装设护脚板，其宽度应_____相应层站入口的整个净宽度。

三、单项选择题

1. 电梯不安全状态不包括的是（　　）。

A. 电梯超速运行　　　　　　　　　B. 电梯检修运行

C. 电梯非正常停止　　　　　　　　D. 电梯蹲底

2. 限速器钢丝绳的公称直径，限速器钢丝绳轮的节圆直径与钢丝绳的公称直径之比分别应不小于（　　）。

A. 4 mm，30　　　B. 6 mm，30　　　C. 8 mm，40　　　D. 10 mm，40

3. 关于缓冲器的说法不正确的是（　　）。

A. 装在行程端部　　　　　　　　　B. 用来吸收轿厢动能的一种弹性装置

C. 缓冲器只设一个，即在轿厢底部　　D. 有弹簧式和液压式

四、简答题

1. 电梯安全回路的主要作用是什么？

2. 电梯夹绳器是如何起到上行保护作用的？请阐述其动作过程。

3. 厅门旁路装置的作用是什么？

模块九

自动扶梯及自动人行道

学习导论

机场及购物广场里或人流量较大的场所中，往往会见到自动扶梯或人行道。自动扶梯及自动人行道结构有哪些？和常见的电梯有何区别？

学习目标

知识目标
1. 了解自动扶梯结构及工作原理；
2. 了解自动人行道的结构及工作原理。

技能目标
1. 熟悉扶梯保护装置；
2. 熟悉自动人行道主体结构。

素养目标
1. 提高学生思考能力；
2. 提高学生团队协作能力。

9.1　自动扶梯结构原理

自动扶梯

9.1.1　自动扶梯定义

自动扶梯（Escalator）是向上/向下倾斜且带有循环运行梯级的电力驱动设备；自动人

行道是用于水平或倾斜角不大于12°且带有循环运行（板式或带式）走道输送乘客的电力驱动设备。自动扶梯/人行道均配置扶手带装置，供乘客扶持之用。

上述两种产品均具备输送乘客功能，因安全可靠、安装维修方便等特点，广泛用于车站、机场和商场等地点，但它们不能被认定为电梯。

一般自动扶梯的倾斜角有27.3°、30°、35°三种。

9.1.2　自动扶梯按用途分类

自动扶梯分类如表9-1所示。

表9-1　自动扶梯分类

按用途分	按提升高度分	按驱动方式分	按有效宽度分
一般型自动扶梯	小高度自动扶梯（提升高度3~6 m）	链条式（端部驱动）	600 mm
公共交通型自动扶梯	中高度自动扶梯（提升高度6~20 m）	齿轮齿条式（中间驱动）	800 mm
室外用自动扶梯	大高度自动扶梯（提升高度大于20 m）		1 000 mm

9.1.3　自动扶梯结构

自动扶梯一般由梯级、牵引链条、梯路导轨系统、驱动装置、张紧装置、扶手装置和金属桁架结构等组成，其中梯级、牵引链条及梯路导轨系统广义上可称为自动扶梯梯路。自动扶梯如图9-1所示。

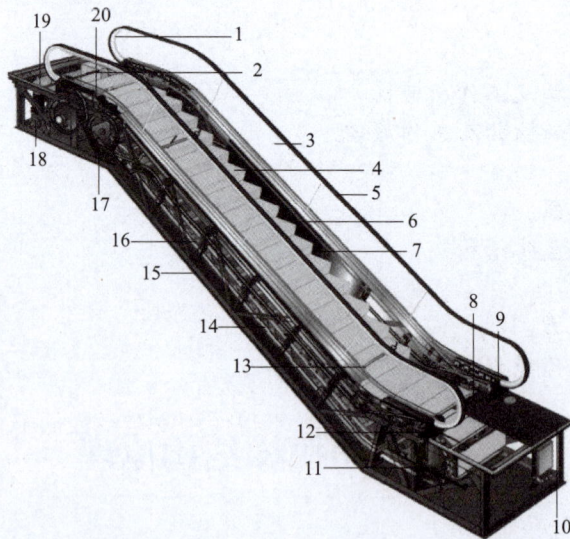

图9-1　自动扶梯

1—扶手中心；2—控制柜；3—玻璃栏板；4—梯级；5—扶手带；6—围裙板照明灯；
7—围裙板；8—梳齿板；9—急停按钮；10—盖板；11—张紧装置；12—扶手带入口；13—梯级运行保护；
14—梯路导轨；15—桁架；16—梯级链；17—扶手带驱动；18—主驱动装置；19—速度检测装置；20—内盖板

9.1.4 梯级

梯级本质上是一种各具备 2 只主/辅轮的小车，牵引链条与主轮轮着铰链一起。梯级运行轨迹一般是提前设置好且有规律运行，保证在自动扶梯上层分支导轨上运行时保持梯级水平，下层分支导轨上运行时则梯级倒挂运行。

梯级宽度（常见为 600 mm、800 mm、1 000 mm）、深度（需大于 380 mm）、基距（一般为 310~350 mm）、轨距、间距（一般为 400~405 mm）是梯级最主要的几个参数，一般扶梯根据提升高度不同含有 50 至 700 个梯级。梯级结构如图 9-2 所示。

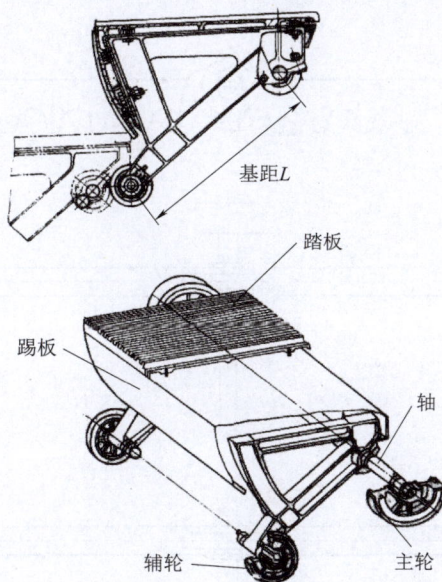

图 9-2 梯级结构

9.1.5 牵引装置

自动扶梯的动力牵引装置分为端部驱动式和中间驱动式，前者是我国自动扶梯中最常用的形式，扶梯水平直线末端安装其驱动装置，同时为了保障不出现梯级偏斜，应保障左右牵引链条长度累积误差尽量接近，牵引链条如图 9-3 所示；中间驱动式所使用的牵引构件是牵引齿条，两梯级间用一节牵引齿条连接，中间驱动装置机组上的传动链条的销轴与牵引齿条相啮合以传递动力，使用牵引齿条的中部驱动装置则在倾斜直线区段上、下分支的当中，牵引齿条结构图如图 9-4 所示。

为保证自动扶梯安全、可靠、正常运行，不得使用安全系数低于 5 的牵引构件，一般小提升（大提升）高度扶梯选用安全系数为 7（10）的牵引构件。

9.1.6 梯路导轨系统

自动扶梯梯路导轨系统包括主轮和辅轮所用的全部导轨、反轨、反板、导轨支架及转向壁等。梯级规律运动、防止梯级跑偏等，主要是由导轨系统支撑梯级主、副轮载荷，保障正常运行。导轨支架与异形导轨如图 9-5 所示。

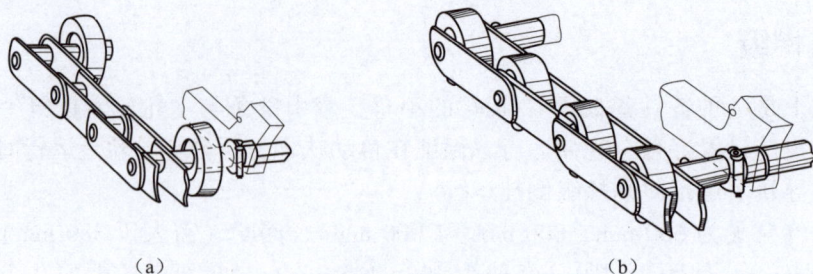

（a）　　　　　　　　　　　　　（b）

图 9-3　牵引链条

（a）主轮在牵引链内侧；（b）主轮在牵引链两链片之间

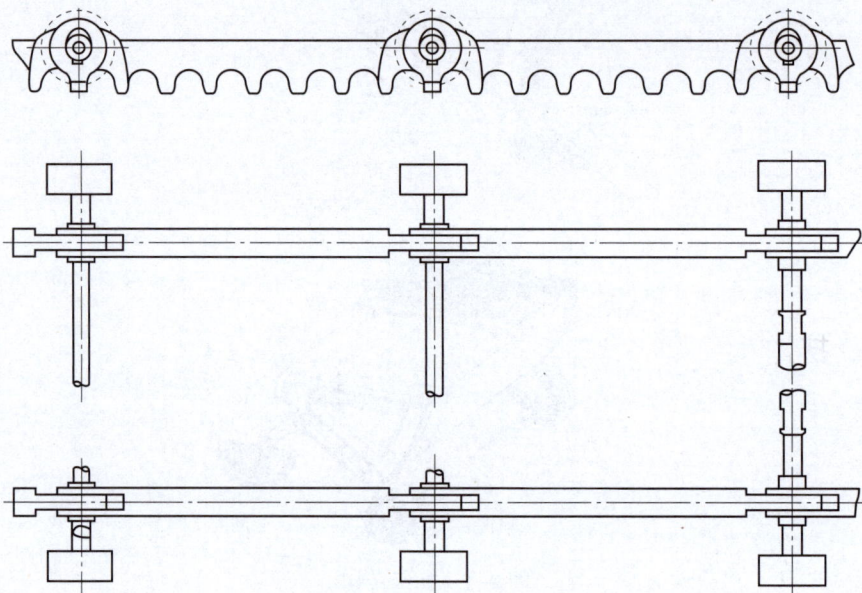

图 9-4　牵引齿条结构图

梯级主轮在牵引链轮和张紧端张紧链轮转向时，不需要导轨及反轨，由于处于导、反轨的终端，导轨终端需低于链轮的中心线，并制成喇叭口形式易于导向。但是辅轮仍需要转向导轨，这种整体式的终端转向导轨，即为转向壁（见图 9-6），转向壁将与上分支辅轮导轨和下分支辅轮导轨相连接。

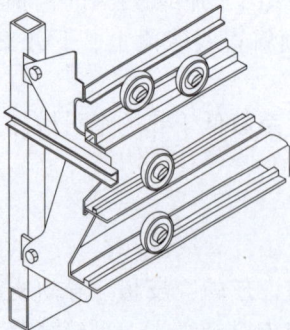

图 9-5　导轨支架与异型导轨

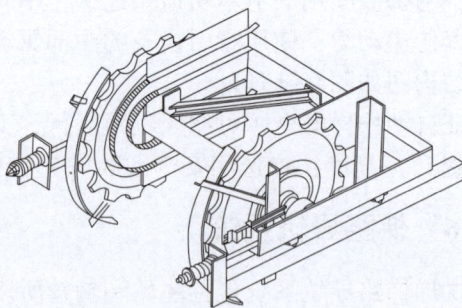

图 9-6　转向壁

9.1.7　桁架

建筑物不同高度地面、各种载荷、零部件的连接、承载及安装支撑由扶梯基础构件——桁架完成。其通过矩形管、多种型材等焊接，三段（即驱动、中间、张紧段）拼接或焊接后的桁架用于小提升高度的扶梯；考虑安装、运输，分体焊接的桁架用于大、中提升高度的扶梯，同时架设多支撑结构保障刚度和强度。

桁架是自动扶梯内部结构的安装基础，它的整体和局部刚性的好坏对扶梯性能影响较大，因此一般规定它的挠度控制在两支撑距离的 1/750 范围内，对于公共型自动扶梯要求控制在两支撑距离的 1/1 000 范围内。

9.1.8　梳齿前沿板

为保证乘客在自动扶梯进、出口的上下安全，必须设置梳齿前沿板，它包括梳齿、梳齿板、前沿板三部分。梳齿的齿宽最少为 2.5 mm，且与梯级的齿槽相啮合，端部修成圆角，即使乘客的鞋或物品在啮合区域也能保证相对静止，平滑地到楼层板上。梳齿水平倾角最大为 40°，抬起触发开关切断电路，防止有物品阻碍梯级运行损坏扶梯；梳齿板被固定支撑在前沿板上并固定梳齿，水平倾角不高于 10°，保证梳齿啮合深度大于 6 mm。

9.1.9　扶梯制动器

为防止设备故障、停电、不可预估的自然灾害，保障自动扶梯的安全运行，自动扶梯需配置相应的安全制动装置——制动器。

制动器是自动扶梯的一个非常重要的安全设备，其作用是紧急情况时使自动扶梯制停，并应能使满载的自动扶梯可靠保持制停状态，以保证乘客的生命安全。电动机的高速轴上一般需安装工作制动器，自动扶梯经过工作制动器后匀速减速后，最终停止并维持制停。

大提升高度的自动扶梯达到满载运行时，通常会增加附加制动器，当扶梯速度小于额定速度或大于/等于 1.2 倍额定速度时以及梯级改变规定运行方向时动作，尤其是在下降至停止时起到保险作用，防止发生安全事故。

它不是必备的，但在下列场合必选。

1）工作制动器和梯级驱动轮之间不是用轴、齿轮、多排链条、两根或两根以上的单根链条连接的；

2）提升高度大于或等于 6 m；

3）公共交通型自动扶梯；

4）工作制动器不是机械式制动器。

自动扶梯常用的工作制动器、紧急制动器和辅助制动器的原理和结构如下：

（1）工作制动器

工作制动器通常安装在电动机的高速轴上，它的作用是在自动扶梯停车时，以人体能够承受的减速度使扶梯停止运转，并在停车后保持可靠的静止状态。工作制动器在动作时应反应迅速，无延迟。它必须采用常闭式，即自动扶梯不工作时保持可靠静止；在正常工作时，通过持续通电的释放器（电磁铁装置）输出力或力矩，打开制动器以允许运转；在制动器电路断开后，电磁铁装置的输出力消失，工作制动器立即制动。工作制动器的制动力由有导向的压缩弹簧或重锤产生。自动扶梯的工作制动器通常采用制动臂式、带式或盘式制动器。

（2）紧急制动器

在自动扶梯使用传动链条传动时，如果链条断裂，驱动电动机与梯级之间的联系将中断。即使安全开关切断电源，驱动电动机停止运转，自动扶梯仍可能由于自身及载荷重力的作用而无法停止运行。特别是当扶梯有载上升时，扶梯可能会突然反向运转和超速下降，造成乘客伤害。因此，在自动扶梯的驱动主轴上安装了一个紧急制动器，利用机械方法使驱动主轴（梯级）在发生紧急情况时完全停止运行。

紧急制动器设置在以下情况下：

1）工作制动器和梯路系统间是通过传动链条连接的；

2）工作制动器不是机电式制动器的；

3）公共交通型自动扶梯。

紧急制动器的功能是在制动力作用下，使有载自动扶梯（自动人行道）以明显的减速度停止并保持静止状态；不需要保证工作制动器的制动距离；在紧急情况下能够切断控制电路；紧急制动器必须是机械式的，利用摩擦原理通过机械结构进行制动。紧急制动器应在梯级速度超过额定速度的40%之前或梯级突然改变运行方向时起作用。

（3）辅助制动器

辅助制动器的作用是在自动扶梯停车时提供额外的安全保障，特别是在满载下降时。如图9-7所示为一种辅助制动器的结构形式，位于上侧的制动钢带是辅助制动器，下侧制动钢带是工作制动器，它们的结构相同，功能也相同。在自动扶梯正常工作时，辅助制动器的电磁铁上的卡头将拉杆卡住，使制动器处于释放状态，不起制动作用。当需要辅助制动器动作时，监控装置发出信号，电磁铁收回卡头，拉杆在压弹簧作用下动作，制动带拉杆上的弯件驱动开关，使自动扶梯停止运行。

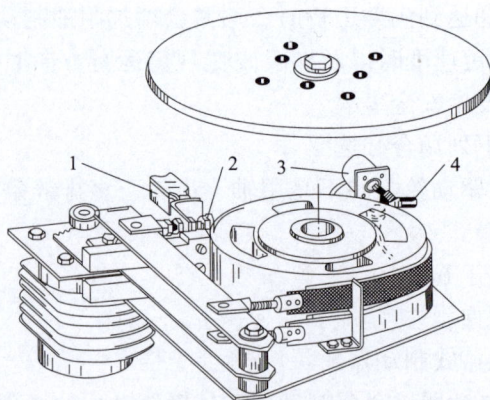

图 9-7　辅助制动器
1—开关；2—弯件；3—弹簧；4—电磁铁

9.1.10　扶手带装置

扶手带装置是自动扶梯的关键安全组件，其首要作用是防止乘客在扶梯上意外滑落，其次由于扶手带与梯级同步移动，有助于乘客保持平衡，防止跌倒。扶手带装置的引入使自动扶梯更加实用。

　扶手带装置由扶手带、驱动系统、扶手带张紧装置、护壁板以及装饰部件等构成，可以被视为安装在自动扶梯梯路两侧的特殊结构的胶带输送机。此外，扶手带装置还可以根据环境特点选择不同颜色的扶手带，以与建筑物和装饰风格相协调，成为建筑的一部分。扶手带装置结构如图 9-8 所示。

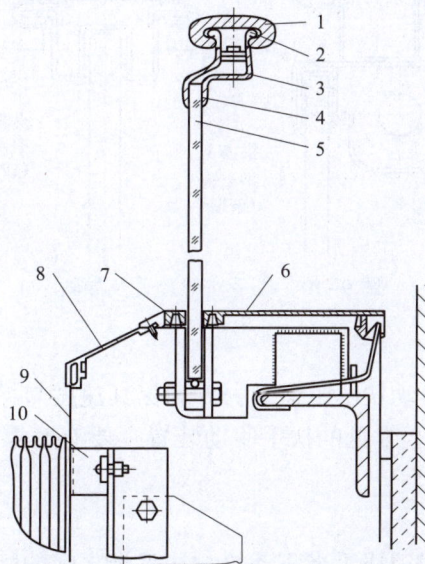

图 9-8　扶手带装置结构

1—扶手带；2—扶手带导轨；3—扶手带支架；4—玻璃垫条；5—护壁板（钢化玻璃）；

6—外盖板；7—内盖板；8—斜盖板；9—围裙板；10—安全保护装置

在自动扶梯的空载运行状态下，能源消耗主要用于克服梯路系统和扶手带装置的运行阻力，其中扶手带装置的运行阻力约占空载总运行阻力的 80%。因此，降低扶手带装置的运行阻力可以显著减少能源消耗。

1. 扶手带

扶手带是一种边缘内弯的橡胶带，由橡胶层、帘子布层、钢丝和摩擦层组成，通常为黑色。随着对建筑物美化的需求增加，现在也有红色、蓝色等彩色扶手带可供选择。扶手带结构如图 9-9 所示。

扶手带按照内部衬垫不同可分为多层织物衬垫扶手带、织物夹钢带扶手带、夹钢丝绳织物扶手带几种。

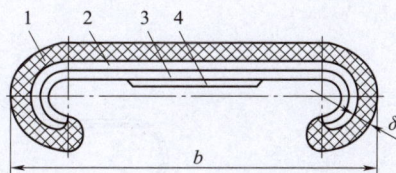

图 9-9　扶手带结构

1—橡胶层；2—帘子布层；

3—钢丝层；4—摩擦层

2. 扶手支架与导轨系统

扶手支架（也称为护壁板）构成了自动扶梯面向乘客的"外观"，它不仅展示了自动扶梯的形态美感，还体现了与建筑物内部装饰和颜色的和谐统一。扶手支架的设计包括全透明无支撑结构、半透明支撑结构和不透明支撑结构，其中全透明无支撑结构占据了主导地位，通常由高强度钢化玻璃制成。为了增强扶梯的装饰效果并改善照明条件，扶手支架上可以安装照明灯具，这些灯具位于扶手支架下方，为扶手带和梯级提供照明。为了避免意外触碰到照明灯，其外部通常设有透明灯罩。图 9-10 所示为两种类型的扶手支架：左侧带有照明装置的扶手支架，以及右侧不带照明的苗条型扶手支架。扶手导轨通常由冷拉型材或不锈钢型材制成，安装在扶手支架上，用于支撑和引导扶手带。

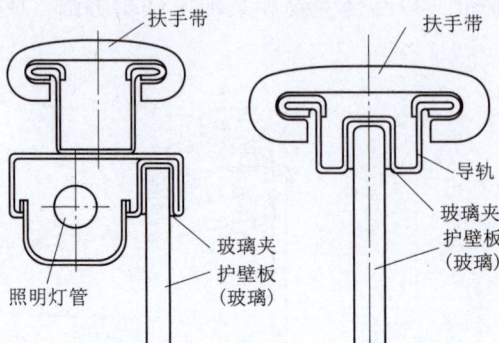

图 9-10　扶手支架装置及导轨

3. 扶手驱动装置

扶手驱动装置的作用是推动扶手带运动，并确保其速度与梯级保持一致，两者之间的速度差异不超过 2%。目前市场上常见的扶手驱动装置主要有摩擦轮驱动、压滚轮驱动和端部轮式驱动三种类型。

（1）摩擦轮驱动

摩擦轮驱动的扶手装置利用扶手带驱动轮与扶手带之间的摩擦力来推动扶手带，使其以与梯级相同的速度运行。该装置的整体布局如图 9-11 所示。由于扶手带在驱动过程中会多次弯曲，这增加了扶手带的驱动阻力，并可能由于疲劳而影响其使用寿命。扶手带的压紧装置如图 9-12 所示。

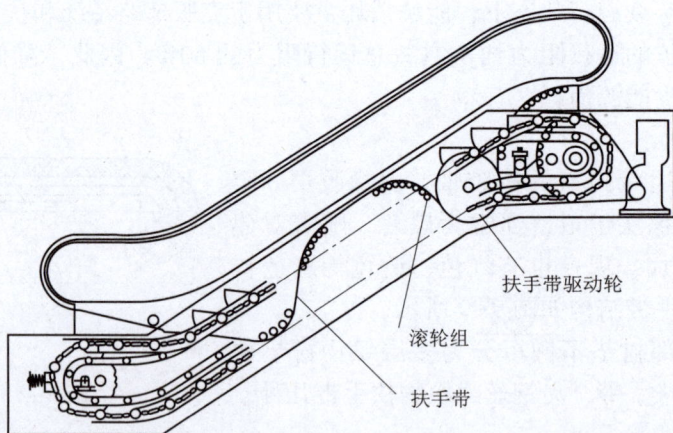

图 9-11　摩擦轮驱动的扶手装置的整体布局

（2）压滚轮驱动

压滚轮驱动的扶手装置由安装在扶手带上、下两侧的两组滚轮组成。上侧滚轮组由

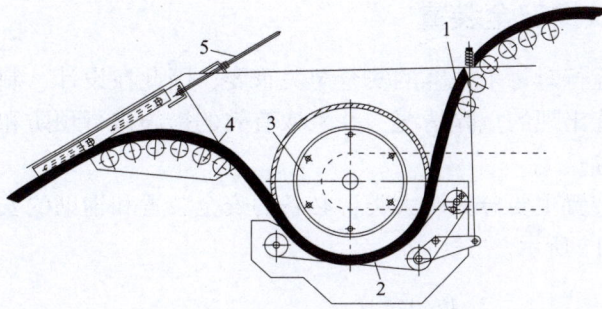

图 9-12 扶手带的压紧装置
1—扶手带；2—压紧带；3—扶手带驱动轮；4—滚轮组；5—扶手带张紧装置

自动扶梯的驱动主轴提供动力，推动扶手带运行，而下侧滚轮组则用于压紧扶手胶带，如图 9-13 所示。这种结构使得扶手带基本上只顺向弯曲，减少了反向弯曲的次数，从而降低了扶手带的僵硬阻力。由于不是摩擦驱动，扶手带不需要初张力，只需调整装置来校正制造误差，这大大减少了运行阻力，并延长了扶手胶带的使用寿命。测试结果显示，这种结构的运行阻力比摩擦轮驱动型减少约 50%。

（3）端部轮式驱动

端部轮式驱动的扶手装置的具体结构如图 9-14 所示。从工作原理上讲，端部轮式驱动属于摩擦轮驱动类型，不同之处在于驱动轮位于扶梯的端部，这有助于增加扶手带在驱动轮上的包角，提高驱动能力，并且不需要对扶手带施加过大的张紧力。这种驱动装置的驱动效率较高，易于保证扶手带与梯级的同步运行，扶手带的伸长量小，使用寿命较长。然而，这种驱动方式不适用于透明护壁板扶梯。

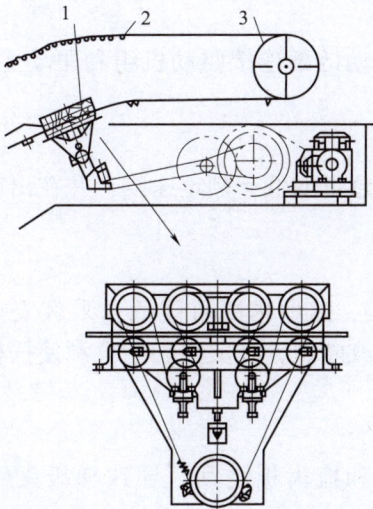

图 9-13 压滚轮驱动的扶手装置
1—扶手带驱动装置；2—滚子；3—导向轮

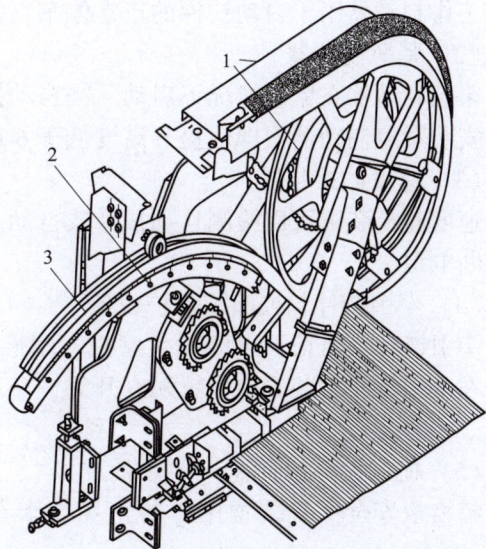

图 9-14 端部轮式驱动的扶手装置的具体结构
1—驱动轮；2—张紧弓；3—扶手带

9.1.11　自动扶梯安全装置

自动扶梯的安全运行对每个乘客的安全至关重要，因此在设计、制造、安装和使用过程中，必须全面考虑可能出现的危险情况，并采取有效的措施进行预防和控制。目前，自动扶梯配备了多种安全装置。

自动扶梯的安全装置主要分为两大类：必备的安全装置和辅助的安全装置。这些装置的安装位置示意如图 9-15 所示。

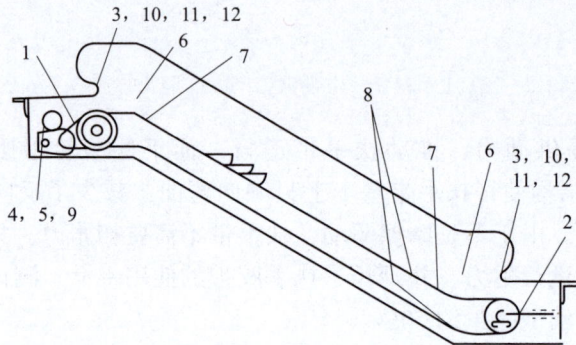

图 9-15　安全装置安装位置示意

1—驱动链安全装置；2—梯级链安全装置；3—扶手带入口安全装置；4—电磁制动器；
5—限速器；6—裙板安全装置；7—弯曲部导轨安全装置；8—梯级滚轮安全装置；
9—不反转装置；10—急停按钮；11—梳齿安全装置；12—梯级滚轮安全装置

1. 必备的安全装置

（1）工作制动器

工作制动器用于自动扶梯的正常停车。常见的类型包括制动臂式、带式和盘式制动器。

（2）紧急制动器

紧急制动器在紧急情况下启动。当自动扶梯使用传动链条连接驱动机组和驱动主轴时，必须安装紧急制动器，即使提升高度低于 6 m 也是如此。

（3）速度监控装置

速度监控装置可以检测自动扶梯或自动人行道是否超过或低于额定速度，并在出现问题时切断电源。

（4）牵引链伸长或断裂保护设备

牵引链在大负荷下可能发生磨损、塑性拉伸或断裂，这些情况可能危及乘客安全。因此，在牵引链张紧装置中设置触点开关，一旦链条伸长或断裂，开关会切断电源使扶梯停止运行。

（5）梳齿板保护装置

梳齿板安全保护装置用于防止异物卡在梯级踏板和梳齿板之间，导致梯级无法正常啮合。

（6）扶手带入口防异物保护装置

为防止异物随扶手带进入入口，扶手带入口处安装有安全保护装置。当扶手带入口的橡胶套受到 30~50 N 的压力时，微动开关动作，使扶梯停止运行。

（7）梯级塌陷保护装置

梯级是重要的乘客运载部件。当梯级损坏塌陷时，无法与梳齿板啮合，保护装置会立即停止扶梯运行，如图9-16所示。

（8）裙板保护装置

裙板与梯级之间保持一定间隙。为防止异物进入裙板与梯级之间的缝隙，裙板背面安装C型钢，并在一定距离处设置开关，如图9-17所示。

（9）梯级间隙照明装置

在梯路上、下平区段与曲线区段的过渡处，安装绿色荧光灯，帮助乘客调整站立位置。

（10）电机超载保护

当超载或电流过大时，热继电器自动断开电源，使扶梯停止运行。

（11）相位保护

当电源相位接错或缺相时，自动扶梯不能运行。

（12）急停按钮

在扶手盖板上装有红色紧急开关，旁边装有钥匙开关。在紧急情况下，按下开关即可立即停车。

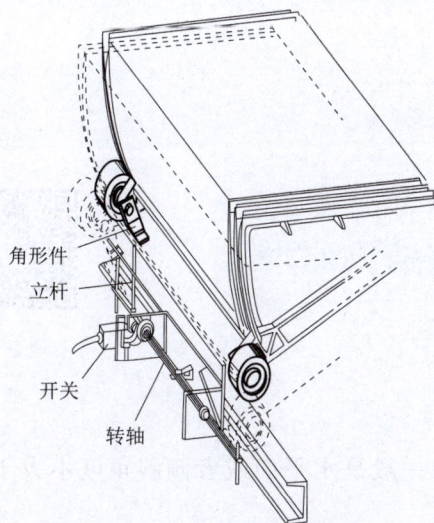

图9-16 梯级塌陷保护装置

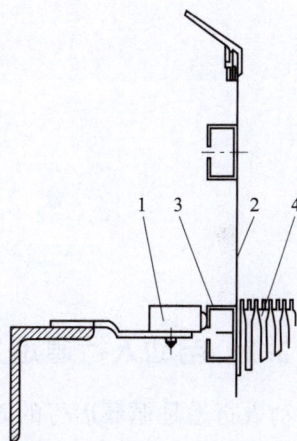

图9-17 裙板保护装置
1—微动开关；2—裙板；3—加强型钢；4—梯级

2. 辅助的安全装置

（1）辅助制动器

请参阅9.1.9中关于辅助制动器的详细说明。

（2）机械锁紧装置

在自动扶梯的运输过程中，或长时间不使用时，为了安全起见，可以按照用户的要求将驱动机组锁紧。

（3）梯级上的黄色边框

梯级是承载乘客的关键部件。为了确保乘客的安全，一些国家和地区要求在梯级上设置黄色边框，提醒乘客只能在非黄色边框区域行走，以确保安全。

（4）裙板上的安全刷

某些自动扶梯还配备有安全刷，如图9-18所示。这些安全刷安装在裙板的底座上，提醒乘客离开裙板站立区域，以防止夹伤。

（5）扶手带同步监控装置

扶手带应与梯级同步运行。如果速度差异过大，活动扶手带将失去其意义。因此，应设置扶手带速度监控装置。

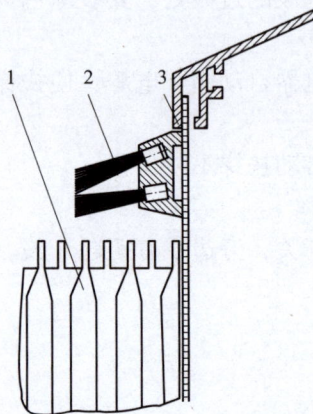

图9-18　裙板上的安全刷

1—梯纫；2—安全刷；3—裙板

9.2　自动人行道结构原理

自动人行道

9.2.1　自动人行道定义

自动人行道是循环运行的固定电力驱动设备，一般是水平面或者倾斜角度不大于12°，其本质上也属于自动扶梯。

9.2.2　自动人行道的主要参数

1）速度一般有 0.5 m/s、0.65 m/s、0.75 m/s 三种。

2）踏板宽度常见的规格有 0.80 m、1.0 m、1.2 m、1.4 m 和 1.6 m 等。

3）自动人行道长度常见的为 50~100 m。

4）常见的倾斜角有 0°、6°、10°、12°等。

9.2.3　自动人行道分类

按结构分类：

（1）踏板式自动人行道（类似板式输送机）

（2）胶带式自动人行道（类似带式输送机）

按场所分类：

（1）普通型自动人行道

（2）公共交通型自动人行道

按倾斜角度分类：

（1）水平自动人行道（小于6°）

（2）倾斜式自动人行道（6°~12°）

按护栏种类分：

（1）全透明

（2）不透明

（3）半透明

9.2.4　自动人行道结构

（1）主体结构

自动人行道主体结构包括桁架、端部盖板和底板，其结构与扶梯基本一致。（其中端部盖板由楼层板及梳齿支撑板两部分组成）

桁架结构由于踏板与踏板链连接简单，相比于扶梯的结构更为简单，但都具备承载重量的功能。

（2）踏板系统

运载乘客的部分，由踏板、踏板链、驱动主机、主驱动轴、踏板链张紧装置等组成。

（3）扶手带系统

扶手带系统是为乘客提供扶手，提高舒适性、安全性的装置，其由扶手带、驱动装置、导轨等组成。

（4）导轨系统

导轨系统也称为梯路，为踏板提供运行轨道，包括工作、返回、转向等。由于仅踏板链滚轮需要导轨，梯级滚轮不需要导轨，所以结构比自动扶梯简单。

（5）护栏

自动人行道的路两侧装有内盖板、外盖板、内衬板（护壁板）、围裙板和外装饰板等。商用型采用玻璃护栏结构，公共交通型采用玻璃护栏和金属护栏两种结构，与自动扶梯相同。

不同的是护栏高度，一般情况下自动人行道护栏高度约100 cm，自动扶梯的约为90 cm。

（6）电气控制系统

电气控制系统即控制自动人行道的操作及安全运行，监控各安全装置，常见的由控制柜、操作开关、电缆等组成。

（7）润滑系统

润滑系统作用于如主驱动链、扶手驱动装置等传动机部件，进行润滑后保障装置正常运行，其由油泵、油壶、油管和出油嘴等组成。

（8）安全保护系统

安全保护系统即过载/超速/防逆转/制动/踏板连断链/踏板缺失检测等保护，其原理可参照自动扶梯保护装置。

模块总结

本模块主要讲述自动扶梯的定义、分类、原理及结构（梯级、牵引构件、导轨系统等），同时讲述了自动人行道的原理和结构。

课后习题

1. 自动扶梯经历_____、_____、_____三个时期。
2. 自动扶梯按运行速度可分为_____、_____。
3. 牵引构件包括_____、_____。
4. 简述自动扶梯分类情况。
5. 简述自动人行道结构。
6. 简述自动扶梯制动器作用。

参 考 文 献

［1］段晨东，张彦宁 . 电梯控制技术［M］. 北京：清华大学出版社，2014.

［2］吴国政 . 电梯原理、使用、维修［M］. 北京：电子工业出版社，1999.

［3］国家经贸委安全生产局组织 . 电梯作业［M］. 北京：气象出版社，2006.

［4］李乃夫 . 电梯结构与原理［M］. 北京：机械工业出版社，2015.

［5］薛林 . 电梯操作与维护［M］. 大连：大连理工大学出版社，2008.

［6］赵世伟，张英杰 . 电梯安装使用维修及事故防范处理实务全书［M］. 北京：印刷工业
出版社，2000.

［7］陈继文，张献忠，李鑫，等 . 电梯结构原理及其控制［M］. 北京：化学工业出版
社，2017.

［8］刘勇，于磊 . 电梯技术（第 2 版）［M］. 北京：北京理工大学出版社，2017.

［9］王亚珍 . 电梯技术与安全使用指南［M］. 北京：机械工业出版社，2012.

［10］全国电梯标准化技术委员会 . 电梯及相关标准汇编［M］. 北京：中国标准出版
社，2004.

［11］陈登峰 . 电梯控制技术［M］. 北京：机械工业出版社，2013.

［12］薛季爱 . 电梯节能技术［M］. 长沙：湖南大学出版社，2018.